学术引领系列

"十二五"国家重点图书出版规划项目

中国学科发展战略

国家科学思想库

发育生物学

国家自然科学基金委员会
中国科学院

科学出版社
北京

图书在版编目(CIP)数据

发育生物学/国家自然科学基金委员会，中国科学院编 .—北京：科学出版社，2019.4
（中国学科发展战略）
ISBN 978-7-03-060940-3

Ⅰ.①发… Ⅱ.①国… ②中… Ⅲ.①发育生物学－学科发展－发展战略－中国 Ⅳ.①Q132-12

中国版本图书馆 CIP 数据核字（2019）第 056713 号

丛书策划：侯俊琳 牛 玲
责任编辑：牛 玲 李世霞 / 责任校对：韩 杨
责任印制：徐晓晨 / 封面设计：黄华斌 陈 敬
编辑部电话：010-64035853
E-mail：houjunlin@mail.sciencep.com

科学出版社 出版
北京东黄城根北街 16 号
邮政编码：100717
http://www.sciencep.com

北京虎彩文化传播有限公司 印刷
科学出版社发行 各地新华书店经销
*
2019 年 4 月第 一 版 开本：720×1000 B5
2020 年 1 月第二次印刷 印张：13 1/2
字数：216 000
定价：86.00 元
（如有印装质量问题，我社负责调换）

中国学科发展战略

联合领导小组

组　　长：丁仲礼　李静海
副 组 长：秦大河　韩　宇
成　　员：王恩哥　朱道本　陈宜瑜　傅伯杰　李树深
　　　　　杨　卫　汪克强　李　婷　苏荣辉　王长锐
　　　　　邹立尧　于　晟　董国轩　陈拥军　冯雪莲
　　　　　王岐东　黎　明　张兆田　高自友　徐岩英

联合工作组

组　　长：苏荣辉　于　晟
成　　员：龚　旭　孙　粒　高阵雨　李鹏飞　钱莹洁
　　　　　薛　淮　冯　霞　马新勇

中国学科发展战略·发育生物学
编委会

组　　长：孟安明
成　　员：王海滨　杨　晓　刘春明　薛勇彪　林鑫华
　　　　　罗凌飞　季维智　赵　允　景乃禾　陶庆华
　　　　　段恩奎　陈大华　时玉舫　朱大海　温子龙
　　　　　贾顺姬

总　序

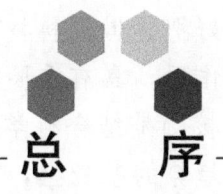

白春礼　杨　卫

　　17 世纪的科学革命使科学从普适的自然哲学走向分科深入，如今已发展成为一幅由众多彼此独立又相互关联的学科汇就的壮丽画卷。在人类不断深化对自然认识的过程中，学科不仅仅是现代社会中科学知识的组成单元，同时也逐渐成为人类认知活动的组织分工，决定了知识生产的社会形态特征，推动和促进了科学技术和各种学术形态的蓬勃发展。从历史上看，学科的发展体现了知识生产及其传播、传承的过程，学科之间的相互交叉、融合与分化成为科学发展的重要特征。只有了解各学科演变的基本规律，完善学科布局，促进学科协调发展，才能推进科学的整体发展，形成促进前沿科学突破的科研布局和创新环境。

　　我国引入近代科学后几经曲折，及至 20 世纪初开始逐步同西方科学接轨，建立了以学科教育与学科科研互为支撑的学科体系。新中国建立后，逐步形成完整的学科体系，为国家科学技术进步和经济社会发展提供了大量优秀人才，部分学科已进入世界前列，有的学科取得了令世界瞩目的突出成就。当前，我国正处在从科学大国向科学强国转变的关键时期，经济发展新常态下要求科学技术为国家经济增长提供更强劲的动力，创新成为引领我国经济发展的新引擎。与此同时，改革开放 30 多年来，特别是 21 世纪以来，我国迅猛发展的科学事业蓄积了巨大的内能，不仅重大创新成果源源不断产生，而且一些学科正在孕育新的生长点，有可能引领世界学科发展的新方向。因此，开展学科发展战略研究是提高我国自主创新能力、实现我国科学由"跟跑者"向"并行者"和"领跑者"转变的一项基础工程，对于更好把握世界科技创新发展趋势，发挥科技创新在全面创新中的引领作用，具有重要的现实意义。

学科发展战略研究的核心是结合科学技术和经济社会的发展需求，在分析科学前沿发展趋势的基础上，寻找新的学科生长点和方向。在这个过程中，战略科学家的前瞻引领作用十分重要。科学史上这样的例子比比皆是。在1900年8月巴黎国际数学家代表大会上，德国数学家戴维·希尔伯特发表了题为"数学问题"的著名讲演，他根据过去特别是19世纪数学研究的成果和发展趋势，提出了23个最重要的数学问题，即"希尔伯特问题"。这些"问题"后来成为许多数学家力图攻克的难关，对现代数学的研究和发展产生了深刻的影响。1959年12月，美国物理学家、诺贝尔奖得主理查德·费曼在加利福尼亚理工学院举行的美国物理学会年会上发表了题为"物质底层大有空间——一张进入物理新领域的请柬"的经典讲话，对后来出现的纳米技术作出了天才的预见。

学科生长点并不完全等同于科学前沿，其产生和形成不仅取决于科学前沿的成果，还决定于社会生产和科学发展的需要。1841年，佩利戈特用钾还原四氯化铀，成功地获得了金属铀，可在很长一段时间并未能发展成为学科生长点。直到1939年，哈恩和斯特拉斯曼发现了铀的核裂变现象后，人们认识到它有可能成为巨大的能源，这才形成了以铀为主要对象的核燃料科学的学科生长点。而基本粒子物理学作为一门理论性很强的学科，它的新生长点之所以能不断形成，不仅在于它有揭示物质的深层结构秘密的作用，而且在于其成果有助于认识宇宙的起源和演化。上述事实说明，科学在从理论到应用又从应用到理论的转化过程中，会有新的学科生长点不断地产生和形成。

不同学科交叉集成，特别是理论研究与实验科学相结合，往往也是新的学科生长点的重要来源。新的实验方法和实验手段的发明，大科学装置的建立，如离子加速器、中子反应堆、核磁共振仪等技术方法，都促进了相对独立的新学科的形成。自20世纪80年代以来，具有费曼1959年所预见的性能、微观表征和操纵技术的仪器——扫描隧道显微镜和原子力显微镜终于相继问世，为纳米结构的测量和操纵提供了"眼睛"和"手指"，使得人类能更进一步认识纳米世界，极大地推动了纳米技术的发展。

作为国家科学思想库，中国科学院（以下简称中科院）学部的基本职责和优势是为国家科学选择和优化布局重大科学技术发展方向提供科学依据、发挥学术引领作用，国家自然科学基金委员会（以下简称基金委）则承担着协调学科发展、夯实学科基础、促进学科交叉、加强学科建设的重大责任。继基金委和中科院于2012年成功地联合发布"未来10年中国学科发展战略研究"报告之后，双方签署了共同开展学科发展战略研究的长期合作协议，通过联合开展学科发展战略研究的长效机制，共建共享国家科学思想库的研究咨询能力，切实担当起服务国家科学领域决策咨询的核心作用。

基金委和中科院共同组织的学科发展战略研究既分析相关学科领域的发展趋势与应用前景，又提出与学科发展相关的人才队伍布局、环境条件建设、资助机制创新等方面的政策建议，还针对某一类学科发展所面临的共性政策问题，开展专题学科战略与政策研究。自2012年开始，平均每年部署10项左右学科发展战略研究项目，其中既有传统学科中的新生长点或交叉学科，如物理学中的软凝聚态物理、化学中的能源化学、生物学中的生命组学等，也有面向具有重大应用背景的新兴战略研究领域，如再生医学、冰冻圈科学、高功率、高光束质量半导体激光发展战略研究等，还有以具体学科为例开展的关于依托重大科学设施与平台发展的学科政策研究。

学科发展战略研究工作沿袭了由中科院院士牵头的方式，并凝聚相关领域专家学者共同开展研究。他们秉承"知行合一"的理念，将深刻的洞察力和严谨的工作作风结合起来，潜心研究，求真唯实，"知之真切笃实处即是行，行之明觉精察处即是知"。他们精益求精，"止于至善"，"皆当至于至善之地而不迁"，力求尽善尽美，以获取最大的集体智慧。他们在中国基础研究从与发达国家"总量并行"到"贡献并行"再到"源头并行"的升级发展过程中，脚踏实地，拾级而上，纵观全局，极目迥望。他们站在巨人肩上，立于科学前沿，为中国乃至世界的学科发展指出可能的生长点和新方向。

各学科发展战略研究组从学科的科学意义与战略价值、发展规律和研究特点、发展现状与发展态势、未来5~10年学科发展的关键科学问题、发展思路、发展目标和重要研究方向、学科发展的有效资助机制与政策建议等方面进行分析阐述。既强调学科生长点的科学意义，也考虑其重要的社会价值；既着眼于学科生长点的前沿性，也兼顾其可能利用的资源和条件；既立足于国内的现状，又注重基础研究的国际化趋势；既肯定已取得的成绩，又不回避发展中面临的困难和问题。主要研究成果以"国家自然科学基金委员会-中国科学院学科发展战略"丛书的形式，纳入"国家科学思想库—学术引领系列"陆续出版。

基金委和中科院在学科发展战略研究方面的合作是一项长期的任务。在报告付梓之际，我们衷心地感谢为学科发展战略研究付出心血的院士、专家，还要感谢在咨询、审读和支撑方面做出贡献的同志，也要感谢科学出版社在编辑出版工作中付出的辛苦劳动，更要感谢基金委和中科院学科发展战略研究联合工作组各位成员的辛勤工作。我们诚挚希望更多的院士、专家能够加入到学科发展战略研究的行列中来，搭建我国科技规划和科技政策咨询平台，为推动促进我国学科均衡、协调、可持续发展发挥更大的积极作用。

前 言

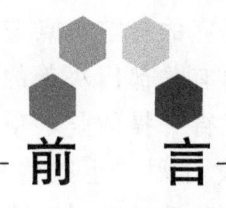

发育生物学是研究多细胞生命个体的发育、生长、稳态维持和衰老过程的一门科学，力求了解生物个体的配子形成、受精、胚胎的发育、组织器官形成和稳态维持、个体衰老等过程的规律，关注生物个体如何由单细胞发育成为由多种组织、多种器官组成的高度复杂的生物体，个体如何维持或改变组织和器官的结构与功能、如何代代相传繁衍不息等重大科学问题。自 20 世纪以来，发育生物学研究取得了一些重大的科学发现，形成了重要的理论，在生命科学领域发挥了引领作用；也催生了一些重大技术突破，促进了生命科学和医学的革命性进步。21 世纪是生命科学的世纪。一方面，作为生命科学的核心学科之一的发育生物学进入了新的快速发展阶段，研究热点领域发生了变化，与遗传学、细胞生物学、生物化学、基础医学等学科的交叉和融合越来越多。另一方面，人口膨胀和老龄化使人类社会面临健康和食物供应等方面的重大挑战，人类社会经济活动对生态的压力急剧增加，也亟须对动植物发育规律、发育进化开展深入研究，以服务于人类健康和经济与社会的发展。

经国家自然科学基金委员会-中国科学院学科发展战略研究工作联合领导小组批准，2014 年"发育生物学研究热点及前沿学科发展战略研究"项目立项。本项目旨在通过深入调研，明确发育生物学学科的发展规律和特点，评估我国发育生物学领域的发展态势，提出发育生物学领域的关键科学问题、发展思路、发展目标和重要研究方向，提出相关的资助机制与政策建议，从而促进我国发育生物学学科的发展。本书基于项目的调研和咨询成果，重点阐述发育生物学研究的科学意义与战略价值、总结我国发育生物学研究状况、分析发育生物学研究的当前热点与趋势、提出我国发育生物学优先研究方向，可作为有关部门决策的参考，也可供发育生物学领域的研究人员借鉴。值得一提的是，项目组提出的部分优先研究方向已纳入国家重点研发计划"生殖健康及重大出生缺陷防控研究"重点专项或"发育编程及其代谢调节"重点专项，进入实施阶段。由于项目组学识有限，书中内容难免有偏颇和挂一漏万之处，请读者理解和包涵。

经过来自清华大学、北京大学、浙江大学、山东大学、西南大学、香港科技大学、中国科学院动物研究所、中国科学院遗传与发育生物学研究所、中国科学院昆明动物研究所、中国科学院植物研究所、中国科学院上海生命科学研究院、中国科学院水生生物研究所、中国人民解放军军事医学科学院、中国医学科学院基础医学研究所等单位的发育生物学和医学专家、学者的多次研讨，本书最后成稿由孟安明、王海滨、杨晓、刘春明、薛勇彪、林鑫华、罗凌飞、季维智、赵允、景乃禾、陶庆华、段恩奎、陈大华、时玉舫、朱大海、温子龙、贾顺姬等完成。在项目执行过程中，国家自然科学基金委员会生命科学学部的谷瑞生和田艳艳，以及中国科学院学部工作局的薛淮和龚剑明等同志给予了有益的指导、大力的支持和关心。在此，对参与本项目研讨、调研、撰写报告等的所有人员表示最衷心的感谢！

孟安明

2018 年 10 月

摘　要

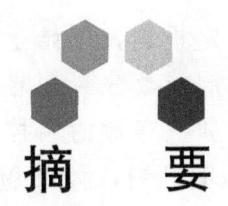

　　21世纪被称为生命科学和生物技术的时代,而发育生物学研究已成为21世纪生命科学的"新主角"。在发展历程上,发育生物学基础研究历经形态描述、细胞描述、分子机理三个阶段。进入21世纪后,发育生物学的研究重点逐渐开始了由点及面的过渡,从分子水平上深入了解各发育过程或发育现象的分子信号和细胞调控网络,呈现以下几个显著特点:①广泛应用合适的模式系统;②研究的在体性;③强调动态性、可视化;④强调分子机理的研究;⑤多学科交叉性。发育生物学研究成果不仅有助于理解生命过程的本质,还可帮助从根本上认识各种生殖发育缺陷和疾病的产生原因,为诊断、预防和治疗提供新的理论和途径。因此,发育生物学研究水平正逐步成为衡量一个国家或地区科技发展水平与健康水平的重要标志之一。

　　发育是生命体以遗传信息为指令,循序自我组装和自我控制来完成生命周期的过程。目前,国际上发育生物学研究的前沿热点包括:亲源因子在早期胚胎中的功能与代谢,合子基因组重编程和转录激活机制,胚胎和组织中图式形成的调控,形态素浓度梯度形成模式和作用,细胞周期与细胞命运的偶联,母胎互作决定妊娠结局的分子机制,流产与出生缺陷的遗传和表观机制,胚胎组织器官原基形成的调控机制,组织器官形成中的细胞分化和形态建成机制,组织器官生长与尺寸控制,组织器官的协同发育机制,代谢对组织器官发育和稳态的调节作用,胚胎附属(胚外)组织的形成及其对胚胎发育的调控,先天器质性疾病的发生机制,成体多能细胞的鉴定和胚胎来源,成体多能细胞的激活、增殖与分化,成熟组织器官的稳态维持机制,组织器官的损伤修复机制,组织器官再生机制,无性染色体物种的性别决定机制，原始生殖细胞（PGC）命运决定和归巢机制，原始生殖细胞减数分裂的启动和进程的调控，生殖细胞与体细胞的互作机制，卵泡存活的调控，生殖细胞成熟的调控机制，不孕不育的遗传和环境机制，体细胞向生殖细胞转分化研究，植物生长点与器官形态建成，植物环境感应与发育的可塑性，植物细胞命运决定与全能性，植物传粉与受精的分子机制，植物胚胎和胚乳的发育，环境因素对生殖发育的影响，发育程序的进化机制，发育生物学研究技术的创新等。

我国是世界第二大经济体，正在向成为第一大经济体和科技强国的方向前进，加强支持发育生物学研究对于引领生命科学前沿意义重大。同时，我国还是人口大国，育龄期不孕不育患者、出生缺陷儿、发育相关成年疾病患者的绝对数都居世界第一。自2000年以来，我国发育生物学领域的研究水平快速提升，目前科研产出已居世界第二位，国际影响力已有大幅提升。我国应进一步加强发育生物学学科发展，选准方向，加大投入，力争在发育与生殖的理论方面获得重大的突破，在若干研究方向发挥引领作用，使我国成为发育生物学领域的强国，为我国人口健康提供支撑、为生物医药和健康产业的发展提供动力、为农业生产力进一步提升夯实基础。为此，我国应优先布局以下研究方向：出生队列及辅助出生队列研究，猪、猴发育特性与相关人类重大疾病，母源因子（maternal effect factors）的作用及其机制，胚胎发育及胚源性疾病，组织器官的稳态维持，人造组织器官，生殖细胞减数分裂的调控，生殖障碍的发生机制，植物发育可塑性，植物生殖隔离、生殖障碍的形成和演化机制，植物中物质长距离运输，公共资源平台与数据库。

为了促进我国发育生物学领域的快速发展，国家在科研管理体制上还需加大改革力度，加强符合科学发展规律的管理制度的建设。首先，未来的研究应顶层设计与自由探索并举，强调战略性、前瞻性，重视特色，鼓励多学科联合攻关。其次，建立对优秀人才、优秀项目持续稳定支持的机制。再次，完善项目的立项和评审的机制，做到公平、公正、透明。最后，简化科研经费的预算科目，提高项目结题验收的标准。

Abstract

　　The 21st century is the life science and biotechnology century in which developmental biology plays a leading role. Research in the field of developmental biology has gone through three stages: morphological description, cellular mechanism and molecular mechanism. In the 21st century, focuses on key developmental processes have shifted from single cell type to interaction among different cell types and from one molecule to multi-molecule networks. Current studies in the field show several characteristics including extensive use of suitable model systems, whole organism level, dynamic visualization, detailed molecular mechanism and interdisciplinary cooperation. Research findings from developmental biology studies will not only contribute to understanding the nature of life but help identify causative factors of human reproductive and developmental defects and diseases. The latter may be applied for diagnosis, prevention and therapy. Therefore, research capacity in developmental biology is becoming one of important indications for science and health levels of a nation or a region.

　　Development of an organism is a self-command and self-assembly process under the instruction of genetic information. The important research areas in developmental biology include developmental and metabolic functions of parental factors during early embryogenesis, reprogramming of the zygotic genome and zygotic genome activation, regulation of patterns in embryos and tissues, morphogen pattern formation and function, coupling of cell cycle and cell fate, molecular mechanisms underlying mother-embryo interaction for pregnancy outcome, genetic and epigenetic mechanisms of abortion and birth defects, regulation of tissue/organ primordia formation, mechanisms of cell differentiation and morphogenesis during organogenesis, growth and size control of organs, coordination during formation of different organs, regulatory function of metabolism on development and homeostasis, regulation of embryonic development by extraembryonic tissues, mechanisms of congenital organ defects, identification of adult stem cells and their embryonic origins, activation of proliferation and differentiation of adult progenitor cells, regulatory mechanisms of homeostasis of adult tissues and organs, mechanisms of tissue/organ damage and repair, mechanisms of tissue/organ regeneration, mechanisms of fate determination and homing of primordial germ cells, regulation of meiosis initiation and progressing of primordial germ cells, interaction of germ cells with somatic cells, regulation of follicle survival, regulation of germ cell maturation, genetic and environmental influence on infertility, transdifferentiation of somatic cells to germ cells, plant meristem and organogenesis, response of plants to environmental cues and developmental plasticity, plant cell fate determination and totipotency, regulation of plant pollination and fertilization, development of plant embryo and endosperm, impact of environmental factors on reproduction and development, evolution of developmental programs, and technology innovation for developmental biology studies.

  China is the second largest economy and is moving towards the first place in economy as well as in science and technology. Strengthening of developmental biology studies will be essential to lead life sciences in the near future. Besides, China has the largest population with the highest number in infertility, birth defects and development-related adult diseases. Since 2000, research level in developmental biology in China has been rapidly elevating. Now the number of publications in this field in China is the second highest in the world and the impact has been increasing markedly. It is a right time for the government to invest more on developmental biology research in priority areas to make significant breakthroughs in basic theory and advanced technology, which would provide support for population health, give renewed impetus to the biomedical and health industries, and form solid foundation for continuous gains in agricultural productivity. The priority areas in developmental biology research in China would include analysis of natural birth cohort and assisted reproductive technology birth cohort, developmental characteristics of pigs and monkeys and modeling of related human diseases, functional and mechanistic studies of maternal factors, embryonic development and embryo-derived diseases, homeostasis of important tissues and organs, generation of organoids, regulation of germ cell meiosis, mechanisms of infertility, developmental plasticity of plants, emergence and evolution of reproductive isolation and reproductive barriers in plants, long-range transportation of substances in plants, and public resource banks and databases.

目 录

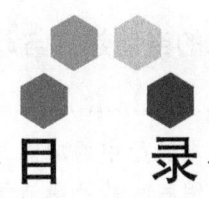

总序 ··· i
前言 ··· v
摘要 ··· vii
Abstract ··· ix

第一章 发育生物学研究的科学意义与战略价值 ····························· 1
第一节 发育生物学研究在生命科学领域发挥着支撑和引领作用 ······· 1
第二节 发育生物学研究可带动生命科学领域的重大技术突破 ··········· 2
第三节 发育生物学研究的国家需求 ··· 3
一、人类对避孕节育的现实需求 ··· 3
二、诊治相关不孕不育，提高辅助生殖效率的重大需求 ············ 4
三、减少出生缺陷，实现优生优育的需求 ································· 4
四、有效保障我国儿童健康成长的需求 ···································· 5
五、从发展源头上防治胚源性疾病的需求 ································· 6
六、防治成年期器质性疾病的需求 ··· 6
七、发育生物学研究是农业发展的重要科学动力 ······················ 7

第二章 我国发育生物学研究概况 ·· 8
第一节 研究机构 ··· 8
第二节 国内外论文产出比较 ··· 9
第三节 我国的部分代表性重要成果 ··· 13
一、生殖调控与疾病方面 ··· 14
二、胚胎与器官发育方面 ··· 16
三、植物的生殖与发育方面 ··· 17
四、研究系统、平台与资源库建设方面 ···································· 18
第四节 国内外差距分析 ··· 18

第三章　发育生物学研究的当前热点与趋势 ………… 20

第一节　胚胎发育 ………… 21
一、亲源因子在早期胚胎中的功能与代谢 ………… 21
二、合子基因组重编程和转录激活机制 ………… 23
三、胚胎和组织中图式形成的调控 ………… 25
四、形态素浓度梯度形成模式和作用 ………… 27
五、细胞周期与细胞命运的偶联 ………… 28
六、母胎互作决定妊娠结局的分子机制 ………… 30
七、流产与出生缺陷的遗传和表观机制 ………… 32

第二节　组织器官发育 ………… 35
一、胚胎组织器官原基形成的调控机制 ………… 35
二、组织器官形成中的细胞分化和形态建成机制 ………… 36
三、组织器官生长与尺寸控制 ………… 38
四、组织器官的协同发育机制 ………… 39
五、代谢对组织器官发育和稳态的调节作用 ………… 40
六、胚胎附属（胚外）组织的形成及其对胚胎发育的调控 ………… 41
七、先天器质性疾病的发生机制 ………… 44

第三节　组织器官稳态维持 ………… 45
一、成体多能细胞的鉴定和胚胎来源 ………… 45
二、成体多能细胞的激活、增殖与分化 ………… 47
三、成熟组织器官的稳态维持机制 ………… 48
四、组织器官的损伤修复机制 ………… 49
五、组织器官再生机制 ………… 50

第四节　生殖与生殖健康 ………… 52
一、无性染色体物种的性别决定机制 ………… 52
二、原始生殖细胞命运决定和归巢机制 ………… 54
三、原始生殖细胞减数分裂的启动和进程的调控 ………… 56
四、生殖细胞与体细胞的互作机制 ………… 58
五、卵泡存活的调控 ………… 60
六、生殖细胞成熟的调控机制 ………… 62
七、不孕不育的遗传和环境机制 ………… 66
八、体细胞向生殖细胞转分化研究 ………… 68

第五节　植物发育与生殖 ………… 70
一、植物生长点与器官形态建成 ………… 70

二、植物环境感应与发育的可塑性 ………………………… 72
　　三、植物细胞命运决定与全能性 …………………………… 74
　　四、植物传粉与受精的分子机制 …………………………… 76
　　五、植物胚胎和胚乳的发育 ………………………………… 78
  第六节　交叉学科领域 …………………………………………… 80
　　一、环境因素对生殖发育的影响 …………………………… 80
　　二、发育程序的进化机制 …………………………………… 82
　　三、发育与生殖研究技术的发展 …………………………… 84

第四章　我国发育生物学优先研究方向 ……………………… 88

  第一节　出生队列及辅助出生队列研究 ………………………… 89
　　一、研究背景 ………………………………………………… 90
　　二、主要科学问题及主要研究内容 ………………………… 92
　　三、预期目标 ………………………………………………… 93
  第二节　猪、猴发育特性与相关人类重大疾病 ………………… 93
　　　主要研究内容和预期目标 ………………………………… 94
  第三节　母源因子的作用及其机制 ……………………………… 95
　　一、研究背景 ………………………………………………… 95
　　二、主要科学问题 …………………………………………… 97
　　三、主要研究内容 …………………………………………… 98
　　四、预期目标 ………………………………………………… 98
  第四节　胚胎发育及胚源性疾病 ………………………………… 98
　　一、研究背景 ………………………………………………… 99
　　二、主要科学问题 …………………………………………… 102
　　三、主要研究内容 …………………………………………… 102
　　四、预期目标 ………………………………………………… 103
  第五节　组织器官的稳态维持 …………………………………… 103
　　一、研究背景 ………………………………………………… 104
　　二、主要科学问题及研究内容 ……………………………… 106
　　三、预期目标 ………………………………………………… 106
  第六节　人造组织器官 …………………………………………… 107
　　一、研究背景 ………………………………………………… 107
　　二、主要科学问题与研究内容 ……………………………… 109
　　三、预期目标 ………………………………………………… 111
  第七节　生殖细胞减数分裂的调控 ……………………………… 112

一、主要科学问题 …………………………………………… 112
　　二、主要研究内容 …………………………………………… 113
　　三、预期目标 ………………………………………………… 115
　第八节　生殖障碍的发生机制 …………………………………… 115
　　一、研究背景 ………………………………………………… 116
　　二、主要科学问题和主要研究内容 ………………………… 118
　　三、预期目标 ………………………………………………… 120
　第九节　植物发育可塑性 ………………………………………… 120
　　一、研究背景 ………………………………………………… 121
　　二、主要科学问题 …………………………………………… 122
　　三、主要研究内容 …………………………………………… 122
　　四、研究目标 ………………………………………………… 122
　第十节　植物生殖隔离、生殖障碍的形成和演化机制 ………… 122
　　一、研究背景 ………………………………………………… 123
　　二、主要科学问题 …………………………………………… 125
　　三、主要研究内容 …………………………………………… 125
　　四、研究目标 ………………………………………………… 126
　第十一节　植物中物质长距离运输 ……………………………… 126
　　一、研究背景 ………………………………………………… 126
　　二、主要科学问题 …………………………………………… 127
　　三、主要研究内容 …………………………………………… 128
　　四、预期目标 ………………………………………………… 128
　第十二节　公共资源平台与数据库 ……………………………… 128
　　主要研究内容和预期目标 …………………………………… 129

第五章　发育生物学学科发展的政策性建议 ………………… 131

　第一节　增加经费投入 …………………………………………… 131
　第二节　合理经费评审 …………………………………………… 132
　第三节　给予优秀项目的连续支持 ……………………………… 132
　第四节　项目遴选机制 …………………………………………… 133
　第五节　项目评估机制 …………………………………………… 133

参考文献 ……………………………………………………………… 135

关键词索引 …………………………………………………………… 188

第一章 发育生物学研究的科学意义与战略价值

第一节 发育生物学研究在生命科学领域发挥着支撑和引领作用

早在 20 世纪 80 年代，就有人预言"21 世纪将是生物学的世纪"。30 年后，生命科学已经发展成为 21 世纪最活跃的学科之一，成为自然科学的前沿学科。美国《科学》（*Science*）期刊近几年评选的世界十大科技进展中，一半以上的成果都来自生命科学领域。生命科学对人类经济、科技、政治和社会发展的作用是全方位的。

生命个体是生命的承载体，是生命活动的平台。发育生物学是研究多细胞生命个体形成、发育、生长、稳态维持和衰老过程的一门科学，旨在揭示生物个体在配子发生与成熟、受精、胚胎的发育、组织器官的形成及其稳态维持、组织器官与个体衰老等生命过程的规律。发育生物学研究关注的是生物个体如何由单细胞发育成为由多种组织、多种器官组成的高度复杂的生物体，个体如何维持或改变组织和器官的结构与功能，个体如何代代相传繁衍不息等重大科学问题。因此，出于对生命个体发育奥秘的极大兴趣，希腊哲学家亚里士多德早在 2000 多年前就开始了胚胎发育的研究，提出了胚胎发育的后成论（epigenesis theory）和先成论（preformation theory）学说。自 20 世纪以来，发育生物学研究取得了许多重大成果，加深了对生命个体发育的理解，产生了一些重大的理论。例如，20世纪20年代，Hans Spemann 和 Hilde Mangold 通过蝾螈胚胎间的组织移植实验，观察到来自胚胎背部胚孔背唇的一小块组织移植到受体胚胎腹部（该区域的细胞正常情况下发育为表皮）后可以诱导出一个完整的体轴，新体轴的神经管和体节包含了来自受体胚胎的细胞，说明一种细胞可诱导另一种细胞的命运发生改变，这种细胞诱导的发现成为细胞生物学中细胞间信号转导学说的奠基性成果，于1935年获得诺贝尔奖。20世纪50年代末 Sydney Brenner 开始利用秀丽线虫研究发育，70年代 Robert Horvitz 和 John Sulston 等在研究线虫胚胎细胞的分化系谱中发现了细胞程序性死亡（又称细胞凋亡现象），他们三人共同获得了2002年诺贝尔奖。20世纪30~50年代，通过植物分化组织的体外培养，发现分化的细胞保持了全能性；John Gurdon 等在20世纪50年代通过在爪蛙和鱼类上的核移植实验，证明动物的已分化细胞也保持了全能性，他因该成果与诱导性多能干细胞（induced pluripotent stem cell，iPS 细胞）的发现者山中伸弥（Shinya Yamanaka）共享了2012年诺贝尔生理学或医学奖。20世纪70年代末，Eric F. Wieschaus 和 Christiane Nüsslein-Volhard 通过大规模化学诱变、Edward B. Lewis 通过 X 射线诱变获得大量的果蝇发育突变体，借助分子生物学技术，鉴定了相应的突变基因，从而揭示了许多基因在早期胚胎发育中的功能，他们共同获得了1995年诺贝尔奖。在20世纪80年代初，Martin J. Evans 等成功地利用小鼠胚泡细胞在体外培养出多能干细胞系，并获得了2007年诺贝尔生理学或医学奖，其研究结果也成为干细胞生物学的奠基性成果。进入21世纪后，西方发达国家对发育生物学的研究热度不减，世界各知名高校和研究机构都有多个发育生物学研究团队，开展基础性前沿研究；《自然》（*Nature*）、《科学》、《细胞》（*Cell*）等国际顶尖学术期刊几乎每期都发表发育生物学相关论文。发育生物学研究的进步也促进了遗传学、细胞生物学、生物化学等其他学科的发展。

第二节　发育生物学研究可带动生命科学领域的重大技术突破

发育生物学研究不仅催生了生命科学的许多重大理论，也带来了一些重大技术的突破，促进了生命科学和医学的革命性进步。例如，20世纪30年代，科学家开始尝试分离兔的卵子，在体外试管中使其受精，然后再植入受体兔输卵管中。1959 年 M. C. Chang 基于对精子获能理论的重大突破获得试管兔。同时，科学家也开始尝试人类卵子的体外受精，1978 年 Robert G. Edwards 利用基于体外受精的辅助生殖技术（ART）获得世界上第一个试管婴儿 Louise Brown，Robert G. Edwards 因此获得 2010 年诺贝尔生理学或医学奖。时至今日，辅助生殖技术已帮助全世界 500 万以上的不孕不育患者生儿育女，体现了发育生物学研究对人类社会的重大贡献。Martin J. Evans 等在 20 世纪 80 年代初成功地利用小鼠胚泡细胞在体外培养出多能干细胞系之后，Mario R. Capecchi 和 Oliver Smithies 等科学家在此基础上创立了小鼠基因剔除技术，为了解哺乳动物基因的发育阶段特异性或组织特异性功能提供了革命性手段，他们也因这种基于胚胎干细胞的基因剔除技术获得了 2007 年诺贝尔生理学或医学奖。干细胞的发现，还促使山中伸弥于 2006 年发现了诱导性多能干细胞，并获得 2012 年诺贝尔生理学或医学奖；干细胞和诱导性多能干细胞在人类多种疾病的治疗中有着广泛的应用前景。20 世纪末，Andrew Fire 和 Craig C. Mello 在研究线虫基因的发育功能时，发现双链 RNA 干扰序列互补的 mRNA 的稳定性的作用，为人类疾病的基因治疗提供了新的可能性，因而获得 2006 年诺贝尔生理学或医学奖。

第三节　发育生物学研究的国家需求

随着人类社会的发展和技术的进步，人类对生殖健康的需求越来越多，但是目前的生殖领域健康情况堪忧；同时，全球气候、生存环境等也不断恶化，对人类健康造成的潜在风险需要提前进行风险评估。这些都迫使我们加快了解生殖与发育生命现象的本质，以更好地解决、预防人类的生殖健康问题和提高人口素质。

一、人类对避孕节育的现实需求

我国作为一个人口大国，目前人口的增长速度较为稳定，每年的人口绝对增长量还维持在高水平。2010 年年底全国人口普查确认我们国家目前的总人口已达 13.7 亿，其中育龄人群过半，达 7.26 亿人，已婚育龄妇女为 2.59 亿，其综合避孕率为 84.6%，意味着需要采取避孕措施的人数为 2.3 亿。世界卫生组织公布的数据显示，全世界范围内约有 2.22 亿不希望怀孕或打算推迟下一次怀孕的女性没有采用任何避孕措施，而低收入国家因缺乏避孕措施导致的妇女意外怀孕比例高达 60%。"有人群的地方就有避孕节育的需求"，由于现有的女性避孕药物大都是拮抗排卵的激素类，因其具有一些副作用并且服用周期较长，不为大多数女性所接受。另外，因未及时采取恰当的避孕措施或者避孕失败而造成的意外怀孕人数还相当多，这些人群大都不得不接受人工流产。国家人口和计划生育委员会科学技术研究所 2013 年发布的一组数据显示：我国每年人工流产多达 1300 万人次，位居世界第一，其中 25 岁以下妇女占一半以上，严重影响了女性生理和心理健康。由此可见，获得有关避孕的知识和用具不仅对于确保女性健康至关重要，而且对于她们的家庭、子女乃至社会经济都有着重要意义。新型避孕手段和药物的开发迫在眉睫，而新型高效、低副作用的避孕手段的发现和应用需要有基础研究的突破来支持，"避孕节育技术的发展应回到基础研究"已成为国际社会的共识。

二、诊治相关不孕不育，提高辅助生殖效率的重大需求

自 1978 年以来，我国实现了社会和经济的飞速发展，人们享受着前所未有的丰厚物质生活，但与此同时，女性不孕不育发生率也在显著提高。2009 年中国不孕不育高峰论坛公布的《中国不孕不育现状调研报告》显示，此前十年内我国育龄人群的不孕不育率已由 3%～5% 上升至 10%～15%，每 8 对夫妻就有一对不孕不育，总数超过 4000 万人，每年递增 220 万，并且呈年轻化趋势，以 25～30 岁人数最多。不孕不育的发生给个人带来了沉重的经济和精神负担，对家庭环境的稳定造成了巨大的威胁，也势必会影响到社会的和谐发展。

生殖细胞的缺少或数量不足、质量差、胚胎早期夭折均可导致不孕不育，不孕不育既受遗传因素的影响，又受到环境的影响。阐明不孕不育发生的原因和分子机制，对于诊断和预防不孕不育症有十分重要的意义。尽管当前辅助生殖技术如体外受精、胚胎移植（试管婴儿）等已经在临床应用上有了长足的发展，给不孕不育的患者带来了治疗疾病的希望，但这些方法的成功率和治疗效果还有待进一步提高。由于尚缺乏预测卵母细胞质量的标准，无法判断胚胎发育潜能，需要通过移植多枚胚胎保证受孕率，这往往容易引起流产、早产和出生缺陷。因此开发新的技术手段和标准对胚胎和子宫进行准确的评价是提高辅助生殖成功率的必由之路。

三、减少出生缺陷，实现优生优育的需求

我国是世界上人口出生缺陷高发国之一，每年的出生缺陷儿数量约占全

世界的20%。全国每年有20万～30万肉眼可见先天畸形儿出生，加上出生后数月和数年才显现出来的缺陷，有出生缺陷的婴儿总数高达80万～120万，占每年出生人口总数的4%～6%，明显高于发达国家（1.5%左右）。随着二孩政策的实施，因出生基数的增加，出生缺陷患儿的绝对数量可能还会增加。在全国8296万残疾人中，由先天原因造成的残疾占到20%左右，其中以遗传病导致的出生缺陷占首位。我国累计约有3000万个家庭曾经生育过出生缺陷患儿，占到全国家庭总数的1/10。出生缺陷给国家和社会发展造成了沉重的负担。我国每年用于治疗出生缺陷患儿的费用高达数百亿元，维持其最基本生活费用也高达数百亿元，给国家造成的间接费用达数千亿元。最近的观点认为，营养相关重大成年疾病（如肥胖、糖尿病、高血压、心脑血管疾病等）的发生与妊娠期母胎营养与发育异常相关。因此，只有更详尽地认识和了解生殖和发育的进程才能实现对这些出生缺陷和成年期疾病进行早期预测、诊断与预防、干预等。实现优生优育，降低出生缺陷，提高人口健康素质是生殖与发育研究的关键任务之一，是提高人口质量和建设小康社会的关键一环。

四、有效保障我国儿童健康成长的需求

成年期慢性非传染性疾病低龄化，正逐渐成为威胁儿童青少年健康的突出问题。儿童青少年人群中超重和肥胖、高血压、2型糖尿病、血脂异常等问题日益严峻，对儿童健康造成巨大危害和远期影响。世界卫生组织的简报中指出，1975～2010年，儿童发育随经济发展同步改善，地区营养状态不均衡与各个地区经济发展差异有关。在过去的20年中，5岁以下孩子营养不良状况减少，虽然贫穷农村地区依然普遍存在体重不足和生长迟缓的现象，但城市和农村地区都出现肥胖儿童比例大幅度增加的现象，在大城市尤其严重。从20世纪80年代开始，我国儿童青少年超重肥胖检出率呈爆发式增长。1985～2010年，我国7～18岁儿童青少年超重检出率由1.11%增至9.62%，肥胖检出率由0.13%增至4.95%。中国学生营养与健康促进会、中国疾病预防控制中心营养与食品安全所2006年联合发布的《中国学龄儿童少年营养与健康状况调查报告》显示，全国约有1790万学龄儿童、青少年患有高血压，儿童高血压患病率高达7%；据估计，学龄儿童少年70万人空腹血糖受损，糖尿病患病人数约为59万人；估计563万学龄儿童少年血脂异常。代谢综合征是包括高血压、肥胖、高胰岛素血症、糖耐量异常、血脂异常等一系列代谢异常的疾病，统计表明19.8%的学龄儿童少年至少有两项指标异常，64.1%的学龄儿童少年至少有1项指标异常。宫内不良环境、出生低体重及

巨大儿等都是儿童超重肥胖的高风险因素，肥胖发生越早，持续时间越长，出现代谢综合征等健康危险的可能性越大。因此，我国学龄儿童、青少年的体质健康状况堪忧，需要采取有效干预措施，否则将成为一个严重的公共卫生问题，影响国民素质和社会经济发展。

五、从发展源头上防治胚源性疾病的需求

早在30年前，英国学者David Barker就提出"成人疾病的胎源性学说"，即出生后的慢性疾病与宫内环境因素相关。发育源性疾病的研究已成为当今医学和生命科学领域的焦点和热点，从配子、胚胎、胎儿角度研究发育源性疾病发病机制，是慢性代谢性疾病机制研究的崭新领域。已证实在配子发生阶段、早期胚胎发育阶段（受精6周内）及胎儿发育阶段所受到环境影响导致成人期疾病的风险比出生后任何时候都要大，可表现为发育迟缓和出生缺陷，也可表现为成人期心血管病、糖尿病等慢性疾病，甚至可能影响生育及出现传代风险。不良遗传背景、环境理化因素、宫内营养状态等都可能干扰配子发生和早期胚胎发育从而引发胚源性疾病。那些以往被认为发病因素是成人不良生活方式的慢性疾病，实际上早在胎儿甚至配子和胚胎时期就已经被"编程"，并与环境因素密切相关。调查显示，在2010年，全球有3450万人因为非传染性疾病而死亡，其中因糖尿病死亡的人数增加到了130万例；此外，糖尿病是缺血性心脏病和脑卒中的一个主要的风险因素——据估计缺血性心脏病和脑卒中在2010年共同导致了全球1290万人的死亡。中国成年人群的糖尿病总体发病率估计为11.6%，男性为12.1%，女性为11.0%。因此，深入研究配子、胚胎发育过程中的表观遗传调控机制，进一步阐明不良环境因素影响配子、胚胎发育过程中细胞编程与重编程的作用机理及传代效应机制，对发现疾病早期干预靶点，实现疾病源头控制具有重大意义。

六、防治成年期器质性疾病的需求

器质性疾病是指机体某组织器官由于病变或创伤而发生的暂时性或永久性损伤。大部分成年期疾病为器质性疾病。例如，心脑血管阻塞或破裂导致的心梗或脑卒中，会产生严重的心肌或脑组织损伤，我国每年300万人死于心梗或脑卒中，占我国每年总死亡病因的一半；又如，各种器官恶性肿瘤是常见的成年期器质性疾病，不论是恶性肿瘤发生后还是手术切除后，都会导致严重的器官损伤，我国每年的恶性肿瘤新增患者和死亡人数分别超过370万和230万。成年期器质性疾病有一个共同点，就是会产生严重的器官损伤。

而在器官损伤后，促进器官的再生修复就成为器质性疾病最有效的治疗方式。理论上，对器官损伤后的再生修复有体外和体内两种策略。体外策略是将干细胞诱导分化为成熟功能细胞，与生物材料整合，然后移植回患者体内并整合为功能脏器的一部分；或者将体外扩增的干细胞移植到患者的受损脏器部位，再诱导其分化为成熟功能细胞并整合到功能脏器。体内策略是促使体内内源性器官前体细胞或成体干细胞定向分化为成熟功能细胞并成为功能脏器的一部分；或者诱导体内其他细胞类型转分化为成熟功能细胞并整合到功能脏器。而目前不管采用体外还是体内策略，临床上尚无突破性进展。其中的核心原因就是，若采用体外策略，使干细胞从多分化潜能状态变为有功能的终末分化细胞，需要基本重演体内胚胎发育过程中的从早期多能细胞到器官前体细胞到原基细胞再到成熟功能细胞的细胞分化途径，而目前器官的细胞分化和发育调控机理我们还远未认识清楚。若采用体内策略，我们则需要清楚地认识器官再生修复的关键功能细胞及其细胞行为、关键作用因子及其功能机制。并且，器官再生在多大程度上重演了器官发育尤其是器官发育的细胞分化过程？器官发育与再生的细胞和分子调控机理有何异同？这些问题的回答，对于有效促进器官再生，从而实现成年期器质性疾病的有效治疗至关重要。开展器官的发育与再生研究，不仅具有重要的理论意义，也是防治成年期器官器质性疾病的基础，对我国经济的持续发展和社会进步有积极作用，具有战略性和前瞻性。

七、发育生物学研究是农业发展的重要科学动力

我国是农业生产大国，肉食和粮食消费量居全球之首。保障肉食和粮食产量，关系着国家的根本安全。家畜家禽和鱼类的繁殖力、幼子存活率、生长速率、品质等既是发育和生殖特性，也是生产性状。在模式动物和人类疾病方面的发育与生殖研究成果，可为改良农业动物的生产性能提供重要的理论基础。

植物作为整个生物圈有机物的第一生产者，是农业生产的根本和基础，更是动物和人类生存和发展的基础。根、茎、叶、花和果实等是高等植物的重要器官，也是决定农作物产量和品质的重要农艺性状指标。种子是人类粮食的最主要来源，也是农作物繁育的最主要形式。研究植物生长发育的分子机制，不仅是植物科学领域的重大基础理论问题，也可为农作物品种遗传改良和分子设计育种提供理论依据，最终为重要粮食作物和经济作物的生物技术提升和产业化提供保证。

第二章 我国发育生物学研究概况

我国发育生物学的研究大致始于20世纪30年代,山东大学生物系童第周教授开展了实验胚胎学研究,于1936年在当时的《中国实验生物学杂志》(现为《实验生物学报》)发表了"双头青蛙之研究"成果。50年代末,他的团队开始在两栖类、鱼类和原生动物中开展了细胞核移植实验,在国内外发表了多篇核质互作方面的论文,这些研究对今天的表观遗传调控研究起到了一定的推动作用。由于种种原因,到20世纪末,我国发育生物学领域的研究很少,研究队伍稀少,整体研究水平与国际先进水平相比差距很大。而2000年之后,我国发育生物学领域的研究则进入了快速发展期,特别是近年的发展势头非常迅猛。这主要得益于三方面的因素:第一,国家对科技投入的增加,使许多科研人员有条件开展基础性、探索性研究;第二,从国外回国全职工作的科学家的数量不断增加;第三,各个部门、各个单位采取各种政策和措施,鼓励与国外高水平科研单位和科学家的学术交流和科研合作,不仅促进了国内许多单位科研水平的提高,也吸引了更多的研究人员投身发育与生殖生物学的研究。

第一节 研究机构

2000年以来,我国发育生物学研究队伍得到了显著的扩大,重点研究机构数目增加,整体布局良好。目前,我国在发育与生殖领域设立了三个国家重点实验室，即分子发育生物学国家重点实验室、干细胞与生殖生物学国家重点实验室（原计划为生育生殖生物学国家重点实验室）、生殖医学国家重点实验室。此外，一些部门和省区市设立了40多个相关的重点实验室，包括浙江省器官发育与再生技术研究重点实验室、抗性基因资源与分子发育北京市重点实验室、遗传发育与精神神经疾病教育部重点实验室、广东省植物发育生物工程重点实验室、淡水鱼类资源与生殖发育教育部重点实验室、发育与再生四川省重点实验室、湖南省蛋白质组学与发育生物学重点实验室、发育与疾病相关基因教育部重点实验室、发育源性疾病湖北省重点实验室、中国科学院昆虫发育与进化生物学重点实验室、卫生部激素与发育重点实验室、植物发育生物学教育部重点实验室、儿童发育疾病研究省部共建教育部重点实验室、植物激素与生长发育湖南省重点实验室、国家卫生和计划生育委员会出生缺陷与生殖健康重点实验室、胚胎发育与生殖调节安徽省重点实验室、山东省动物细胞与发育生物学重点实验室、河南省作物生长发育调控重点实验室、认知发育与学习记忆障碍转化医学重庆市重点实验室；生殖遗传教育部重点实验室、上海市生殖医学重点实验室、宁夏回族自治区生殖与遗传重点实验室、云南省动物生殖生物学重点实验室、辅助生殖教育部重点实验室、辽宁省生殖健康重点实验室、浙江省女性生殖健康重点实验室、山东省生殖医学重点实验室、上海市胚胎与生殖工程重点实验室、上海市女性生殖内分泌相关疾病重点实验室、生殖内分泌教育部重点实验室、上海市辅助生殖与优生重点实验室、浙江省女性生殖健康重点实验室、生殖内分泌与辅助生殖技术北京市重点实验室、生殖调控与生殖健康研究福建省高等学校重点实验室、广东省男性生殖与遗传重点实验室、农业部家畜生殖内分泌与胚胎工程重点开放实验室、广东省生殖医学重点实验室、哺乳动物生殖生物学及生物技术教育部重点实验室、江苏省人类生殖调控与危害评估重点实验室、卫生部人类干细胞与生殖工程重点实验室、中国科学院再生生物学重点实验室。我国"985"高校和"211"高校，大多有发育生物学方面的研究团队，也开设了发育生物学课程。中国科学院的生命科学相关的研究所，一般都有发育生物学研究团队。我国众多的发育生物学研究团队，为在该领域赶超世界先进水平打下了很好的基础。

第二节 国内外论文产出比较

Web of Science数据库中和发育生物学密切相关的两个研究方向是

developmental biology（发育生物学）和 reproductive biology（生殖生物学），检索过去 10 年来这两个方向 SCI 论文的数量变化（图 2-1），可发现从 2006 年到 2010 年全球论文总量保持上升趋势，从 2011 年开始又逐年下降，2014 年的论文总量与 2006 年相当。按国家或地区分布看，美国每年的论文数在 4000～6000 篇，占全球论文总数的 30%～40%，始终排第 1 位；处于第二集团的中国、英格兰、日本、德国、加拿大每年的论文数一般在 600～1000 篇。

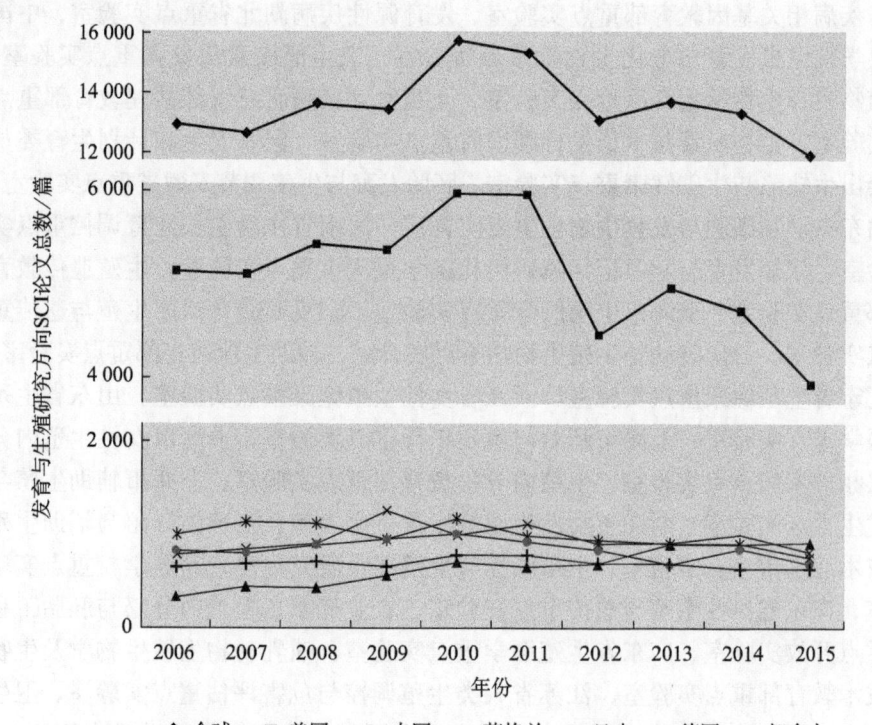

图 2-1 发育与生殖研究方向全球和主要国家及地区发表的论文数

资料来源：检索 Web of Science 核心合集数据库中 Developmental Biology 和 Reproductive Biology 两个研究方向；检索日期为 2016 年 2 月 16 日。

注：中国的统计数据中不包含台湾地区的论文，下同。

1985～1995 年，中国在发育与生殖两个研究方向上每年发表论文数占全球论文数的比例很低，为 0.14%～0.22%，变化不大，全球排名在 30 位以外（图 2-2）。此后，进入快速增长期，到 2015 年时已处于全球第 2 位，论文数占全球论文数的 7.66%。在胚胎发育方面，中国的论文数排名到 2011 年已位居全球第 2 位，2015 年中国论文数占全球论文数的比例已增加到

16.38%（图 2-3）。这些数据表明，中国已成为全球发育生物学领域的重要国家，其对发育生物学发展的贡献逐年增加。

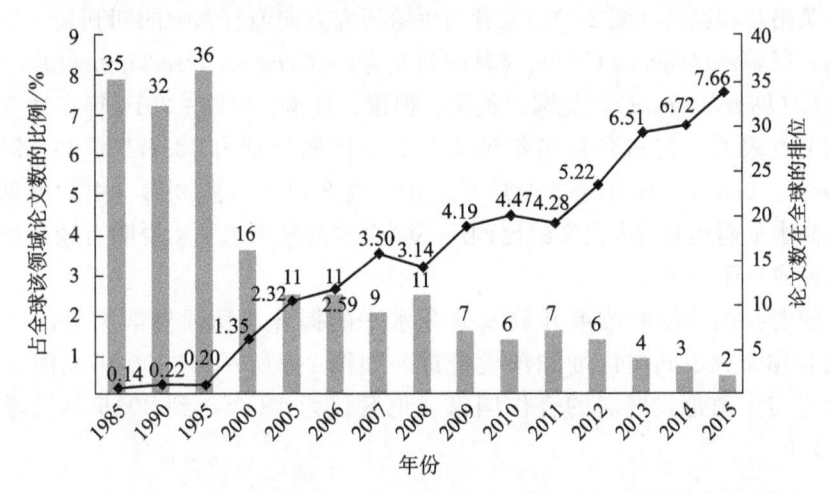

图 2-2　中国在发育与生殖研究方向发表的论文数占全球论文数的比例和位次

资料来源：检索 Web of Science 核心合集数据库中 Developmental Biology 和 Reproductive Biology 两个研究方向；检索日期为 2016 年 2 月 16 日。

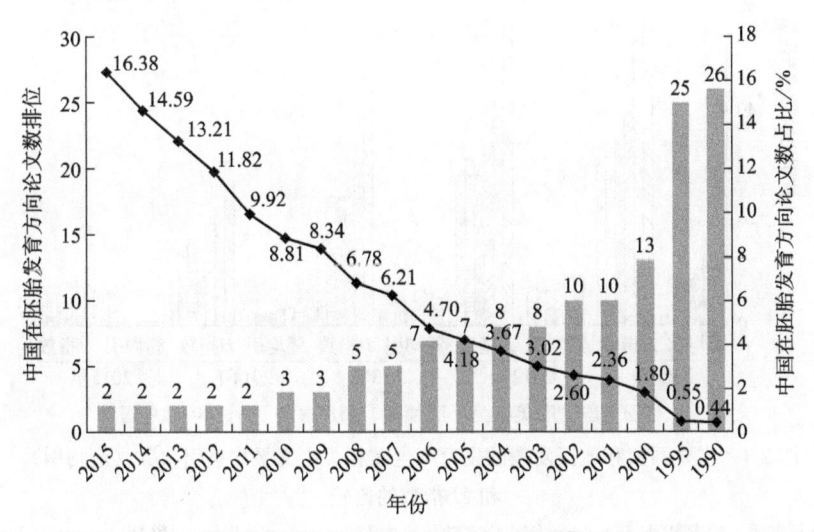

图 2-3　中国发表胚胎相关论文数占全球论文数的比例和位次

资料来源：检索 Web of Science 核心合集数据库中胚胎（embryo*）主题词；检索日期为 2016 年 2 月 16 日。

近年来，我国在《自然》《科学》《细胞》等国际顶尖刊物上发表论文数量呈逐年增加趋势，说明研究水平也在上升。从每篇论文平均被引次数来看，美国、英格兰、德国较高，中国和加拿大及日本相当；从 H 指数（指发表的 H 篇论文至少被引用 H 次）看，中国也与加拿大及日本相近，但落后于美国、英格兰和德国（图 2-4）。发育与生殖研究方向最有影响的期刊是《发育细胞》(*Developmental Cell*)、《基因与发育》(*Genes & Development*)、《发育学》(*Development*)，美国、英国、德国、日本、中国① 2014 年在这三种期刊上发表的论文占各自当年论文总数的比例分别为 12.77%、14.89%、18.9%、10.85%、4.51%，全球平均比例为 8.35%（图 2-5），由此可见我国在高水平期刊上发表论文的比例还不到全球的平均水平，说明有较大影响的研究成果还不多。

随着我国持续的改革开放及研究水平的提升，我国科学家与国际同行的合作研究不断向广度和深度推进。如图 2-6 所示，2000 年我国发表的发育与生殖论文署名的合作国家或地区仅为 18 个，到 2015 年已增加到 42 个。

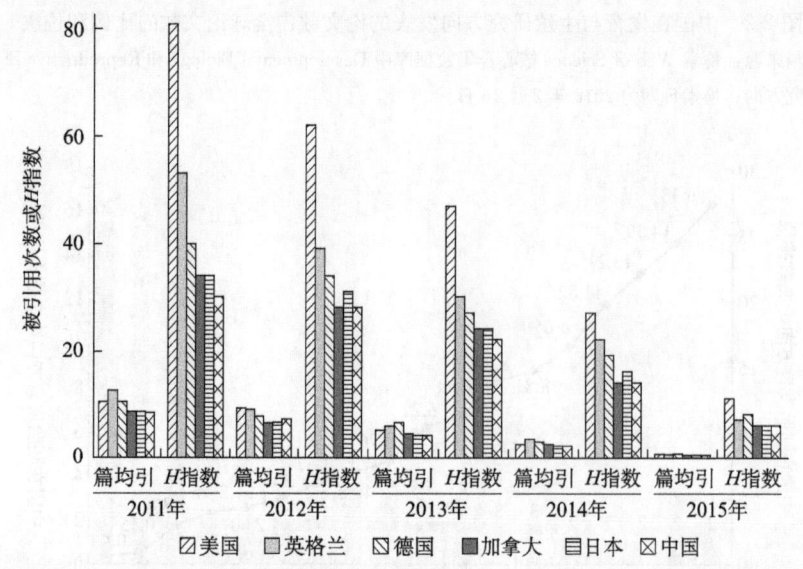

图 2-4 主要国家和地区发表的发育与生殖相关论文平均被引次数（篇均引）和 H 指数的比较

资料来源：检索 Web of Science 核心合集数据库中 Developmental Biology 和 Reproductive Biology 两个研究方向；检索日期为 2016 年 2 月 16 日。

---

① 不含港澳台地区发表的论文。

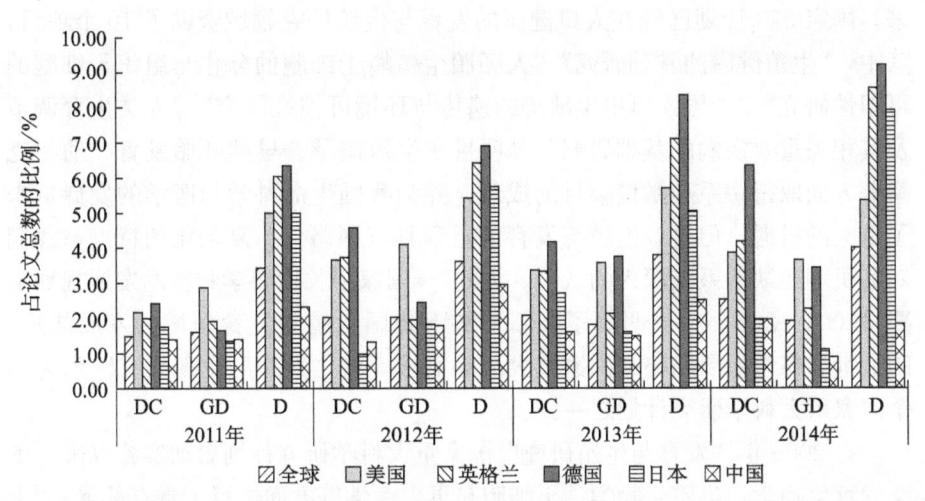

图 2-5　主要国家和地区发表在 *Developmental Cell*（DC）、*Genes & Development*（GD）、*Development*（D）上的论文比例

资料来源：检索 Web of Science 核心合集数据库中 Developmental Biology 和 Reproductive Biology 两个研究方向的论文总数及在三种期刊上的论文数量，再计算比例；检索日期为 2015 年 4 月 11 日。

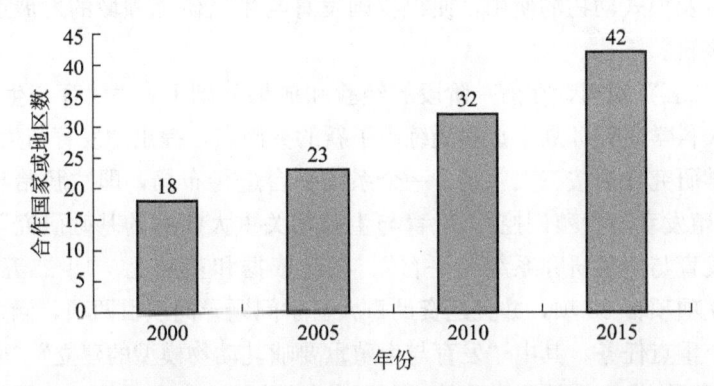

图 2-6　中国发表的发育与生殖论文中共同署名的其他国家和地区数

资料来源：检索 Web of Science 核心合集数据库中 Developmental Biology 和 Reproductive Biology 两个研究方向的论文总数及在三种期刊上的论文数量，再计算比例；检索日期为 2015 年 4 月 11 日。

第三节　我国的部分代表性重要成果

作为 21 世纪生命科学研究发展的重要方向之一，我国对发育与生殖研究给予了高度的重视，建立了比较好的人才队伍和研究基础平台。自 1999 年以来，国家973计划已经在人口健康的发育与生殖研究领域资助了10个项目，其中，"生殖健康的基础研究""人胚胎生殖嵴干细胞的分化与组织干细胞的可塑性研究""中国人口出生缺陷的遗传与环境可控性研究""人类生育调节及其相关重要疾病的基础研究"等项目在生殖避孕、早期胚胎发育、动物克隆等方面取得一系列举世瞩目的成就，并为我国生命科学与医学的发展带来了重大的机遇。但是，生殖与发育的过程具有网络化、复杂化的特点，我们对其机理还缺乏系统深入的认识。为此，《国家中长期科学和技术发展规划纲要（2006—2020年）》明确了在新形势下我国生殖与发育领域的发展战略，瞄准世界科学发展趋势和国家重大战略需求，将"发育与生殖研究"列为四个国家重大科学研究计划之一。

自2006年"发育与生殖研究"国家重大科学研究计划启动实施以来，围绕发育生物学、生殖生物学、干细胞与再生医学等方面进行了重点部署。"十一五"期间批准实施了58个重大项目。在短短的五年执行期内，我国科学家已经在模式动物的配子发生、组织器官发育研究、不孕不育诱发机制、胚胎操作安全性和动物模型等领域取得了一批重要研究成果。各种先进的研究工具、手段及模式动物的使用，使得我国发育与生殖研究领域的发展逐步与国际前沿接轨。

"十二五"期间，在前一阶段的经验和成果基础上，"发育与生殖研究"国家重大科学研究计划丰富和凝练出了新的突破点，提出"发育与生殖研究"重大科学研究计划按三大领域、一个系统平台进行布局，即"胚胎与器官发育""生殖发育与生殖调控""发育与生殖相关重大疾病的基础研究"三个领域与"发育与生殖研究系统与平台"。在此依据和基础上，"十二五"期间，共资助立项项目39项，并且还资助重大科学问题导向项目两项，涵盖了布局中的各个重点任务，其中"发育与生殖重要哺乳动物模型的建立""原始生殖细胞（PGC）发生和性腺发育的机制研究""雌雄生育力维持调节机制研究及生殖资源库建立""心脏与肝脏发育和再生的遗传调控研究"等项目产出了一批具有国际影响力和前沿性的硕果，发育与生殖方向的研究队伍也在国际上获得一定的地位，科研实力进步巨大，得到国际同行的高度评价和认可。

一、生殖调控与疾病方面

自1998年以来，我国研究人员鉴定了一批先天性发育缺陷的致病基因[1~8]，揭示了相关发育缺陷的遗传基础，为基因检测提供了靶基因。通过全基因组关联分析（GWAS）的研究，在中国国内的人群中，鉴定了一批与重大生殖疾病［女性的多囊卵巢综合征（PCOS）和男性的无精子症］相关的基因组异常位点[9~12]，相关的异常位点在欧美人群中也得到了验证。另外我国研究人员首次报道了人类卵子透明带缺失病例，成功破译其致病基因（位于11号常染色体），该突变被人类基因库收录，其登记编号为KJ489454[13]，该研究为理解人类受精缺陷的分子遗传学机理提供了新的认识；同时综合运用遗传学及功能基因组学方法，利用遗传病例、细胞、酵母、鼠及人卵，我国科学家在国际上第一次发现人类基因 *TUBB8* 的突变导致卵子减数分裂阻滞[14]。

我国科学家在遗传性线粒体疾病治疗研究方面取得突破性进展，发现由第一极体置换产生的子一代小鼠及其衍生的子二代小鼠体内仅含卵胞质供体小鼠的线粒体，由此可通过极体移植最大程度上避免母源线粒体DNA遗传疾病[15]。该成果转化到临床应用有望实现主动和彻底地预防线粒体母源性遗传疾病的发生。

此外，雌性生育力维持的研究中，国内学者发现CRL4复合体的活性缺失会导致雌性小鼠卵巢中的卵泡库过早耗尽，并且影响卵泡发育过程中卵子的重编程，建立了一个与临床表现更贴近的卵巢早衰和卵子质量控制的动物模型[16]。国内的基础研究工作者和临床医生的合作研究揭示了胚胎植入时母-胎分子对话的一个重要参与者——上皮细胞中的离子通道，并且在人类不孕不育的疾病中得到验证[17]，其可以作为诊断不孕不育的标记和作为避孕的靶点。在多囊卵巢综合征的发病机制和临床治疗中，我国的科研工作者和临床医生也取得了一系列原创成果，挖掘到一些与疾病易发相关的基因位点[9,10]，同时还发现在治疗多囊卵巢综合征引起的不育中，冷冻胚胎移植的效果更好[18]。

在干细胞与配子分化方向，我国科学家利用单倍体的胚胎建系获得了单倍体干细胞，并应用在生殖发育和遗传修饰等方面[19,20]；发现孤雌单倍体干细胞经过基因组印记修饰后可以替代精子，从而使两只雌性小鼠也能够产生后代，建立了"同性生殖"的新方法[21,22]；并且完全实现了体外胚胎干细胞向功能性精子的分化[23]。这一系列领先的原创工作在基础研究和临床应用方面都有重要的意义。

利用核移植模型，首次确证克隆胚胎发育失败的首要原因是胎盘滋养层细胞的异常，并且通过修复其缺陷，可使克隆动物出生率提高6倍[24]。这对生命科学的核移植研究领域具有启示意义，同时指出了胎盘滋养层细胞在决定胚胎发育质量中的重要作用。

近年来，人们越来越多地关注获得性性状的遗传，并结合表观遗传研究其具体的分子机制。我国科学家在研究父源因素的跨代遗传方面发现父源的糖尿病会通过影响精子中的DNA甲基化修饰模式导致成年后代的胰岛中同样存在表观修饰的缺陷，更易表现出胰岛素抵抗[25]，同时也发现高脂诱导的父源肥胖等可以通过精子中的sRNA-tsRNA将肥胖的表型遗传给后代[26]。

二、胚胎与器官发育方面

哺乳动物卵子受精后，合子基因组的表观遗传修饰会发生快速改变。我国科学家揭示了小鼠早期胚胎发育过程中基因组DNA甲基化的详细和高度动态的变化及其调控机制[27~31]；发现了小鼠早期胚胎中染色质的组蛋白修饰变化[32~34]，阐述了小鼠胚胎着床前的染色质开放状态的动态变化[35,36]。在模式动物上，我国科学家发现了胚胎中DNA腺苷酸N6位的甲基化修饰（6mA）[37,38]。利用斑马鱼模式系统，我国科学家揭示了Nodal、BMP信号等调控脊椎动物胚胎中胚层诱导和背腹分化的新机制[39~45]。

在人类早期胚胎发育的研究方面，国内的学者对这一领域做出了突出的贡献。针对人类早期胚胎发育中的动态基因表达，国内研究队伍通过单细胞RNA测序的技术全面分析了早期胚胎各个时期的基因表达信息[46]，为早期胚胎逐步发育过程中的基因调控机制提供了宝贵的资源。在单细胞DNA测序技术的支持下，发展了一种新型的产前诊断的方法，对母体的单个卵子质量可以实现无损检测[47]。最近我国科学家也阐释了全面的人类早期胚胎基因组整体DNA甲基化调控网络[48]，对于人类认识自身早期胚胎发育过程中的表观遗传调控机制、辅助生殖技术的安全性评估与改善，以及临床上疑难病例的诊治均具有极其重要的意义。北京大学第三医院基于单细胞基因组扩增和测序技术诞生了世界首例单基因遗传病筛查的试管婴儿，这标志着我国胚胎植入前遗传诊断技术已处于世界领先水平。

发育事件中的细胞学行为研究中，国内学者在关于纤毛发生的调控和其对发育的影响研究中取得了重要进展，揭示了一种特异的miRNA，即miR-129-3p，通过调控CP110和肌动蛋白（actin）动力学控制纤毛的发生[49]，并首次揭示多纤毛发生过程中"从无到有"和"母中心粒依赖"的两种中心粒扩增方式，以及它们与脊椎动物从海洋到陆地的适应和进化的联系[50]。

在组织器官发育和功能的研究中，一直以来科学家们都认为心脏内壁的冠状动脉血管是出生前由已存在的心脏外壁中的胚胎血管通过血管生成的过程发育而成。我国科学家最新的一项研究发现，心室壁内侧的冠状动脉血管（第二冠状动脉血管群）是在出生后新生成的，心内膜细胞是第二冠状动脉血管群的起源[51]。这一发现重新定义了冠状动脉的生长方式及血管新生概念，为理解心脏疾病及心脏再生医学奠定了新的理论基础。最近还发现，在胚胎发育过程中心内膜细胞可以发育成为肝脏的血管细胞[52]。此外，还揭示了脑内皮细胞-周细胞相互作用在血脑屏障形成和维持中的关键生理作用[53]；发现斑马鱼大脑血管三维网络随发育而简化的现象及其机制[54]；发现小鼠胚胎头部血管内皮细胞也可转分化为造血干细胞[55]。

在细胞重编程方法、干细胞干性维持相关机理研究中，我国科学家首次通过小分子化合物的组合对体细胞进行处理，实现了将体细胞转化为多潜能性细胞[56]，并首次实现通过添加相互拮抗的细胞谱系决定因子将皮肤成纤维细胞转化为多潜能性细胞[57]。对核移植技术和诱导性多能干细胞技术在实现体细胞重编程能力方面进行了系统的比较[58]。证实 H3K9 甲基化是诱导多能干细胞诱导过程中一个极其重要的障碍[59]；证实在多能干细胞诱导过程中，Tet1 可替代 Oct4，实现细胞重编程和多能干细胞的诱导[60]。破解了维生素 C 促进体细胞"变身"为诱导性多能干细胞的分子障碍——组蛋白 H3K36me2/3，为阐明体细胞重编程的分子机制提供了重要的数据[61]。在胚胎干细胞干性维持机理研究方面，我国科学家揭示了转化生长因子-β（TGF-β）超家族信号通路在小鼠胚胎干细胞自我更新中的重要作用及分子机制[62]，揭示了一条在胚胎干细胞分化过程中重要的信号通路 calcineurin-NFAT 在胚胎干细胞分化和小鼠胚胎早期发育过程中的重要功能及分子机制[63]。

在细胞分化、转分化及相关应用中，我国科学家首次在小鼠和人中实现将成纤维细胞直接转分化为具有功能的肝细胞[64-66]，向最终实现肝细胞治疗、生物人工肝等前进了一大步。我国研究人员首次利用人胚胎干细胞产生 γ-氨基丁酸（GABA）能神经元实现了对小鼠亨廷顿舞蹈症的治疗[67]，为今后在人类相关疾病中的应用提供了参考。

三、植物的生殖与发育方面

在植物发育相关研究中，我国科学家发现了一个可以同时影响水稻的品质和产量的基因，将它应用到新品种水稻的培育中，有望提高水稻的质量和产量[68]。我国科学家在植物组蛋白 H3K27me3 去甲基化酶研究中取得重要进展，发现 REF6 是拟南芥（*Arabidopsis*）中 H3K27me3 的去甲基化酶，填补了植物 H3K27me3 调控机制中的一个重要空白，并表明该机制在高等动植物中是保守的,为进一步研究 H3K27me3 在植物生长发育及对环境响应过程中的作用奠定了基础[69]。水稻亚种间生殖障碍[70]和细胞质雄性不育及其恢复育性的分子机制的揭示[71],为进一步利用杂种优势提升水稻产量奠定了重要的理论基础。我国科学家还发现了水稻感受低温的重要数量性状基因座(QTL)基因 COLD1 及其人工驯化选择的单核苷酸多态性(SNP)赋予粳稻耐寒性的新机制,对于水稻耐寒品种的培育有重要指导作用[72]。我国科学家还在水稻抗高温的研究中成功克隆了作物中第一个抗高温的数量性状基因座 TT1,并深入研究了其分子机理、在水稻演化史和抗高温育种中的作用因子[73]。植物雌雄识别的分子机制的揭示,为克服杂交育种中杂交不亲和性提供重要的理论依据[74]。

四、研究系统、平台与资源库建设方面

在资源平台的建设中,运用最新的各种基因修饰技术(TALEN 和 CRISPR/Cas9 等)实现了在线虫、斑马鱼、啮齿类、大家畜和非人灵长类等动物的基因修饰,其中在大家畜和非人灵长类的基因修饰工作在国际上占领了领先地位,获得了转基因和基因敲除猴,在孤独症等人类重要疾病的灵长类模型方面有重要意义[75~78]。利用新的基因编辑技术实现了在线虫和斑马鱼中的同源重组[79,80]。此外,在模式动物资源库方面,在南京大学建立了"国家遗传工程小鼠资源库",是集遗传工程小鼠的资源保存与供应、疾病模型创制与开发和实验动物人才培训为一体的国家级科技基础条件服务平台;在武汉中国科学院水生生物研究所建立了"国家斑马鱼资源中心",开发、收集、保藏各类斑马鱼资源,对国内外提供全方位、高质量的资源和技术服务。

第四节 国内外差距分析

过去 10 年,我国政府加大了对发育生物学研究的科研经费投入,而且回国科研人员的数量大量增加,推动了我国发育与生殖研究队伍的壮大和研究水平的提升,与发达国家的差距正在逐渐缩小。我国在生殖与发育领域的第一大优势是拥有一批优秀科学家和大批正在成长的青年才俊,他们有能力、有热情、有吃苦耐劳精神和奉献精神,是国家的宝贵财富;第二大优势是我国的临床资源丰富,有利于研究疾病发生的分子机制;第三是制度优势,可以以举国之力办大事,像以猪、猴为模式系统的大规模研究在发达国家是很

难做到的。

　　但是，在激烈的国际竞争中，我国也面临着一些困难。一是起步晚、积累少。我国从"十一五"才开始显著加大对发育与生殖研究的投入，仅一部分研究人员有条件开展高水平研究；对于研究周期比较长的发育与生殖研究，不足10年的时间能够形成的系统性积累和产生的放大效应还是有限的。二是投入不足。据估测，美国联邦政府投入在发育与生殖研究的财政经费2015年达到15亿美元左右。我国"发育与生殖研究"国家重大科学研究计划每年投入经费1.5亿~2.0亿元（人民币），2006~2015年每年资助总额变化不大。2010年开始，国家自然科学基金委员会也设置了单独的发育与生殖学科，逐渐增加了投入。2013年度国家自然科学基金委员会资助发育生物学与生殖生物学学科共1亿元（包括国家杰出青年科学基金项目、优秀青年科学基金项目、重点项目、面上项目等），是2010年的资助总额的3.02倍，加上各个部门在发育与生殖研究方面的投入约1亿元，我国在该领域的总经费投入为4亿元左右，大约是美国的4%。整体的投入不足使许多发育与生殖研究人员不能获得必要的科研经费，单个项目的资助强度不足使科学家难以完全按计划开展研究和进行前沿性探索。三是缺乏对优秀完成项目的滚动资助机制，难以保障研究的系统性和集成性。四是对公共研究资源和平台的建设和有效运行重视不够、机制缺乏，导致公共资源散乱而得不到有效的利用。五是缺乏对优秀科学家的专项资助，目前从指南发布到申请、立项、实施的周期长，导致国际竞争激烈的一些前沿项目可能错失机会。

第三章
发育生物学研究的当前热点与趋势

发育生物学是研究生物个体发育规律及其调控机理的学科。高等生物个体发育从受精卵开始，经历胚胎发生、器官形成与衰老等阶段，通过细胞分裂、生长与分化直至细胞死亡及细胞运动的综合作用产生完整个体，组成了一个复杂而有序的发育过程。其前沿热点方向包括以下几个方面。

(1) 胚胎发育：亲源因子在早期胚胎中的功能与代谢、合子基因组重编程和转录激活机制、胚胎和组织中图式形成的调控、形态素浓度梯度形成模式和作用、细胞周期与细胞命运的偶联、母胎互作决定妊娠结局的分子机制、流产与出生缺陷的遗传和表观机制。

(2) 组织器官发育：胚胎组织器官原基形成的调控机制、组织器官形成中的细胞分化和形态建成机制、组织器官生长与尺寸控制、组织器官的协同发育机制、代谢对组织器官发育和稳态的调节作用、胚外组织的形成及其对胚胎发育的调控、先天器质性疾病的发生机制。

(3) 组织器官稳态维持：成体多能细胞的鉴定和胚胎来源、成体多能细胞的激活增殖与分化、成熟组织器官的稳态维持机制、组织器官的损伤修复机制、组织器官再生机制。

(4) 生殖健康与调控：无性染色体的物种的性别决定机制、原始生殖细胞命运决定和归巢机制、原始生殖细胞减数分裂的启动和进程的调控、生殖细胞与体细胞的互作机制、卵泡存活的调控、生殖细胞成熟的调控机制、不育不孕的遗传和环境机制、体细胞向生殖细胞转分化。

（5）植物发育与生殖：植物生长点与器官形态建成、植物环境感应与发育的可塑性、植物细胞命运决定与全能性、植物传粉与受精的分子机制、植物胚胎和胚乳的发育。

（6）学科交叉领域：环境因素对生殖发育的影响、发育程序的进化机制、研究技术的发展。

第一节　胚胎发育

胚胎发育是研究生物个体如何由单细胞发育形成组织器官原基的过程。胚胎发育过程中伴随着细胞的增殖、迁移、分化等多种行为。对胚胎发育的深入认识是理解高级生命体复杂性的基础，也是预防治疗胚胎发育异常不可或缺的前提，对提高人口整体素质是关键的一环。

一、亲源因子在早期胚胎中的功能与代谢

早期胚胎在合子基因组激活（也称胚胎基因组激活，zygotic/embryonic genome activation，ZGA/EGA）以前，基因转录处于沉默状态，因此亲源因子（包括母源和父源因子）在早期胚胎发育中行使至关重要的功能。在合子基因组启动以后，亲源因子必须降解，胚胎发育的调控方式发生由母源向合子的转变（maternal to zygotic transition，MZT）[81]。相关过程的功能异常往往导致早期胚胎发育障碍或停滞，并最终造成出生缺陷或不孕不育等人类疾病。因此，亲源因子在早期胚胎中的功能与代谢相关研究不仅可以加深对早期胚胎发育分子机制的理解，还可为生殖相关疾病的发病机理和避孕药物开发提供重要靶点。

（一）代表性重要成果

卵母细胞形成过程中，40%～75%编码蛋白的基因转录成mRNA并积累在卵母细胞中，这些母源因子是卵母细胞成熟、受精和早期胚胎发育所必需的。动物功能性母源因子的研究最早可追溯到1923年的有关椎实螺（Limnaea）螺旋方向的母系遗传研究[82]。到20世纪80年代初，利用果蝇作为模式动物，通过诱变得到的大量果蝇突变体结合基因定位，鉴定了动物中的第一个母源调控因子Dorsal[83]。此后，经过大量研究，在90年代初基

建立了果蝇前后轴及背腹轴等轴系决定的关键母源分子及其调控网络[84]。由于在动物早期胚胎分子调控方面的突出贡献，Nusslein-Volhard 等获得 1995 年诺贝尔生理学或医学奖。此后，母源调控因子研究在其他物种中相继展开[85~88]。随着基因敲除小鼠技术的应用，2000 年在哺乳动物小鼠中发现了母源调控因子 MATER[89]，近年哺乳动物母源复合体 SCMC 的发现[90]，使得哺乳动物母源调控研究上升到分子网络水平。相对目前已知的果蝇母源因子达 200 多个，已知的脊椎动物母源调控因子较少，如在哺乳动物上已经鉴定的母源调控因子仅有 30 多个，而这些母源调控因子的分子功能绝大多数仍不清楚[81]。脊椎动物早期胚胎发育的母源调控机制远远没有揭示清楚，是目前急需发展的研究领域。

关于父源基因对早期胚胎发育的影响过去很长一段时间被人们忽略，原因是长时间以来人们认为精子进入卵子的唯一作用就是把父源的遗传信息带入而形成受精卵，而不参与受精卵形成后的胚胎发育。近年，随着 RNA 纯化技术和 RNA 检测技术的发展，研究人员发现在成熟精子中存在大量特异 miRNA、piRNA、长链非编码 RNA 及少量完整的 mRNA 等，提示这些父源因子可能通过表观遗传或进入受精卵中翻译成蛋白行使功能[91]。在人类和小鼠的精子中也发现大量 miRNA 和 piRNA，以及一些特异性 tsRNA[92~94]。尽管显微注射 miR-34c 的抑制剂明显影响小鼠受精卵分裂[92]，但后来的研究表明基因敲除 miR-34c 并没有明显影响小鼠早期胚胎发育[95]。而在线虫受精卵中，已经发现有 160 种 mRNA 和大约一半的 siRNA 和 piRNA 来源于精子，并发现它们可能参与早期胚胎发育[96]。此外，精子带入的其他细胞器（如线粒体、一些尾部膜蛋白及头部质膜上的成分），都有可能参与合子基因组启动和早期发育。认识这些父源因素对合子发育及调控机制对理解早期胚胎发育的调控将产生深远的影响。

母源向合子转变过程中，母源 RNA 必须降解[97]。母源 mRNA 降解主要依赖于对靶标 mRNA 上特定序列的识别，实现特异性 RNA 的翻译抑制和降解。这一过程通过目标 mRNA 上的顺式作用元件（主要定位于 3′-非翻译区）和反式作用因子（主要是小 RNA 和 RNA 结合蛋白）之间的协同作用完成。动物早期胚胎发育过程中，主要发生两次大量 RNA 降解，包括依赖母源信号途径的 RNA 降解和合子信号途径的降解[98]。在不同模式动物中的研究已经鉴定出一些影响母源 mRNA 稳定性的顺式作用元件与反式作用因子。研究表明，果蝇中母源 SMAUG 通过 CCR4-NOT 蛋白复合体介导大量母源 RNA 降解[99]。此外，piRNA 通路也部分参与了母源依赖的 mRNA 降解途径[100]。

合子基因组转录的 miRNA 是目前唯一知道的参与母源 RNA 降解的途径；在斑马鱼中，合子表达的 miR-430 能够与一部分母源 mRNA 的 3′-非翻译区进行互补结合，抑制其翻译，最终导致几百个母源 mRNA 降解[101,102]；果蝇中的 miR-309 和爪蛙中的 miR-427 与斑马鱼的 miR-430 具有功能上和序列上的高度保守性[103]。目前大多数物种中的母源 RNA 降解机制仍然不很清楚。

蛋白质一般在执行完功能以后就被降解，否则将影响正常的发育过程。在母源向合子转换过程中，细胞周期蛋白由减数分裂向有丝分裂方式转变[104]。例如，线虫中 MEI-1 和 MEI-2 是减数分裂必需的，但是如果持续表达在早期胚胎中，则影响早期胚胎的有丝分裂[105]。早期胚胎中特化成原始生殖细胞的区域需要将特化为体细胞部位的原始生殖细胞特异性蛋白降解[106]。因此，母源蛋白质降解也是母源向合子转变的关键环节。小鼠中，受精激发自噬，在早期胚胎中进一步上调，母源缺失 *Atg5* 的卵母细胞与父源缺失 *Atg5* 的精子产生的早期胚胎的发育停滞在 4~8 细胞期，说明自噬降解途径是小鼠早期胚胎发育所必需的[107]。此外，已发现多个物种的卵母细胞富含泛素化蛋白酶降解系统[104]，但其对发育的影响不明。

（二）主要科学问题

在脊椎动物中，成熟卵子储存的 mRNA 和蛋白质及其他生物分子数以千计，这些母源因子中的绝大多数都还未被研究。主要的科学问题包括：哪些母源因子对于早期胚胎发育必不可少、发挥什么作用、如何发挥作用？母源因子在卵子中和受精后的胚胎中如何分布？母源因子的表达和降解是如何受到调控的？母源因子与人类流产和出生缺陷等有何关系？关于父源因子，需要回答的问题包括：精子中除 DNA 外，还有哪些物质可以进入受精卵？它们如何参与胚胎的发育，它们自身的降解如何受到调控？

二、合子基因组重编程和转录激活机制

成熟的雌雄配子（即精子和卵子）中转录处于沉默状态，受精以后形成全能的受精卵即合子，经过卵裂期胚胎发育，合子基因组重编程并激活胚胎基因组转录，产生后期发育所需的调控因子，此过程称为早期胚胎发育的合子基因组重编程和激活过程，又称为合子（或胚胎）基因组启动（zygotic/embryonic genome activation，ZGA/EGA）。早期研究使用 RNA 聚合酶Ⅱ和Ⅲ的抑制剂 α-鹅膏蕈碱处理小鼠受精卵，导致早期胚胎发育停滞在 2 细胞时期[108,109]；在爪蟾或斑马鱼中，同样处理的早期胚胎虽然可以继续卵裂，但

是不能发生原肠作用[110~112]。因此，合子基因组启动是胚胎正常发育必需的，该过程的发生异常往往导致胚胎发育缺陷或停滞。

理论上来说，任何影响 RNA 聚合酶Ⅱ接近染色质及 RNA 聚合酶Ⅱ的酶活性因子都可能调控胚胎基因组激活。首先，由于受到母源表达基因的影响，合子基因组表达的基因很难检测，使得相关过程的基因表达模式长期难以弄清楚；其次，由于缺少有效的 DNA 和组蛋白修饰的检测手段，早期胚胎染色质状态很难描述。受到这些因素的限制，合子基因组启动的机制研究长期进展缓慢[98]。最近随着各种大规模 DNA 和 RNA 的分离和分析技术的发展，人们开始对早期胚胎合子基因组启动有了初步的认识。研究人员通过大规模测定不同物种早期胚胎的各个发育阶段的基因表达谱，发现合子基因组启动可以分为早期相对少量基因激活阶段和后期大量基因激活阶段[113~116]。此外，通过对不同物种早期 DNA 甲基化的检测，在 DNA 碱基水平上开始认识早期胚胎发育中 DNA 重编程过程。

（一）代表性重要成果

考虑到染色质的三级结构明显影响基因表达，以 DNA 和组蛋白修饰为主的表观遗传学机制可能是调控合子基因激活的重要方式[117]。早期通过免疫荧光的方法发现小鼠早期胚胎发育过程中，受精卵的雌雄原核 DNA 甲基化程度并不相同，而且经历明显的去甲基化过程[118]。近年来，通过 DNA 甲基化测序在 DNA 碱基水平上验证了这些结果，同时发现雌雄原核都可能存在主动去甲基化过程，而且在雌原核中可能还同时存在 DNA 重甲基化的过程[29,119]，人类早期胚胎基因组整体 DNA 甲基化图谱也已建立[48]。已发现 TET3 参与小鼠受精卵中 DNA 去甲基化[28]，其他一些研究发现 DNA 损伤修复通路也可能参与此过程。尽管目前还不知道 DNA 去甲基化在合子基因组启动转录方面的功能和机制，但是这些成果为研究早期胚胎发育和人类表观遗传疾病等提供了丰富的资源。

除了 DNA 去甲基化以外，组蛋白修饰的转变也可能是早期胚胎基因组重编程的重要内容[120]。在小鼠受精前，成熟精子的基因组被鱼精蛋白包裹，受精以后鱼精蛋白迅速被储存在卵母细胞中的组蛋白替代，继而组蛋白发生一系列位点的乙酰化，使得雄原核处于一种高度乙酰化的状态[121~123]；雌原核也呈现特异组蛋白甲基化状态[124~126]。小鼠卵母细胞中的组蛋白 H3.3 在受精后数小时内会被迅速特异地整合到雄性染色体上，这种 H3.3 分布的不对称性可能是雄原核基因组转录激活必需的[127~129]。研究表明，分子伴侣

HIRA 协助 H3.3 定位到雄原核，它的缺失导致雄原核不能形成，合子基因组不能正常启动[130,131]。在果蝇中，胚胎型 dBigH1 高表达于合子基因组不活跃阶段之前，而在合子基因组激活的过程中被体细胞型 dH1 替代；dBigH1 功能缺失的突变体表现为合子基因组提前激活，胚胎于细胞化阶段死亡[132]。

尽管目前有关合子基因组启动的分子机制还很不清楚，但已有的实验证据显示母源转录因子直接调控早期胚胎合子基因激活，其他母源因子也可能参与调控该过程。果蝇中，母源 Zelda 具有通过直接结合合子基因的 TAGteam 顺式作用元件从而激活早期合子基因组的功能[133]。斑马鱼中，母源 Nanog、Pou5f1 和 SoxB1 是 ZGA 之前转录活性最高的转录因子，而且早期转录的合子基因的调控区都富含这三个转录因子的结合位点，功能实验证明三者的缺失导致胚胎发育停滞于原肠作用之前，并且大于 75% 的合子基因无法正常激活，说明 Nanog、Pou5f1 和 SoxB1 具有激活斑马鱼合子基因组的作用[134]。在哺乳动物中，对转录调控因子在 ZGA 中的作用还了解得很少，大量的研究表明小鼠母源因子缺失可导致 ZGA 异常，但是具体的调控机制还不清楚[89,90,135~139]。

（二）主要科学问题

合子基因组激活在早期胚胎发育过程中至关重要，其调控机制是发育和生殖生物学领域长期悬而未决的关键科学问题。通过对合子基因组的重编程（DNA 甲基化、组蛋白修饰等）、母源表观调控因子、母源转录调控因子的研究，人们开始慢慢揭开合子基因组激活的神秘面纱。尽管已经取得一些进展，但是很多基本问题都没有解决。例如，早期胚胎中组蛋白修饰如何变化？受精后父源染色体上的鱼精蛋白如何被替换？DNA 甲基化过程在早期胚胎的功能是什么？如何维持或改变雌雄原核非对称的 DNA 甲基化状态？为什么卵母细胞需要合成大量母源 RNA 和蛋白质？合子基因组激活的时间点如何控制？合子基因组的激活是否有空间特异性？不同物种之间的 ZGA 机制是否保守？这些问题的解决有待于新的研究技术和工具的发展。

三、胚胎和组织中图式形成的调控

胚胎和组织中图式形成（pattern formation）是指胚胎或组织器官（如神经管、血管、肢芽等）在时间和空间上不同命运细胞的产生和分布模式，是胚胎发生和组织器官形成必不可少的、重要的发育步骤，涉及前-后轴线、背-腹轴线、左-右轴线的建立，胚层的形成和分化，在细胞水平涉及细胞的增殖、迁移、分化等行为，在分子水平上受到多种形态发生素及其触发的转录调控网络的协同调控。例如，在斑马鱼胚胎背腹轴图式形成中，β-catenin 信号通路在背部细胞激活了 *boz*、*chd*、*sqt* 等背部合子基因的表达，抑制 *vox*、*vent*、*ved* 等腹部基因在背侧表达，并拮抗腹侧的 Bmp 信号，从而保证了胚胎正确的背腹发育[140,141]。而在肢芽图式形成中，沿近端向远端形成的由低到高的 Wnt 和 Fgf 信号梯度和由高到低的视黄酸浓度梯度决定了肢体近-远轴线的不同结构的产生[142]。深入了解胚胎和组织图式形成，可以为降低人类出生缺陷发生率提供理论基础，为预防和干预诸多重大成年疾病提供指导。

（一）代表性重要成果

母源因子在脊椎动物胚胎图式形成中起着关键作用。在爪蟾及斑马鱼胚胎中，母源的背部决定因子位于受精卵营养极，随着受精后胞质运动，通过微管系统从卵黄的一侧转运到动物极背侧细胞胞质中，使得 β-catenin 在背部细胞的细胞核中积累[143,144]。此外，母源因子也提供腹部发育的信号。腹部的发育主要受合子基因表达的 Bmp 信号调控。在斑马鱼胚胎中，已经发现母源因子 Radar 和 Pou5f3 通过调控 *bmp2b*、*bmp4* 基因的表达参与腹侧细胞命运的决定[145,146]。母源因子在母源-合子转换过程中会被降解。斑马鱼 dicer 的母源合子突变体 MZdicer 中，不能形成成熟的 miRNA（如 miR-430），导致胚胎中的许多母源 mRNA 不能被及时清除，胚胎原肠运动异常[101]。但母源 mRNA 尤其是母源蛋白的降解机制仍不清楚。大多数合子基因只有母源-合子转换后才被转录激活。例如，斑马鱼母源的 β-catenin 在 128 细胞时期已经进入背侧细胞核内，但在囊胚期后才激活 *boz*、*chd*、*sqt* 等背部合子基因表达。有研究报道，染色体的表观遗传学修饰（如组蛋白的甲基化、DNA 的甲基化及乙酰化等）参与调控合子基因的激活[117,147,148]，但调控合子基因激活的机制仍然没有定论。因此，母源因子在胚胎图式形成中的作用及合子基因激活机制是该研究领域的关注热点。

（二）主要科学问题

图式形成过程中信号分子通过下游的胞内转导途径调控着数百个靶基因，这些靶基因之间也具有相互调控作用，形成一个巨大的复杂调控网络，而且这个调控网络是随着发育进程动态变化的。发现新的重要信号分子并研究其主要靶基因的表达时间与强度的动态变化，是阐明图式形成的分子机制的第一要务。了解蛋白质的翻译后修饰，包括泛素化、磷酸化、乙酰化、甲基化等，对于理解胚胎及组织图式形成的动态变化过程有重要的意义。因此，研究信号分子的信号转导调控，揭示图示形成过程中信号分子所触发的基因表达的动态变化，阐明各信号通路的耦合、协同如何构成复杂而精确的信号转导调控网络，从而决定细胞命运，是这一领域的关键科学问题。另外，图式形成包含细胞命运决定和随后的细胞增殖两个阶段。细胞命运决定后，细胞增殖的速度是造成同一物种内相同器官存在大小差异的关键因素。探讨信号分子调控细胞分化和增殖的功能机制是当前研究领域内的一个新的生长点[149]。

四、形态素浓度梯度形成模式和作用

生命科学最关键的科学问题之一是阐明细胞如何确认自己的位置而获得特定的发育命运和行为。已有的研究表明，胚胎中细胞的位置信息由一小类称为形态发生素或形态素（morphogen）的信号分子提供，著名的形态素包括 Wnt、Hedgehog（Hh）、TGF-β、骨形成蛋白（BMP）、成纤维生长因子（FGF）等[150~157]。一种形态素在胚胎或组织的某一特定区域产生，沿某一方向形成浓度梯度，多种形态素在多个方向形成的浓度梯度将赋予某一位置的细胞特定的位置信息，因而在理论上两个相邻细胞可以获得不同的位置信息，它们响应位置信息后获得不同的发育命运。形态素产生、扩散和分布的异常可导致发育缺陷和肿瘤等多种人类重大疾病，因此研究形态素的功能及其调控机制已成为当今生命科学研究的重要前沿性内容。围绕形态素调控机理等内容的发育生物学研究，将为全面了解胚胎发育的机制提供新思路、新视角，进一步丰富发育生物学理论。

（一）代表性重要成果

多种模式生物的遗传及生化研究已经鉴定出参与 Wnt、Hh、BMP、FGF 等形态素信号通路的关键成员，建立了每条信号通路的框架，但这些关键成员如何被控制和调控目前仍不很清楚[158~163]。研究已经揭示出 Wnt 和 Hh 等关键形态素的分泌机制，Wnt 和 Hh 都被脂基化修饰，它们的分泌过程受细胞中内质网、高尔基体和内吞体中的运输机器及调控分子的控制[158,161,164~167]。并且，人们也提出了各种模型假说来解释形态素如何从分泌细胞运输到受体细胞，包括胞质细管（cytoneme）的概念、胞外扩散模型及其他囊泡参与介导的各种途径的模型[157,168~170]。最近的研究发现，机械力在发育过程中也参与形态素梯度形成的调控[154]。很有可能在不同的发育阶段和不同的组织器官中，形态素采用不同的运输方式[157,170]。而且，分泌的形态素也被各种胞外因子调控，包括那些调控形态素脂基化修饰、影响形态素和受体相互作用及调控形态素在细胞表面分布的蛋白分子。最后，不同的形态发生素通过调控发育过程中关键的转录因子和信号网络控制细胞命运，然而信号通路之间的相互作用和协调关系至今尚不清楚。

（二）主要科学问题

对形态素的研究重点在于发现形态素梯度形成及信号转导通路的未知成员，阐明形态素梯度形成及信号转导的调控机制，理解形态素与其他发育相关信号通路间的关系，并进一步揭示其在脊椎动物胚胎发育及器官发生中的作用。主要科学问题包括以下几个方面：①形态素的分泌、梯度形成的调控机制；②发现并鉴定参与形态素相关信号通路的新基因；③形态素如何通过与其他发育信号相互作用进而影响发育过程，完善形态素信号转导与调控的分子网络；④形态素在动物胚胎发育及器官发生过程中的作用及其机制，解释这些新基因在发育过程中和人类疾病中的功能和作用机制。

五、细胞周期与细胞命运的偶联

复杂生物个体由许多细胞构成。在个体正常发育过程中，通过有序的细胞分裂而增加细胞数目，并通过细胞命运决定而增加细胞类型。为了确保多细胞生物体有相对恒定的细胞数目和不同的细胞类型，需要精细地平衡细胞的增殖与分化。在早期发育以及皮肤、肠道、神经系统和造血系统的研究中，人们发现特定的干细胞或前体细胞（progenitor cell）的细胞周期和分化受到精细的协同调控[171~174]。研究细胞周期和细胞命运之间的关系，是当前发育生物学和干细胞研究领域一个新的生长点。

（一）代表性重要成果

细胞周期可以划分成为四个时相，即 G_1、S、G_2 和 M 期。其中，G_1 期决定细胞是否分裂并为分裂做准备，S 期主要进行 DNA 的合成，G_2 期主要完成 DNA 损伤的修复，而 M 期则进行细胞的分裂。细胞周期的进行受到周期蛋白 Cyclin 和 CDK 等因子的精确调控。

目前对于细胞周期和细胞命运的研究主要在胚胎干细胞中完成。胚胎干细胞是一种具有全能性分化潜能的细胞，其基本的两个特征为无限增殖和自我更新能力,并具有分化为各种细胞类型的能力。这两个特征使其成为研究细胞周期和细胞命运之间相互调控关系的理想模型。相对于普通的体细胞,快速增殖的胚胎干细胞具有独特的细胞周期特性。由于 G_1 期大大缩短,每个细胞周期更加缩短。但长期以来,没有很好的切入点来研究细胞周期与细胞命运决定的关系。2008 年,研究人员开发了荧光泛素化细胞周期指示系统(fluorescent ubiquitination-based cell cycle indicator,FUCCI),通过将红色荧光蛋白(RFP)及绿色荧光蛋白(GFP)分别与不同细胞周期的响应因子 Cdt1 和 Geminin 融合,可将处于 G_1 期的细胞标记为红色荧光,处于 G_2 期和 M 期的细胞标记为绿色荧光,从而实现了细胞周期的可视化,大大推动了细胞周期与细胞命运之间关系的研究[175]。在 2013 年,研究人员发现,干细胞在 G_1 期可以对分化信号产生不同的响应:处于 G_1 期早期的细胞,主要响应内胚层分化的信号;而处于 G_1 期晚期的细胞,则主要响应向神经外胚层分化的信号。这种不同的分化潜能,主要受到 G_1 期表达的周期蛋白 CyclinD/CDK4-6 的调控[176~178]。而在 2015 年,研究人员通过大规模的 RNAi 筛选,揭示了 G_2/M 期在干细胞命运决定中的重要作用:G_2/M 期的细胞周期活动可以促进干细胞全能性状态的维持,其主要的机制是通过 DNA 损伤修复途径中重要的 ATM/ATR-CHEK2-p53 通路来上调 TGF-β 从而维持干细胞多能性状态[179]。综合上述两项结果,干细胞分化方向的诱导主要发生在 G_1 期,而其多能性的丧失则主要发生在 G_2/M 期。这也初步说明了在细胞分化的过程中,细胞周期对细胞命运的决定具有重要的调控作用[180]。

(二)主要科学问题

以上工作基本上是利用细胞模型得到的体外研究的结论。而在体内的胚胎发育过程中,细胞周期和细胞命运之间的协同调控也起着至关重要的作用。原肠运动是小鼠胚胎早期发育过程中一个十分重要的过程,通过原肠运动,小鼠胚胎由单一胚层的结构发育成为具有内、中、外三个胚层的结构,细胞命运发生巨大的变化;与此同时也伴随着剧烈的细胞增殖,细胞数从 6000 个增加到 16 000 个,细胞周期也相应缩短。在这个过程中,细胞周期和细胞命运之间是如何相互影响并精确调控原肠运动这样一个复杂的生物学过程的,是十分关键的生物学问题。

值得注意的是,单个胚胎中不同细胞的细胞周期存在很大的异质性,即不同的细胞处在不同时相的细胞周期内。群体水平的研究会淹没这些重要的差别。在胚胎体内细胞分化谱系建立过程中,特别是在单个细胞水平上,细胞周期与细胞分化如何发生广泛的相互作用来决定细胞的命运，促进器官发育与建成，还十分不清楚。

研究细胞周期和细胞命运之间的关系也有着重要的应用意义。找到重要的信号通路和重要的细胞周期控制分子，进而调节细胞的定向分化，可以作为潜在的药物靶点。另外，在人体内有些特定器官如小肠、肝脏等，有一定的自我修复能力，如果可以找出这些具有修复能力的细胞中细胞周期和命运分化之间的关系，可以为器官的体内修复等再生医学提供一定的参考。

六、母胎互作决定妊娠结局的分子机制

哺乳动物的妊娠过程主要发生在母体的子宫中，囊胚期的胚胎进入子宫中即启动母胎之间的分子对话，引起了随后的植入、蜕膜化和胎盘发育的过程[181]。这些发生在母体子宫局部的生理事件涉及多种胎儿细胞和母体细胞间的相互作用，同时这些事件的发生也伴随着母体的其他器官系统的一系列妊娠适应性调节，子宫母胎界面和母体系统整体间的协同作用是妊娠成功建立和维持不可或缺的[182]。妊娠建立和维持的本质是母体和胎儿组织在子宫母胎界面局部的分子对话，以及通过内分泌所介导的母胎界面与母体机能整体水平的妊娠适应性生理变化。这两个层面是互相作用的，任何一个层面的异常发生都会导致妊娠的不良结局。

（一）代表性重要成果

在子宫中的母胎互作界面中，囊胚的滋养外胚层最早起始于与子宫上皮之间的对话。这其中子宫接受态的正确建立和囊胚的激活是二者起始生理对话的前提[183]。目前对于子宫接受态建立的认识主要集中在雌孕激素通过它们的核受体协同调节子宫的不同细胞类型做出相应的反应，与子宫局部产生的信号分子一起诱导子宫细胞的分化进入适合胚胎植入的环境。目前已有报道称，胚胎上的 HB-EGF、L-selectin 等信号通过结合子宫上皮上的受体参与了囊胚与上皮之间的黏附过程[184~186]；同时，在黏附发生以前，子宫也可以通过产生可被囊胚摄取的胞外体（exosome）而直接参与调控胚胎基因的表达[187]，这提示母胎分子互作可有多种方式。在随后发生的子宫基质细胞蜕膜分化过程中，胚胎来源的信号也已经被证实可以调控子宫中的血管发生等过程，为随后的胎盘发育提供必要的保证。此外，子宫局部也需要建立一个免疫豁免的微环境来保证胎儿的正常生长和发育，其中滋养层细胞、各种免疫细胞、子宫基质细胞相互作用形成了一个互相调节和影响的复杂环境，不

仅在妊娠免疫豁免的建立中起关键作用，还可以对子宫的血管系统进行一定的改造，从而有利于妊娠的进行和维持。子宫中存在多种类型的免疫细胞，在正常生理过程中维持着子宫的免疫屏障作用；在妊娠过程中，子宫局部的免疫系统做出相应的适应调节，产生免疫豁免的微环境，这其中子宫基质细胞的蜕膜分化在免疫豁免中发挥了重要作用，蜕膜分化可以限制T细胞、DC细胞等与免疫攻击相关细胞对胚胎抗原的识别和浸润[188,189]。胚胎的滋养层细胞与蜕膜中的NK细胞之间也有直接的相互接触和作用，他们之间识别所涉及的MHC类分子及其受体的差异也会造成不同的妊娠结局[190,191]。

母体在妊娠识别和建立后，机能整体水平需要做出特定的响应，与母胎界面的生理事件协同发生，保证子宫中胎儿的正常发育所需的营养和能量等需求。已经证实妊娠适应过程伴随着母体代谢的巨大变化[192]。例如，在糖代谢中，母体组织会形成一定的胰岛素抵抗，造成血液循环中葡萄糖水平的升高，而同时母体的胰岛组织会发生妊娠诱导的β细胞的增殖，分泌更多的胰岛素来调节胰岛素抵抗[193]。现已被证实有胎盘来源的催乳素和生长激素分别靶向母体不同的组织。在组织器官水平，肌肉、肝脏、胰岛、心血管系统、肺、肾脏、造血系统、神经系统都被发现受到妊娠适应的调节，但其中具体的分子调节机制还不是很清楚[194]。对这些内分泌激素的进一步研究对于深入认识胎盘滋养层细胞的亚类也有很大的促进作用。

当母体组织与胎儿的相互作用出现异常时，妊娠的维持也会受到一定的影响。已有报道称，母体蜕膜细胞的衰老与早产有一定的关联[195]。糖代谢的异常可造成宫内胎儿生长异常，肥胖或是妊娠糖尿病的母体中伴随着脂肪分泌的脂褐素降低，在胎盘中胰岛素信号过度激活，胎盘的营养交换活跃，造成了胎儿生长过大，而这一异常表型过程可以被外源补充脂褐素所挽救，表明母体与胎儿之间相互作用是保证正常妊娠所必需的[196]。因此从母胎界面和机体整体水平研究母胎互作的分子机制是我们全面认识妊娠建立和维持的基础，也为临床上解决妊娠相关疾病提供一定的指导，为将来可能的疾病预测和治疗提供参考。

（二）主要科学问题

子宫局部和母体整体水平的母体胎儿互作对话是妊娠建立和维持的本质。在子宫局部的多种不同细胞类型之间的相互作用和调节还需要进一步的认识。鉴于胚胎植入是决定妊娠是否成功的关键环节，胚胎黏附过程中的母胎互作分子网络还有待于进一步研究。植入过程的正常发生与否直接关系到后续生理事件能否进行和最终的妊娠结局,因此阐明植入过程中所涉及的母胎对话对于认识胚胎着床重要性的机理和提高临床上移植胚胎的着床率也有很好的指导作用。在胚胎植入后的蜕膜分化和胎盘发育中,母体的蜕膜细胞如何与胚胎的滋养层细胞、免疫细胞等互作以调节妊娠维持中的免疫豁免和胎盘发育等,也是非常重要的科学问题。伴随着胚胎在子宫中的植入和发育,母胎界面的局部信号通过血液循环等途径影响了母体的妊娠适应性调节,使得母体整体水平做出对妊娠最有利的生理性变化。这其中我们对于有哪些信号通过什么途径作用于母体的多个靶器官认识还刚刚起步,更多参与信号的鉴定对于我们认识妊娠适应的生理变化有重要意义,也可使我们对认识妊娠相关疾病有新的观念性突破。

七、流产与出生缺陷的遗传和表观机制

在人类全部妊娠中,自然流产的发生率约为 15%,且具有高达 20%~25% 的复发率,困扰着超过 5% 的育龄女性。80% 以上的流产发生在妊娠 12 周以内。50% 以上的早期流产是由胚胎染色体异常所致。根据全国第六次人口普查汇总资料,我国 2000~2010 年平均每年妊娠量超过 3000 万人次,据此推算每年发生自然流产者约为 450 万人次,其中罹患反复自发流产者每年为 100 万左右。全球每年约有 330 万 5 岁以下儿童死于出生缺陷,出生缺陷是导致婴幼儿死亡的主要原因之一。先天性心脏病(简称先心病)、唇腭裂、多指(趾)、神经管发育异常为临床上较为常见的出生缺陷。根据世界卫生组织的估计,全球低收入国家的出生缺陷发生率为 6.42%,中等收入国家为 5.57%,高收入国家为 4.72%。90% 以上的出生缺陷发生和死亡出现在人口众多的发展中国家。据每年世界卫生组织研究报告,发展中国家严重遗传病和出生缺陷从出生到 5 岁的累积发生率达 7.86%,但出生时仅能发现其中的 2.76%。出生缺陷的共同特征是:起因复杂,机理不明,遗传背景差异大。我国是世界上出生缺陷高发国家之一,每年的出生缺陷儿数量约占全世界的 20%。据我国卫生部发表的《中国出生缺陷防治报告(2012)》的估计,目前我国出生缺陷发生率在 5.6% 左右,每年有 20 万~30 万肉眼可见先天畸形儿出生,加上出生后数月和数年才显现出来的缺陷,总数高达 80 万~120 万,占每年出生人口总数的 4%~6%。因此,流产和出生缺陷给患者和家庭造成极大的心理压力和精神痛苦,社会各方经济负担沉重,已凸现为严重的公共卫生问题。随着社会工业化的发展和计划生育政策的稳定实施,我国近十年来的生育模式已经发生变化,一个突出的特点是育龄女性的生育年龄逐渐推

迟。第六次人口普查数据显示，2010年我国育龄女性的平均生育年龄为28.18岁，比2000年推迟了近2岁。这种生育模式下，高龄产妇数目逐年增加。在国家实施全面二孩政策后，由于相当一部分生育二孩的妇女属于高龄妊娠，预计流产和出生缺陷的发生数量还将攀升。研究流产和出生缺陷的发病机制、预防手段和治疗措施刻不容缓，将有助于出生缺陷和遗传性疾病的控制，关系国计民生。实现优生优育，降低出生缺陷，提高人口健康素质是我们生殖与发育研究的关键任务之一，是提高人口质量和建设小康社会的关键一环。

（一）代表性重要成果

胚胎染色体非整倍性是流产的最常见原因。非整倍性的发生大多源于卵母细胞第一次减数分裂的异常，而只有大约7%源于精子减数分裂的异常[197]。例如，联会复合体核心组分 SYCP3 基因突变导致染色体异常分离，从而发生胚胎染色体非整倍性和流产[198]。2014年报道的一项研究对21三体同卵双胞胎（只有其中1个患唐氏综合征）的胎儿成纤维细胞进行了转录组分析，结果表明，两人之间有182个基因的表达水平存在差异，说明21三体可以影响其他染色体上基因的表达，这些区域称为"基因表达功能障碍区域"（GEDD）[199]。与反复自发性流产相关的其他重要基因还包括 JAK2[200]、VEGF、p53 和 eNOS 等[201]。而且，胎盘滋养层细胞 HLA-C 单倍体型和母体子宫 uNK 细胞 KIR 受体的不同组合能够限制或促进 uNK 细胞的激活和子宫血管重建，并与反复自发性流产具相关性，例如，HLA-C2 与 KIR AA 的组合能够增加流产的风险[202]。

迄今，多种出生缺陷的致病基因已经被陆续发现。例如，导致小头畸形综合征的 CHMP1A[203]、TUBG1、DYNC1H1、KIF5C、KIF2A[204]、PLK4[205]、MFSD2A[206,207] 等；导致先天性 QT 间期延长综合征的 KCNQ1、KCNH2 和 SCN5A[208]；导致免疫系统 X 连锁隐性遗传 IPEX 综合征的 FOXP3[209]。此外，调控 MYC 基因表达的远端增强子与唇腭裂发生相关[210]。近几年，全基因组关联分析实现了大规模挖掘遗传致病基因。唇腭裂易感区域包括 1p36、2p21、3p11.1、8q21.3、8q24、13q31.1、15q2、17q22[211~213]；颅缝早闭症的易感位点位于 BMP2 基因附近和 BBS9 基因内部[214]；先天性心脏病易感区域为 4p16，靠近 MSX1 和 STX18 基因[215]，以及我国科学家发现的 1p12（靠近 TBX15 基因）和 4q31.1（MAML3 基因内部）[216]；先天性尿道下裂有 18 个易感区域[217]。与此同时，外显子组测序也取得了重大研究成果。例如，在先天性神经退行性疾病 DOA 和 CMT2 患者中发现了线粒体外

膜转运蛋白 *SLC25A46* 的基因突变[218]；与第 5 指综合征（Coffin-Siris Syndrome）发病相关的是 SWI/SNF 染色质重构复合体 *ARID1B* 基因的突变[219]；*DSTYK* 基因突变导致先天性肾发育不全[220]。最近，通过化学诱变，在 87 355 只小鼠中获得了 218 个先天性心脏病模型，外显子组测序鉴定出 61 个基因的 91 个隐性突变；这 61 个基因几乎全部为纤毛发育相关基因，因此，这些小鼠模型是研究人类先天性心脏病的重要资源[221]。

随着近几年研究的深入，表观遗传修饰导致流产和出生缺陷的重要性日益凸显。*CDKN1C*（也称为 *P57KIP2*）是一种母源印记基因，有趣的是该基因的不同变异会导致截然相反的病症，其功能缺失型突变与过度生长的贝-维综合征（Beckwith-Wiedemann Syndrome）相关，而其 PCNA 结构域的功能获得型突变与生长迟缓的 IMAGe [intrauterine growth restriction（子宫内生长受限）、metaphyseal dysplasia（干骺端发育不良）、adrenal hypoplasia congenita（先天性肾上腺发育不全）、genitourinary abnormalities（泌尿生殖系统异常）的缩写] 或拉塞尔-西尔弗综合征（Russell-Silver Syndrome）相关[222]。在普拉德-威利综合征（Prader-Willi Syndrome）患者中发现位于 14 号染色体 DLK1-DIO3 区域的所有母源基因过量表达，而父本印记基因的表达则被抑制；该区域受长链非编码 RNA *IPW* 的调节，主要改变染色质的修饰而非 DNA 甲基化[223]。脆性 X 染色体综合征（Fragile X Syndrome）是由于 *FMR1* 基因附近的 CGG 重复序列诱发 *FMR1* mRNA 5'UTR 与 DNA 形成 RNA-DNA 杂合双链，从而介导了基因沉默[224]。组蛋白乙酰转移酶 MYST4 和 MOZ（MYST3/KAT6A）的突变分别与努南综合征（Noonan Syndrome）和先天性胸腺发育不全综合征有关[225,226]。利用外显子组测序发现 DNA 甲基转移酶 DNMT3A 的突变与先天过度生长综合征（Overgrowth Syndrome）相关[227]；H3K4me-H3K27me 信号通路相关的新生突变是 10% 的先天性心脏病的病因[228]。表观遗传修饰的跨代遗传是近几年备受关注的研究领域。重要进展之一是关于叶酸代谢重要基因 *MTRR* 的跨代遗传。小鼠 *Mtrr* 基因敲除导致叶酸缺乏和子代发育异常，该发育异常能够传到第三代，甚至第四、第五代；将来自第三代的胚胎移植到正常的健康雌鼠体内，发现这些发育异常是通过表观遗传改变而留传下来的结果[229]。最近又有研究发现，遗传性疾病可以由基因的非编码区变化引起，先天性四肢发育不良与基因组功能单位——拓扑相关结构域（TAD）相关；TAD 的重要功能是形成基因调控的独立区域，同时将它们与邻近区域隔离，TAD 边界的变化可显著破坏相关基因的调控；使用 CRISPR/Cas9 技术制备改变了 TAD-spanning *WNT6*/

IHH/EPHA4/PAX3 区域结构的小鼠表现出该疾病类似症状[230]。

（二）主要科学问题

筛选鉴别新的致病遗传和表观遗传相关基因。高通量基因组学技术的快速发展使数千人基因组上的所有 SNP 位点得以解读，各种疾病和发育过程的表观遗传学修饰也获得了大量的数据，这些都是人类基因组计划走向应用的重要前提。因此，需在我国开展更多的大样本整合研究和数据分析，同时，利用 CRISPR/Cas9 技术建立对应的动物模型进行深入的功能和机制研究，将是最终阐释流产和出生缺陷疾病的遗传和表观遗传基础的必由之路。

提高出生缺陷的预测准确率。母血中的细胞外 DNA（cfDNA）中胎儿 DNA 大约占 5%。目前利用 cfDNA 进行的无创产前诊断能够检测出大多数的胎儿遗传缺陷，假阳性大大降低，但还需要不断提高预测的精准性和灵敏度。

进一步发掘单细胞测序技术的应用潜力。单细胞测序技术为出生缺陷的预测提供了新的思路，通过对每个卵子两个极体的基因组进行高精度的单细胞测序，能够准确地推断出卵子中基因组的完整性以及携带的遗传性致病基因的情况。单细胞测序技术的发展应用不仅能对辅助生殖婴儿潜在的基因缺陷进行预测，极大提高活产成功率，也为正常妊娠妇女出生缺陷的预测提供了新的思路。因此，使之能够成为妊娠妇女产前检测的常规手段，是流产和出生缺陷防治领域的前沿问题。

第二节 组织器官发育

一、胚胎组织器官原基形成的调控机制

胚胎组织器官谱系发生和原基形成涉及图式形成、细胞命运决定和分化、细胞极性及其相互作用等发育生物学和细胞生物学基本科学问题，一直受到发育生物学、细胞生物学和生物医学研究领域众多研究者的普遍关注。通过对胚胎组织器官谱系发生和原基形成机制的研究，有助于更全面深入地理解组织器官发育的调控机制和普遍规律。此外，对胚胎组织器官谱系发生和原基形成机制的深入探索，也有助于从发育生物学的角度阐明相关先天器质性疾病发生和发展的原因，并为相关疾病的治疗提供新的理论基础和有效策略。

（一）代表性重要成果

原肠期结束形成早期三胚层后，组织器官发育的第一个阶段就是谱系发生。此时细胞命运决定和分化尚未发生，但每个细胞的未来子代细胞在终末器官中的定位（即每个细胞的谱系）已经确定，也就是说，各组织器官早在原肠期结束后就定位了其前体细胞区域。谱系发生之后，器官发育进入细胞命运决定阶段。谱系发生阶段细胞在各自胚层中尚具备一定多能性，而这种多能性在随后的细胞命运决定和分化阶段会逐渐丧失。谱系发生是原肠期后器官发育的最早阶段，是后续前体细胞命运决定、器官原基形成、功能细胞分化和器官形态建成的基础，对器官正常发育至关重要。由于缺乏器官前体细胞在早期胚层中的谱系定位、缺乏分子标记等，对谱系发生的理解在整个器官发育研究领域中最为薄弱。而随后正确的命运决定，也是进一步细胞分化和器官发育的关键。近年来，动物活体显微成像技术因能以高时空分辨率动态地监控早期胚胎或者特定组织器官的发育过程，成为研究组织器官原基形成不可或缺的工具[231,232]，使研究者得以追踪单个胚胎细胞，并能对单细胞的基因表达、细胞增殖、细胞分化状态、形态建成等发育生物学表型进行定量测量。结合细胞谱系示踪和活体显微成像技术，研究者发现了大量新的细胞命运调控过程和关键因子，绘制了线虫发育过程细胞谱系分化的多层次（分子-细胞-分化）调控网络，初步勾画了动物细胞谱系分化的调控蓝图[233]。利用模式生物进行的正向遗传学筛选鉴定了很多影响组织器官原基形成的信号通路，但是对组织器官原基形成的细胞机制依然所知甚少。Gros等的研究揭示了脊椎动物肢芽的发生起始于局限性的上皮-间质转化[234]。细胞转分化在组织器官原基形成中的作用及其调控机制有待进一步深入研究。

（二）主要科学问题

主要科学问题包括：重要器官前体细胞在早期胚层中的精确定位；胚层中器官前体细胞分子标记的鉴定；胚层中前体细胞与器官中功能细胞谱系一一对应关系的建立；器官前体细胞谱系发生与命运决定的分子机制；前体细胞的左右对称状态向器官左右不对称状态的转变机制；器官前体细胞的多能性与命运可塑性；器官前体细胞在组织损伤修复和器官再生中的作用。

二、组织器官形成中的细胞分化和形态建成机制

各种功能细胞的正常分化和有序定位是器官正常发挥功能的两个必要条

件。前体细胞和原基细胞通常具有多分化潜能。细胞分化的同时,以细胞增殖和细胞运动为基础的器官形态建成也在发生。形态建成使得器官能够形成正常大小,也使得细胞分化产生的各种功能细胞能够有序地定位,器官才能发挥正常功能。器官发育经历了从器官前体细胞到原基细胞再到最终功能细胞的细胞分化过程,调控此过程的因子、信号途径和表观遗传机制一直以来都是器官发育的研究重点。很多研究证明已分化细胞能在转录因子指导下被重编程为其他细胞,而异常的细胞转分化被证明是一些疾病的诱因,如脑内皮-间质细胞转化(EndMT)与脑血管发育异常和脑海绵状血管瘤密切相关。对细胞分化机制的深入了解,对于理解组织器官发育及其稳态维持机制具有重要意义,也将为先天器质性疾病早期诊断和治疗、组织器官衰竭预防和治疗以及体外或体内实现由多能细胞人工诱导分化为功能细胞提供理论基础。

(一)代表性重要成果

不同形态素相互协同或者拮抗调节组织器官的轴向性、细胞增殖、细胞迁移、维持干细胞微环境[152,235]。利用模式生物进行的正向遗传筛选鉴定了数以百计的影响细胞命运特化和分化以及形态建成的基因突变[236]。体内细胞谱系示踪技术和动物活体成像技术的进步使得研究者得以观察形态建成中细胞迁移和分化的动态过程,并对调控组织干细胞的顺序分化、细胞命运决定、细胞分化和转分化的分子机制有了崭新的认识。结合体内细胞谱系示踪技术和单细胞 RNA 测序技术,研究者得以更深入地探索组织器官不同发育过程中所有细胞类型的特性,并鉴定出新的稀有细胞类型及其分子标志物[237,238]。细胞团块的定向迁移是胚胎发育的驱动力量。此前主流的观点是细胞沿着预制的趋化因子梯度运动。2013 年的两篇报道证实,细胞可以产生局部趋化因子梯度以确保细胞自我决定的迁移[239,240]。细胞分化和形态建成不是独立发生的,两者之间必然存在紧密的对话机制。组织形态建成依赖于生物应力产生、应力传导以及组织和细胞外基质对生物应力的反应。形态建成中细胞分化与细胞迁移、细胞生长、细胞增殖、细胞形状改变、细胞间相互作用高度协调,以对生物应力和形态素做出协同反应,确保组织器官发育正常。Porazinski 等和 Yimcamai 等的研究发现,调节细胞生长的 Hippo/YAP 信号通路通过调控细胞命运和响应生物应力而调节组织器官三维结构和形态[241,242]。利用可以再现组织器官发育过程的体外三维类器官培养系统,将促进对组织器官的自组织机制、细胞分化机制等方面的探索[243~251]。

Cotney 等的研究还揭示了物种间组织器官形态进化的遗传驱动因素,他们研究发现人类肢芽启动子和增强子活性的增加与人类肢芽基因表达增加相关,其中也许包含人类组织器官形态进化的分子驱动[252]。

(二)主要科学问题

主要科学问题包括:多潜能器官原基细胞分化为不同功能细胞的决定机制;形态素的来源及其调控机制;器官形态建成中多种细胞迁移和分化的动态实时观察;器官形态建成的细胞和分子基础;器官前体细胞到功能细胞分化的遗传与表观遗传调控机制;细胞间相互作用调控细胞分化决定组织器官尺寸和形状的机制;细胞转分化的生理意义及其遗传调控机制;细胞分化的体外诱导及其生理功能分析;器官发育中细胞分化与形态建成的对话机制;不同物种组织器官形态差异的调控机制。

三、组织器官生长与尺寸控制

组织器官原基发生和形态建成完成后,组织细胞历经生长(增加细胞质量)、增殖(增加细胞数量)、重塑,最终发育组成大小和形态各异、结构和功能不同的各种组织器官。在成年后大部分组织的细胞依然保持一定的增殖能力,但成年组织器官的细胞数量、尺寸和功能基本维持稳定。深入研究组织器官生长和尺寸控制的分子机制对于理解组织器官发育过程中一系列关键科学问题具有重要意义。组织器官生长与尺寸控制信号通路的异常,与很多先天器质性疾病(如先天性心脏病、心肌肥厚、神经发育障碍及癌症等疾病)的发生密切相关。大多数正常上皮组织的细胞尺寸和形态规整一致,而肿瘤呈现出细胞尺寸和形态的异质性。因此,解析组织器官生长与尺寸控制的分子机制将有助于为这些疾病的诊断、预后和治疗研究提供新的靶标。

(一)代表性重要成果

组织器官尺寸很大程度上取决于组织中的干细胞和前体细胞的增殖与存活效率以及分化细胞的尺寸。在不同的组织器官中,不同类型细胞的生长、增殖和存活受到其内在遗传信息和细胞外复杂信号的协同调控。越来越多的实验证据显示,动物细胞能自主调节其细胞尺寸以维持组织器官中某一细胞群体的均一性。通过改进单细胞质量测量和细胞周期进程观察系统,研究者发现细胞生长随生长周期而改变,细胞通过延长 G_1 期或是增加生长速率以减少细胞尺寸差异[253,254]。不同细胞类型对同样的信号有不同的反应,从而维持各自独特的尺寸和形态。细胞分化状态及其所处位置的微环境将决定细胞的目标尺寸。研究显示，细胞通过感知细胞内有丝分裂抑制蛋白的浓度梯度的改变来调控细胞尺寸[255,256]。线粒体代谢和脂质合成常常与细胞尺寸和细胞增殖偶联，细胞尺寸增加与线粒体基因表达下降相关[257]。生物机械应力对组织器官细胞生长和细胞增殖均有重要的调节作用。生物机械应力通过细胞骨架调节 Hippo 信号通路，促进组织器官细胞生长[258]。细胞黏附分子可介导生物机械应力对细胞增殖的调节作用，例如，生物机械应力通过激活 E-Cadherin 依赖的 Yap1 和 β-catenin 促进细胞增殖[259]。组织器官尺寸反映了特定生理条件和分化状态下细胞生长和细胞增殖间的平衡。细胞生长和细胞增殖与细胞的能量新陈代谢、蛋白合成与周转、细胞自噬、细胞衰老、生物节律等也密切相关。

（二）主要科学问题

主要科学问题包括：组织细胞生长的调控机制；组织细胞增殖的分子机制；组织细胞生存机制；细胞尺寸的建立和维持机制；组织细胞生长异常导致疾病发生的机制；组织细胞增殖异常导致疾病发生的机制；组织器官尺寸控制的遗传和表观遗传机制。

四、组织器官的协同发育机制

多细胞生物的不同组织器官发育及其生理功能是如何协同的是发育生物学领域一个基础的生物学问题。组织器官的发育和功能行使不仅仅由其自身遗传信息决定，也不可避免地受到相邻甚或远端组织器官的影响。来自共同前体细胞或者不同前体细胞的组织器官在神经和内分泌系统调节下，互相联系、互相制约，最终发育成形态和功能各异的组织器官。许多疾病病理过程中涉及不同组织器官的镜像改变，一些组织器官的靶向药物可能对其他组织器官产生显著副作用。深入理解组织器官之间的相互作用机制，不仅有助于揭示组织器官协同发育的本质，也可能为相关疾病的治疗提供更理想的策略。

（一）代表性重要成果

组织器官的协同发育是长期进化的结果，例如，心血管系统和肺组织协同发育以偶联心脏输出与肺的气体交换功能以使动物适应陆地生活。然而，对组织器官协同发育的细胞和分子机制所知甚少。近年来，利用体内细胞谱系示踪和克隆分析技术，研究者有可能鉴定多潜能共同前体细胞，为理解组织器官的协同发育提供了新的细胞机制。如 Peng 等鉴定了一种新的多潜能心肺前体细胞,即心肺中胚层前体细胞(CPP),协同心脏和肺的共同发育[260]。越来越多的研究显示,除了神经系统和内分泌系统,心血管系统、消化系统和骨骼系统均可以作为内分泌器官在偶联和协调不同组织器官发育及其功能中起作用。例如,骨骼通过释放骨钙素调节其他多种组织器官包括雄性生殖器官的发育和功能[261,262];背主动脉作为形态发生信号中心启动复杂的发育信号级联反应,指导神经与血管相互作用和交感-肾上腺特化[263]。2014 年,研究者发现了一种新的毛细血管亚型,具有不同的形态、分子和功能特征。这种新的毛细血管亚型存在于特定区域,介导骨骼血管的生长,营造不同代谢和分子微环境,维持血管周围的骨骼前体细胞,偶联血管形成和骨发生,并受 Notch 信号调控[264,265]。研究还发现,果蝇的嗅觉能影响造血祖细胞的命运,激活嗅觉受体神经元,会促使脑神经分泌细胞分泌 γ-氨基丁酸(GABA)进入血液,GABA 可在淋巴结激活造血祖细胞上的受体,使祖细胞保持其不成熟状态;无法感知气味会使果蝇幼虫的造血祖细胞成熟,分化为能建立保护性免疫应答的细胞[266]。

(二)主要科学问题

主要科学问题包括:多潜能前体细胞的起源及其分化调控;神经系统协调不同组织器官发育的机制;内分泌系统在不同组织器官协调发育中的作用和机制;心血管系统与其他组织器官协调发育的机制;免疫系统协调组织器官发育的功能及其机制。

五、代谢对组织器官发育和稳态的调节作用

代谢是生物体与外界环境之间,以及生物体内的物质和能量的交换和转变过程,是生命最重要的特质之一。生物体感知环境物质和能量的变化,通过表观遗传机制而做出适应性改变。代谢通过影响细胞增殖、生长、分化、衰老在组织器官发育和稳态维持中发挥重要作用。目前的观点认为,营养代谢相关重大成年疾病(如肥胖、糖尿病、高血压、心脑血管疾病等)的发生均与妊娠期母胎营养与发育异常相关。深入研究代谢影响组织器官发育及其稳态维持的机制,将为先天性发育不良、肥胖、糖尿病、肿瘤等代谢因素驱动的疾病提供新的代谢和药物治疗策略。

(一)代表性重要成果

最新研究进展揭示特定代谢通路决定细胞命运。代谢在决定细胞是否增

殖、生长、分化、凋亡、衰老或者保持静息状态中具有至关重要的作用。例如，果糖摄入量过多除了会导致高血压、血脂紊乱等代谢综合征，还会导致心肌细胞过度生长[267]。内皮细胞内脂肪酸氧化过程受到损伤会影响脱氧核苷三磷酸（dNTP）的从头合成过程，抑制DNA复制并进一步抑制血管生成[268]。在组织干细胞的顺序分化过程中，细胞内代谢的平衡也会有相应改变。营养和代谢的异常可以通过表观遗传而导致数代发育异常和代谢紊乱，例如，由蛋氨酸合成酶还原酶突变导致的叶酸代谢缺陷导致遗传不稳定并导致数代发育异常[229]。Zhang等2015年的研究结果揭示了组织代谢与特定组织的时钟节律偶联的机制。调控机体大多数细胞内部时钟节律的基因可以同时通过细胞谱系决定因子调节代谢，以适应不同组织的特殊代谢需要[269]。深入理解代谢与细胞增殖、生长、分化、凋亡、衰老偶联的机制，将推动对组织器官发育和稳态维持规律的认识。共生菌为生物体提供了一个高度适应的代谢引擎，不仅增强机体从食物获取营养的能力、提供机体必需的维生素，其产生的次生代谢产物可调节组织器官发育及其稳态。

（二）主要科学问题

主要科学问题包括：代谢与组织器官发育协调机制；代谢对组织稳态的调节机制；代谢产物对组织器官发育的影响及其机制；共生菌群影响组织器官发育和稳态的功能及其机制；代谢异常导致疾病的分子机制。

六、胚胎附属（胚外）组织的形成及其对胚胎发育的调控

在生理情况下，女性在一个正常月经周期内排卵并妊娠的成功率仅为30%，这其中也仅有50%～60%的早期妊娠胚胎能够发育到20周后；女性早孕失败的病例中，近75%是由胚胎着床异常或胎盘发育障碍造成的。胎盘作为最重要的胚外组织，其发育对于母体和胎儿孕期及整个生命过程中的健康至关重要。胎盘是妊娠建立后胎儿存活、发育及母体健康的重要保障，它是在母-胎界面联系两者的循环系统，使代谢物与气体的交换成为可能；胎盘分泌的多种激素和因子能改变妊娠母体的生理状况，使母体生理机能实现妊娠适应性，同时胎盘滋养层细胞与子宫免疫细胞之间互作形成特殊的免疫豁免微环境，避免母体对胎儿的免疫攻击。因此，胎盘承担了胎儿发育过程中的消化系统、呼吸系统、泌尿系统、内分泌系统、免疫系统和循环系统等角色。在某些病例中，特别是涉及胎儿死亡或者娩出死胎的病例，研究胎盘可能比研究胎儿能提供更多的信息。

胎盘的发育起始于滋养外胚层与子宫腔上皮的识别和黏附，涉及滋养层细胞对子宫内膜基质的浸润和改建、母体子宫-胎盘血液循环的建立、滋养层细胞内分泌功能的维持等一系列生理事件。胎盘主要来源于囊胚的滋养外胚层细胞，它们是胚胎发育过程中最早表现出高分化潜能的细胞。滋养外胚层细胞主要有两条分化路径：合体化（形成合体滋养层）和浸润（侵入子宫内膜）。合体滋养层覆盖在胎盘绒毛的表面，负责重要妊娠相关激素（hCG、孕酮、胎盘泌乳素等）的分泌，以及母胎间营养物质和代谢废物的交换，并且对于防止母体对胎儿的免疫排斥发挥重要作用。滋养层细胞对子宫的节制浸润是人类妊娠得以正常进行的关键，滋养层细胞过度侵入与绒毛膜癌密切相关，而侵入不足则会造成自然流产、胎儿生长受限和子痫前期等妊娠期重大疾病。此外，一些远期发生的重大成年疾病，如心血管疾病和糖尿病等，也与胎盘的异常有关。因此，胎盘研究应是现阶段和未来改善生殖健康重要的发展方向之一。

（一）代表性重要成果

滋养层细胞是胎盘的主要组成细胞。滋养层干细胞（TSC）具有分化成一系列滋养层细胞亚型的能力，小鼠滋养层干细胞在体外已被成功分离建系，并且许多滋养层发育相关基因已经得到验证，包括维持滋养层干细胞特性的 *FGF4*、*Cdx2*、*Eomes*，以及促进滋养层干细胞分化的 *Hand1*、*Mash2*、*Sox2*、*Stra3*、*Gcm1* 等。*Cdx2* 和 *Oct4* 相互之间能够形成负调节环，分别启动滋养外胚层和内细胞团的发育[270]。Chuong 等在小鼠和大鼠滋养层干细胞中发现了在基因组中广泛存在的种属特异性的内源逆转录病毒（ERV）增强子元件；其中，RLTR13D5 是与 H3K4me1 和 H3K27ac 相关的增强子，与转录因子 Cdx2、Eomes 和 Elf5 结合；而且，ERV 增强子一般在低甲基化组织中才有活性，表明 ERV 在胎盘发育和进化过程中具有重要的作用[271]。Arid3a 的入核能够促进滋养层干细胞的分化，位于 Cdx2 的上游并独立于 Cdx2 起作用；Arid3a 敲除鼠导致胎盘发育严重障碍[272]。而且，Notch 和 Hippo 信号通路通过调节 Cdx2 表达而在滋养外胚层分化中发挥重要的作用[273]。

以往的研究表明，在滋养层细胞侵入子宫内膜的过程中，滋养层细胞发生了上皮间充质转化（EMT），细胞黏附分子特性也由 $\alpha_6\beta_4$-整合素转变为 $\alpha_1\beta_1$-整合素；*Gcm1* 是绒毛膜板分支点的选择和绒毛延伸的关键基因；*Mrj* 等敲除小鼠的表型分析观察到绒毛膜板分支点选择后的形态发生可能需要绒毛膜滋养层和尿囊的相互作用，若没有尿囊中胚层，绒毛膜滋养层细胞仍然处于未分化状态。近几年该领域也有重要进展。例如，Blimp1/Prdm1 对于螺旋动脉内滋养层巨细胞（SpA-TGC）、管滋养层巨细胞（Canal TGC）和糖原滋养层细胞的谱系分化至关重要[274]。E2f 转录因子家族成员 E2f7 和 E2f8 对于胎盘发育是必需的，同家族成员 E2F3a 能够拮抗 E2f7 和 E2f8 的功能[275]。长链非编码 RNA *H19* 是母源印记基因，其转录本在胎盘中高表达；*miR-675* 基因位于 *H19* 的第一个外显子中；*H19* 敲除导致胎盘过度生长，而且 *miR-675* 的靶基因 *Igf1r* 过表达[276]。Wnt 信号通路受体 Fzd5 与 Gcm1 之间的正反馈调节是绒毛膜尿囊分支所必需的[277]。HH 信号通路的激活能够促进人滋养层细胞的 EMT 转化，HH 通过 GLI1 调节关键 EMT 相关转录因子 SNAIL1、SLUG 和 TWIST 的表达，而 GLI1 和 GLI2 是上皮细胞标志分子 E-Cadherin 的转录抑制因子[278]。以上重要发现为进一步阐释胎盘发育过程中滋养层浸润和血管重建的机制提供了新思路。

　　人类滋养层细胞合体化持续整个妊娠过程，形成的合体滋养层覆盖在胎盘绒毛的表面，担负激素分泌和物质交换等重要生理功能。人融合分子 SYNCYTIN1/2 能够直接介导滋养层细胞的融合[279]。Takebe 等的研究表明，小鼠胎盘高表达 Epcam 的迷路层前体细胞（LaTP）能够发育成所有的迷路层滋养层细胞类型，包括合体滋养层 Ⅰ 和 Ⅱ 和迷路层中的单核滋养层巨细胞[250]；而 HGF/c-Met 信号通路对于维持 LaTP 的自我更新和增殖是必需的[250]。通过 DNA 微阵列发现了转录因子 OVOL1 是人滋养层细胞融合的上游关键分子，OVOL1 同时也能够抑制维持细胞滋养层细胞增殖相关基因如 *MYC*、*ID1*、*TP63* 和 *ASCL2* 等的表达[280]。5-羟色胺（5-HT）能够调节胎儿的神经发育；在小鼠和人胎盘中发现了新的利用母体色氨酸合成 5-HT 的信号通路，从而提供大量的 5-HT 给胎儿；在人胎盘中，合成 5-HT 的部位在合体滋养层[281]。

（二）主要科学问题

　　利用动物模型和临床资源解读人类胎盘发育机制。利用转基因、组织特异性基因敲除小鼠模型、人源化动物模型和人类临床资源，深入研究胚胎着床和胎盘发育过程中关键调节因子和调控机制，将不仅有助于提高辅助生殖的成功率，为发展新一代非类固醇避孕药提供新的思路，还将为人类妊娠相关疾病的防治提供科学靶标。

　　胎盘形成过程中母胎界面微环境与母体生理机能的协调。越来越多的证据表明成功妊娠和母婴健康是母胎界面局部微环境与母体生理机能全面协调的结果，但对相关的调节机制还认识有限。例如，在胚胎最早和母体发生相互作用时，机体如何感知妊娠？胎盘源性内分泌因子如何维持妊娠？母体机能如何予以胎盘和胎儿发育进一步的支持？这些科学问题涵盖的内容非常复杂，既要强调由神经-内分泌所调节的机体大环境的稳态，又要深入局部，从细胞与分子水平上精细地研究细胞之间相互作用的程序性调控机理。

体外构建"人造胎盘"。在体外构建"人造胎盘"，辅助胎儿和早产儿生长，并开发分子感应器对胎盘进行监控。

七、先天器质性疾病的发生机制

组织器官器质性或者功能性异常导致的先天性心脏病、白血病、青光眼等，主要由组织器官发育异常所致。生命个体经历早期胚胎发育后，开始形成大小和形态各异、功能不同的各种组织器官。组织器官发育涉及图式形成、形态建成、细胞命运决定和分化、细胞迁移和归巢、细胞极性及其相互作用等基本生物学过程。组织器官发育成型后，通过组织重塑和稳态维持机制，使组织器官应对来自自身和环境的改变，保持动态平衡以维持个体生命。加深对组织器官发育和稳态维持的细胞和分子机制的认识，将为先天器质性疾病的预防、诊断和治疗提供理论基础。

（一）代表性重要成果

先天器质性疾病多由遗传因素、环境因素或两者相互作用所引起。构建遗传修饰的模式生物是建立遗传突变与先天器质性疾病之间因果联系的重要手段。利用能模拟人类先天器质性疾病的遗传修饰动物模型有助于解析疾病发生的细胞和分子机制。利用一种甲基化CpG结合蛋白2（MeCP2）基因突变导致自闭症-瑞特（Rett）综合征的小鼠模型，研究者发现该基因突变会导致基因组范围内大量>100kb长基因的激活，从而导致神经功能的紊乱。该研究提示神经发育障碍性疾病如自闭症、X染色体易损综合征等均与长基因的异常表达相关，而采用拓扑异构酶抑制剂等药物降低长基因过表达也许是缓解神经功能障碍症状的有效策略[282]。利用模式动物进行正向遗传学筛选有助于鉴定导致特定先天器质性疾病的遗传因素。例如，在胚胎小鼠中进行的一项隐性正向遗传学筛选发现纤毛及其介导的细胞信号通路的异常与先天性心脏病的病理过程密切相关[221]。遗传修饰模式生物的应用也有助于鉴定甄别导致先天器质性疾病的环境因素。2015年报道的一项研究证实母鼠年龄是子鼠先天性心脏病的风险因素,与母体的遗传背景相关,而运动可减轻高龄母鼠导致子代先天性心脏病的风险[283]。利用患者的诱导性多能干细胞进行体外定向分化,并进而进行体外三维类器官培养,可以再现先天器质性疾病受累组织器官的病理过程,用于探索人类组织器官的发育机制、鉴定相关先天器质性疾病的治疗靶标。

基于 CRISPR/Cas9 的基因编辑技术为先天器质性疾病的基因治疗提供了技术手段。通过将 $Cas9$ mRNA 和靶向突变 $Crygc$ 等位基因的 sgRNA 共同注射小鼠受精卵,在白内障小鼠模型中有效地修正了 $Crygc$ 基因的一个显性突变[284]。将 $Cas9$、sgRNA 及同源臂修复模板注射入小鼠受精卵能够修正肌营养不良症基因突变,并防止突变小鼠肌肉萎缩的进展[285]。一项利用 CRISPR/Cas9 技术的类似策略通过同源重组,在来源于囊性纤维化患者体外培养的肠干细胞中成功修正了囊性纤维化跨膜传导调控因子(CFTR)基因突变[286],证实来源于携带有单基因遗传缺陷患者的早期成体干细胞能够通过 CRISPR/Cas9 介导的同源重组进行修正,提示这将成为一种先天器质性疾病患者基因治疗的有效策略。此外,研究者利用腺病毒伴随病毒和同源重组将一个凝血因子的功能性基因拷贝插入血友病小鼠的 DNA 中,生成了足够的凝血因子来改善血友病小鼠的症状,提供了一种不依赖于 CRISPR/Cas9 技术的基因治疗策略[287]。

(二)主要科学问题

主要科学问题包括:先天器质性疾病的遗传机制;先天器质性疾病的表观遗传机制;重要先天器质性疾病的动物模型;重要人类先天器质性疾病的类器官模型;代谢缺陷导致先天器质性疾病的机制;营养和环境因素导致先天器质性疾病的机制;先天器质性疾病的基因治疗;先天器质性疾病的细胞治疗。

第三节 组织器官稳态维持

一、成体多能细胞的鉴定和胚胎来源

成体多能细胞是存在于成熟器官中的一类特殊细胞,它们具有自我更新的能力和向多种终末细胞分化的潜能,其作用是在生理状态下更新自然衰老死亡的细胞或在组织受损时通过代偿性增殖和分化参与组织再生修复。成体多能细胞的干性使得其在再生医学研究中具有极大的潜在应用价值，其相较于胚胎干细胞具有来源广泛、自体移植后没有免疫排斥反应、分化为终末功能细胞的途径更简单、分化形成的终末细胞更容易整合到功能器官等优点。成体多能细胞自被发现以来一直是研究的热点，它为许多疾病的治疗提供了新的方案，各种器官成体多能细胞的鉴定及其发育分化过程成为发育生物学与再生医学的研究重点。

（一）代表性重要成果

成体多能细胞的发现可以追溯到20世纪60年代，诺贝尔生理学或医学奖得主Gunnar Thomas等将正常人的骨髓移植到患者体内，发现骨髓移植可以治疗造血功能障碍，这标志着造血干细胞用于血液系统疾病治疗的开始。造血干细胞在移植入患者体内后会以不对称的自我更新方式分化生成各种类型的血液细胞以重造病患的造血系统。随着基础研究的深入，人们发现造血干细胞的来源不仅仅是骨髓，胎儿的脐带血、胎肝以及胚胎发育时期的主动脉-性腺-中肾区域和卵黄囊组织都是造血干细胞的来源[288]。根据造血干细胞表面的抗原特异性，利用逆转录病毒标记法人们发现小鼠的造血干细胞（HSC）表面特异性表达CD45、Thy1.1、c-kit、Sca-1，不表达Lin和CD34抗原。而人类的HSC表达CD45、CD34、c-kit、Thy1，不表达Lin抗原和CD38[289]。继造血干细胞发现之后，另一个被发现并进入临床应用的成体多能细胞是间充质干细胞。虽然100多年前，Cohnlein即提出间充质干细胞的存在，但直到1999年，Pittenger等才从骨髓中分离提纯得到间充质干细胞[290]。间充质干细胞主要存在于结缔组织和器官间质中，以骨髓中含量最为丰富，可以向多种中胚层和神经外胚层组织细胞分化[291]。目前其已临床应用于治疗心血管疾病、脊髓损伤、骨和软骨损伤、烧伤、帕金森病等[292]。神经干细胞广泛分布于动物胚胎的中枢神经系统，包括大脑皮质、纹状体、海马、小脑、脊髓等区域，至成年后则局限于海马齿状回合室管膜下区。神经干细胞与造血干细胞类似，其表面含有特异的分化抗原，应用抗CD133和CD24的抗体能从人脑组织的成体多能细胞中纯化出神经干细胞，这种神经干细胞在体内和体外能被培养分化成为星形胶质细胞、少突胶质细胞和神经元[293]，越来越多的临床研究证明神经干细胞的移植能治疗神经系统疾病。虽然以造血干细胞、间充质干细胞为代表的少数成体多能细胞已被发现并得到深入研究和临床应用，但大多数器官的成体多能细胞并未得到准确鉴定，成为器官稳态维持和再生修复研究的瓶颈之一。进一步研究成体多能细胞的胚胎来源、发育谱系及形成过程，是深入理解细胞功能和深化其临床应用的基础。

(二) 主要科学问题

主要科学问题包括：重要器官成体多能细胞的鉴定及其在成熟器官中的精确定位；器官成体多能细胞分子标记的鉴定；器官成体多能细胞在发育早期的前体细胞定位；成体多能细胞发育过程的实时示踪；成体多能细胞在胚胎发育过程中形成及干性维持的调控机制；成体多能细胞在重要器官稳态维持及再生中的功能。

二、成体多能细胞的激活、增殖与分化

成体多能细胞通过细胞分裂进行自我增殖，在器官细胞自我更新或响应器官损伤信号时，又通过增殖并分化为终末功能细胞来维持和修复组织器官。研究成体多能细胞的激活、增殖和分化调控机制是深入理解器官稳态维持、组织损伤修复和器官再生的基础。成体多能细胞在体内的激活、增殖和分化调控离不开其对微环境变化的响应，成体多能细胞的微环境有准确的解剖学定位，具有整合介导机体对多能细胞需求的反应信号，从而调节多能细胞的数量和命运的特性。病理条件下，微环境主要通过细胞与细胞间的相互作用、细胞分泌的信号分子、细胞外基质的作用等方式来调控成体多能细胞的激活、增殖和分化过程。微环境中的某一环节发生问题将会导致成体多能细胞在机体无法动员。因此研究微环境变化及成体多能细胞对微环境变化的响应是理解成体多能细胞激活、增殖和分化调控机制的核心，对改善人类的健康具有重要的科学价值和临床指导意义。

(一) 代表性重要成果

多种因子的协同作用对于成体多能细胞的增殖分化具有重要作用。正常人的血液循环中含有微量的间充质干细胞，当发生缺血性脑卒中时，受损组织会分泌趋化因子如粒细胞集落刺激因子等，在这些趋化因子的诱导下，间充质干细胞会定向聚集于受损组织参与定向血管分化，促进神经纤维生长以及神经突生长[294,295]。在成体多能细胞的微环境中，细胞外基质可以通过吸引细胞因子和其他细胞为多能细胞提供空间环境，如成年的脑室下区富含细胞黏合素-C、胶原-1、软骨素硫酸盐蛋白多糖、整合素等，它们都参与了神经干细胞的增殖和迁移过程[296]。在神经干细胞的微环境中，星形胶质细胞

既具有感受器又具有调控器的功能，它们附着于血管基板并与其他所有细胞联系，预测神经元和前体细胞的变化，以响应来自血管系统和免疫系统的细胞信号[297]。间歇性低氧能使成体多能细胞的增殖分化能力增强，研究发现当组织缺氧时，神经干细胞会受到低氧诱导因子 HIF-1 的调控而被激活，从而产生分化出更多的多巴胺能神经元[298]。

传统的观点认为，成体多能细胞存在组织特异性，如造血干细胞只能分化为各种血液细胞等。而随着对成体多能细胞的研究深入，研究者们发现，不同组织来源的成体多能细胞具有多样的分化潜能。例如，来源于神经系统的成体多能细胞可以在体内分化成为血细胞[299]；体外分离获得的肌肉干细胞在移植体内后可以分化为多种血细胞[300]；神经干细胞和骨髓成体多能细胞也先后被发现具有分化成为肝细胞、肌肉细胞、胰岛细胞等不同组织来源的能力[301,302]。成体多能细胞的这种"可塑性"，在临床治疗中显示出广泛的应用前景[303]，但也加大了定向诱导分化的难度。同时，对这种"可塑性"的质疑和争论也在不断产生：研究材料是否存在胚胎干细胞的污染？怎样排除多能细胞的融合和异质性？成体多能细胞的"可塑性"在实验中重复性差，是否是实验的误差所致？[304]等等。

（二）主要科学问题

主要科学问题包括：生理状态下成体多能细胞的干性维持机制及微环境的作用；器官功能细胞自我更新或器官损伤信号导致的成体多能细胞微环境变化；成体多能细胞对微环境变化的响应即激活机制；成体多能细胞响应微环境变化后的细胞行为；成体多能细胞被激活后增殖和分化的遗传和表观遗传调控机制；体内维持成体多能细胞定向分化关键因子的鉴定；成体多能细胞过度增殖的避免机制；微环境对成体多能细胞可塑性的调控机制；成体多能细胞体外定向分化体系的建立和应用。

三、成熟组织器官的稳态维持机制

组织稳态是指成体组织中不同种类细胞通过各自的细胞更新和相互影响而形成的结构与功能的稳定状态，成熟组织器官的细胞更新是维持器官正常的大小和功能、避免肿瘤发生的必要条件。生物体内重要器官如心脏和肝脏等的大小从出生到成年过程中与身体之比值相对恒定，维持其稳态平衡的关键是细胞间相互作用及细胞自然更新的结果。鉴定体内器官稳态维持细胞来源和研究细胞间相互作用，对于理解成熟器官如何稳定地发挥功能至关重要。

组织器官稳态失衡包括细胞过度更新和更新不足，前者可能直接导致肿瘤的发生，而后者则会导致器官衰老和退行性病变。研究组织器官保持稳态的细胞和分子机制，对理解器官发挥正常生理功能以及衰老和病理过程具有重要意义，对于理解器官退行性病变的发生机理和治疗也具有重要的临床指导意义。

（一）代表性重要成果

脊椎动物每种器官细胞自然更新的能力和机制各不相同，小肠和皮肤的自我更新和再生能力较强，其各自的细胞来源主要位于小肠隐窝基底部 Lgr5 阳性干细胞和毛囊底部干细胞的增殖与分化[247,305,306]，Wnt 信号途径在皮肤和毛囊干细胞的稳态调节中发挥了重要作用[307]。与皮肤和小肠相比，肺和肝细胞的更新速率要低一些，这就为长时间器官前体细胞命运追踪和稳态维持研究提供了良好的模型。Hh 信号途径在维持肺部成体多能细胞的静止状态和损伤修复中发挥了重要功能[308]；与肺相比较，肝脏稳态维持的细胞来源到目前为止还存在争论，利用不同的小鼠模型得出的结论不尽相同。虽然成熟肝细胞的自我复制和存在于胆管系统中的 Sox9 阳性细胞被认为是两种参与肝脏自我更新的最主要的潜在细胞来源[309~312]，可以肯定的是各种细胞对于肝脏的稳态维持都有一定贡献，并且在不同的生理状态下贡献的比例不尽相同。而对于更多组织器官的稳态维持，细胞自我更新的来源和机制、细胞间相互作用对稳态的调控是有待回答的两个最关键的问题。

（二）主要科学问题

主要科学问题包括：成熟组织器官细胞自我更新的细胞来源鉴定；器官内不同细胞间相互作用对细胞自我更新和稳态维持的调控作用；细胞自我更新的关键诱导信号的鉴定及其胞内响应机制；组织器官细胞自我更新过程中的细胞行为；细胞自我更新与器官稳态维持的遗传和表观遗传调控机制；器官功能细胞自我更新能力的衰竭机制；组织器官过度自我更新的避免机制。

四、组织器官的损伤修复机制

与器官大面积受损后的再生相对应，这里所指的器官损伤特指器官较小比例的组织受损。器官损伤代表了多种人类疾病和伤害，如脑血管破裂、骨折和各种创伤等。器官的损伤后修复与人类健康密切相关，各种组织的损伤后修复能力也各不相同。损伤发生后，免疫细胞发挥重要的响应损伤和启动修复功能。而除免疫细胞外，尚不清楚每种组织器官的损伤修复是否有特定其他的关键功能细胞发挥修复功能。建立损伤修复过程中细胞行为的动态实时观察手段，将有助于鉴定各组织器官损伤修复过程中的关键功能细胞，并揭示包括免疫细胞在内的各种功能细胞的协同作用，对于发现和应用外源性关键功能细胞促进器官修复具有重要意义。对功能细胞响应损伤的关键因子、修复过程中重要的遗传和表观遗传调控机制、损伤修复细胞机制和分子机理结合起来的深入理解，将为促进器官修复和恢复器官健康提供最重要的理论基础。

（一）代表性重要成果

当有机体受到外界环境影响而发生局部损伤后能够完成自我修复功能，例如，当皮肤受到损伤后能够在受损部位形成一个结痂[313]，这个疤痕包含了多种细胞成分和指导修复相关的细胞因子[314]。除了皮肤外，肌梭[315]、神经[316]、肌肉[317]的受损在一定程度上也能完成自我修复。同时科学家发现慢性损伤后肝脏内源性的前体细胞受到巨噬细胞分泌的 Wnt 信号和成纤维细胞分泌的 Notch 信号的双向调节并向肝脏和胆管方向分化[318]。尽管在不同物种的不同组织之间的损伤修复机制各有所异，免疫细胞在急性肾受损修复[319]、骨骼肌肉受损修复[320]、心肌梗死修复[321]等各种组织修复过程中都扮演了重要的角色。

（二）主要科学问题

主要科学问题包括：组织器官损伤修复动物模型的建立和损伤修复过程的实时动态观察；免疫细胞在组织器官损伤修复中的功能；组织器官损伤修复中关键功能细胞的鉴定；关键功能细胞对损伤的响应机制及其在修复过程中的细胞行为；组织器官损伤修复的遗传与表观遗传调控机制；外源性细胞在组织器官损伤修复中的作用及其机制；组织器官损伤修复与疾病的关系。

五、组织器官再生机制

再生代表了组织器官发生严重疾病或大面积损伤后最有效的脏器功能恢复方式，例如 1 型糖尿病的治疗、脑梗死后坏死的局部脑血管网和神经组织再生、器官肿瘤切除后的脏器功能恢复等。组织器官严重损伤甚至部分缺失后，特定的一种或多种类型细胞会被激活而贡献成为新生的器官功能细胞，这些潜在的器官再生细胞来源包括未受损的器官功能细胞、器官成体多能细胞、其他种类的功能细胞或多能细胞。器官再生也由功能细胞增殖、成体多能细胞激活和分化、其他功能细胞增殖并转分化中的一种或几种方式协同完成；并且新生细胞还需整合到受损器官成为功能脏器的一部分，进而完成器官再生的结构和功能重构。器官再生到正常大小后，需要中止再生过程以防止器官过大甚至肿瘤的产生。器官再生的主要细胞来源、再生过程中重要细胞的细胞行为、细胞去分化与转分化、再生的遗传和表观遗传调控机制，都是器官再生领域的研究重点。而在这些细胞和分子研究的基础上，实现器官再生的人工促进，对于器官严重受损后的快速功能恢复具有重要意义。

动物界内不同物种的器官再生能力具有明显差异。例如，蝾螈的肢体切除后可完整再生，而人类却不具备这样的再生能力；斑马鱼具有明显强于哺乳动物的心脏再生能力等。通常情况下，相同器官的再生能力高等动物明显低于低等动物。器官再生能力随着进化而下降的原因是进化生物学和发育生物学的重要问题，是器官再生中最重要的科学问题之一。不同物种器官再生能力差异的细胞生物学基础和分子基础各是什么？能否将低等动物的器官再生机制用于促进高等动物的器官再生？这些问题的解答具有重要的基础和临床意义。

（一）代表性重要成果

低等动物如水螅切除身体大部分后，36小时后能够再生一个完整的身体[322]。真涡虫在整个生命过程中都具有非常惊人的再生能力，这得力于其体内遍布的干细胞（neoblast），当真涡虫头部被切除后，干细胞会很快聚集到受损部位参与头或者尾的再生[323,324]。脊椎动物如斑马鱼尾鳍切除后能够在受损部位形成再生芽基并参与整个鱼鳍的骨骼和肌肉的再生修复[325]。蝾螈肢体切除后能够在10周左右再生出完整的肢体[326]。哺乳动物如小鼠等出生7天后心脏受损严重后不能进行再生[327]，但是斑马鱼成年心脏具有再生能力[328]。目前科学家利用斑马鱼心脏再生模型已经知道参与心脏再生的细胞来自成熟心肌细胞的去分化[329]，同时发现Notch、RA、NF-κB、Jun/Stat、H_2O_2、缺氧等[330~335]信号对心脏再生起了重要的作用。哺乳动物的肝脏能够进行再生修复，当切除2/3的肝脏后，剩余肝脏能够快速重启增殖并完成整个肝脏的再生。人类晚期肝病中，残留的肝细胞由于高度纤维化而失去细胞分裂能力，导致通过肝细胞分裂的肝脏再生很难实现。但是，在小鼠和斑马鱼中研究发现，当肝细胞重度受损后，残留的胆管细胞会转分化为肝细胞，是肝脏再生的主要细胞来源[336,337]。

(二) 主要科学问题

主要科学问题包括：器官再生动物模型的建立和再生过程的动态实时观察；组织器官再生启动及终止的关键信号；免疫反应与组织器官再生；组织器官再生的细胞来源及其在再生过程中的细胞行为；组织器官再生中的细胞去分化与转分化；器官再生的遗传与表观遗传调控机制；器官再生的结构功能重构与大小控制；外源性细胞在组织器官再生中的作用及其机制；器官再生与疾病；器官再生的人工促进；不同物种器官再生主要细胞来源及细胞和分子基础的保守性；重要器官在不同物种中细胞分裂能力差异的形成机制；进化影响器官再生能力的关键因素；器官再生中保守的信号通路在不同物种间的比较研究。

第四节 生殖与生殖健康

一、无性染色体物种的性别决定机制

生物的性别是长期进化过程中获得的最重要的表型之一，按照性别，许多物种可以划分成两类，即雌性和雄性。雌、雄两性是一对相对性状，其表现取决于两个因素，即性别决定（sex determination）和性别分化（sex differentiation）。一般认为，生物有至少两种主要的性别决定机制，即基因或遗传依赖性性别决定（genetic sex determination，GSD）和环境依赖性性别决定（environment sex determination，ESD）。GSD 指性别直接由个体的基因组成来决定，一般不受外界环境影响，基因直接决定性腺发育为睾丸或卵巢；ESD 是指个体的性腺发育为睾丸或卵巢取决于环境因素。两性个体的存在，是动物生殖繁衍的基础。深入研究性别决定机制，对于认识物种的繁衍及进化具有重要的意义。

(一) 代表性重要成果

生物的性别决定方式非常复杂，多数生物有一对与性别决定有关的同源染色体，称为性染色体。大部分哺乳动物（包括人类）和部分昆虫的雌性有两条 X 染色体，雄性有一条 X 染色体和一条 Y 染色体。XY 型性别决定的变异，也比较常见。例如，直翅目昆虫（如草蜢和蟋蟀），有一条 X 染色体（XO）的为雄性，有两条 X 染色体的则为雌性；秀丽隐杆线虫的 XO 是雄性，XX 则为雌雄同体；果蝇的性别由 X 染色体与常染色体（A）的比例来决定，

X/A 等于 1 时为雌性，等于 0.5 时为雄性，介于 0.5 和 1 之间则为间性。与 XY 型性别决定相反，在鸟类和部分昆虫中，雌性有两条不同的性染色体（ZW），雄性有两条相同的性染色体（ZZ）。ZW 型性别决定的变异见于毛翅目昆虫，其雌性只有一条性染色体（ZO），雄性则有两条性染色体（ZZ）。染色体倍性也参与性别决定过程，如在膜翅目昆虫（如蚂蚁和蜜蜂）中，单倍体为雄性，二倍体则为雌性。

除了基因依赖性性别决定外，有许多物种的性别是由环境因素（如温度、光照、营养以及激素等）决定的，如两栖类、爬行类等的性别决定除与性染色体组成有关外，还与环境的变化有很大关系。这些物种的受精卵所处的温度成为性别决定因素，当卵在 22~27℃ 孵化时，只产生一种性别；在 30℃ 以上孵化时，则产生另一种性别。有些龟的受精卵，在低于 28℃ 孵化时，孵出的都是雄性；如果孵化温度高于 32℃，则孵出的都是雌性；在介于 28℃ 与 32℃ 之间孵化时，则会同时孵出雌性和雄性个体[338,339]。蝌蚪、扬子鳄和密西西比鳄的性别决定与龟的相似，易受温度影响。值得指出的是，温度改变性别的表现型，但不改变其基因型[340,341]。

激素也是影响性别的主要因素之一。许多报道认为，不同剂量的性类固醇激素对同一种两栖动物性别决定的作用不同；而在不同的种类、相同的性类固醇所起的作用也不同。例如，不同浓度的雌二醇可以诱导产生 100% 的雄性个体或 100% 的雌性个体，但是性类固醇激素对两栖类性腺分化的作用机制还不清楚。一些有袋类动物的性别发育则受性激素的影响，胚胎暴露于高浓度的雌激素，个体发育为雌性；反之，如果暴露于高浓度的雄激素，个体就发育为雄性。

还有一些生物在发育过程中会发生性别反转。如一些种类的蜗牛，成年时最初为雄性，后来变为雌性。有些生物在群体中的地位也能影响性别的发育，如热带小丑鱼群体内的首领为雌性，其他则变为雄性。而蓝隆头鱼与热带小丑鱼相反，首领为雄性。一种海洋蠕虫的幼虫与成年雌性接触会成长为雄性，幼虫在光秃秃的海底结束幼虫期会成长为雌性[342,343]。

无性染色体生物的性别发育在生物界并不罕见，但相对于基因决定的性别分化，对环境因素诱导的性别发育的作用机制的了解还非常有限。有研究表明，环境因素可能是通过影响表观遗传修饰，来调控性别的分化过程，但这还有待进一步的研究证实[344]。

（二）主要科学问题

主要科学问题包括：影响特殊物种性别决定的具体环境因素是什么；环

境因素调控性腺分化的细胞和分子机制是什么；某些物种的性别反转受什么环境因素影响；性别反转的细胞和分子机制是什么；特殊的性别决定机制的进化意义是什么。

二、原始生殖细胞命运决定和归巢机制

高等动物繁衍后代依赖于配子产生，通过精、卵融合启动生物个体的发育过程。因此，生殖细胞的形成是发育生物学的根本性问题之一。原始生殖细胞（primordial germ cell）是生殖细胞的前体细胞，在胚胎发育早期产生。原始生殖细胞的形成是体细胞程序的抑制、潜在多能性的再获得以及全基因组范围内表观遗传重编程的一个复杂过程[345]。原始生殖细胞形成后经过定向迁移到达生殖腺（睾丸或卵巢），然后在生殖腺中增殖和分化为配子。原始生殖细胞是否正常形成、是否正常迁移归巢、是否正常增殖、是否具有正常的特性，关系到配子的发生、数量和质量，与生育力密切相关。对原始生殖细胞行为、特性的研究，可望为预防和治疗不孕不育症、保障生殖健康提供新的技术途径。

（一）代表性重要成果

目前已经知道，在果蝇、线虫、爪蛙的卵子中就存在区域化分布的生殖质（germ plasm），受精后生殖质不均匀地传递给子细胞，经过数次有丝分裂后，仅个别获得生殖质的细胞特化为原始生殖细胞[346]。哺乳动物的卵子中，尚未确定存在生殖质，胚胎在原肠作用即将开始前才在诱导信号的作用下使某些体细胞特化为原始生殖细胞[347]。从体细胞到原始生殖细胞，一个重要事件是关闭体细胞发育程序，但要保留多能性。在哺乳动物中，来源于胚外组织的 BMP 信号通路是原始生殖细胞形成的关键诱导信号分子。在 BMP 信号分子的作用下，胚外外胚层的一部分细胞开始表达与原始生殖细胞特化相关的转录因子，如 Nanog、Oct4、Blimp1/PRDM1、PRDM14 等[348]。其中 Blimp1 在小鼠胚胎 E6.25 天一些最接近胚外外胚层的后端上胚层细胞中表达，完全对应于碱性磷酸酶（ALP）和 Stella 阳性的原始生殖细胞。基因敲除实验表明 Blimp1 是原始生殖细胞形成的关键转录因子，其失活导致原始生殖细胞发育停滞在很早阶段，只有 20 个 AP 阳性原始生殖细胞样细胞形成，它们数目不再增加，也不迁徙，*HOX* 基因表达不再受抑制，Stella 等原始生殖细胞特异基因表达不足。Blimp1/PRDM1 还上调与原始生殖细胞特化有关的基因，比如转录因子 PRDM14[349] 和 TCFAP2C[350] 等。PRDM14 与 Blimp1/PRDM1 共同作用又上调 *Sox2* 基因的表达，从而促进原始生殖细

的特化形成。在原始生殖细胞的特化过程中，RNA结合蛋白如Nanos3、DND1、LIN28和TIAL1等也发挥非常关键的作用，RNA结合蛋白LIN28通过调控miRNA Let7的表达从而正调控PRDM1的表达[351]。

哺乳动物原始生殖细胞在尿囊中形成后要定向迁移到生殖腺，但是这种定向迁移是如何调控的，目前还没有明确的结论。一般认为生殖腺体细胞分泌的趋化因子SDF1参与这一过程。以前的研究发现，敲除SDF1或其相应的受体后，原始生殖细胞的定向迁移过程受到抑制[352]。另外，体细胞表达的KitL通过与原始生殖细胞表达的受体c-Kit结合调控生殖细胞的迁移和增殖[353]。这些结果都提示原始生殖细胞的定向迁移受到生殖腺体细胞的调控。有研究发现，在生殖腺缺失的小鼠模型中，原始生殖细胞的定向迁移过程并没有受到影响，提示原始生殖细胞的定向迁移还存在其他新的调控机制。

在小鼠中，原始生殖细胞在胚胎发育的10.5天左右到达生殖腺，然后继续快速增殖。原始生殖细胞到达生殖腺后要发生一次全基因组的去甲基化过程，去除印迹和非印迹基因的甲基化修饰，主要是通过碱基剪切修复介导的DNA去甲基化机制而实现[354~356]。生殖细胞的去甲基化状态要维持相对较长一段时间，雄性生殖细胞在命运决定完成后才开始重新甲基化修饰，而雌性生殖细胞直到排卵前才开始进行新的甲基化过程。除了DNA甲基化修饰的变化，生殖细胞的组蛋白甲基化修饰也会发生明显的改变，如H3K27me3和H3K9me3的甲基化水平降低，而H3K4me的水平升高，这些改变可能与染色质的结构变化有关，此时染色质的结构非常松散，类似于减数分裂的前细线期，这种变化可能为生殖细胞进一步减数分裂作准备[357,358]。但是生殖细胞的表观遗传修饰的改变是自发进行的还是受到周围生殖腺体细胞的调控，目前还没有定论。

体外实验表明，体外培养的胚胎干细胞或诱导性多能干细胞能够分化为原始生殖细胞[359~361]，为研究原始生殖细胞的命运决定、增殖、分化等提供了很好的系统，也使在体外从体细胞获得功能性配子成为现实。

（二）主要科学问题

主要科学问题包括：不同物种原始生殖细胞命运决定的分子机制及其进化的保守性；原始生殖细胞定向迁移路径中不同体细胞的作用及其异同；原始生殖细胞增殖的调控机制；原始生殖细胞进入性腺后与体细胞的相互作用机制；原始生殖细胞基因组稳定性的调控机制；体外系统中体细胞向原始生殖细胞命运转化的调节。

三、原始生殖细胞减数分裂的启动和进程的调控

减数分裂是包括人类在内的所有有性生殖生物的精子和卵子发生的必需过程，它由一系列高度调控、依序发生的分子和细胞生物学事件组成，其中任何一步出现异常，都可能导致配子不能形成（即无精子症、卵巢早衰和多囊卵巢综合征等），或形成质量低下的配子（如少、弱、畸形精子和非整倍体卵子等），进而导致不育、自发流产或先天出生缺陷等重大生殖疾病。因此，只有深入研究减数分裂，发现新的减数分裂调控因子，阐明其调控原理，才能为促进体或干细胞减数分裂形成配子、改善配子质量和开发新型避孕药剂，提供理论基础和技术保障；只有研究揭示减数分裂异常导致人类生殖疾病的分子基础和机制，才能为相关生殖疾病的分子诊断、对症治疗和人工辅助生殖胚胎的遗传筛查，提供分子标靶，从而解决减数分裂异常导致不育、自发流产和先天出生缺陷问题，让不育患者生出自己的、健康的孩子，为社会的持续发展提供保障。

（一）代表性重要成果

原始生殖细胞减数分裂的启动就是有丝分裂向减数分裂的转换，对减数分裂启动机制的深入认识是实现生殖细胞体外分化的关键。减数分裂启动是一个复杂同时又高度有序的程序性过程，在进行到一定的程度以后就不可逆转地自动进行下去，这一过程的调控机制在不同的生物中存在着巨大的差异。在芽殖酵母中，减数分裂是由氮源的限制所诱导的，氮源限制会诱导 *IME1* 和 *IME2* 的表达，从而诱导细胞进入减数分裂前的 DNA 复制合成期[362~364]。但在裂殖酵母中没有 *IME1* 的同源基因，Ime1 的功能被一个转录因子 Ste11 所取代，它能够响应环境信号启动有性生殖周期[365,366]。在线虫当中，两个 RNA 结合蛋白 GLD-1 和 GLD-2 参与了从有丝分裂向减数分裂转变的调控[367~371]。但是所有上述分子在哺乳动物中都没有同源基因，这也就大大增加了研究哺乳动物卵原细胞减数分裂启动的难度。2006 年和 2007 年的两篇研究报道，确认了视黄酸（retinoic acid，RA）在哺乳动物中是诱导有丝分裂向减数分裂转变的关键信号，视黄酸决定了胚胎期生殖细胞是否减数分裂[372,373]。研究表明，生殖细胞启动减数分裂需要内在与外在两个条件，首先原始生殖细胞表达 DAZL 蛋白，使生殖细胞具备了响应视黄酸的能力，保证了 *Stra8*、*Dmc1*、*Scp3*、*Rec8*、*Spo11* 等减数分裂相关基因的正常表达[374]；其次胚胎卵巢内 CYP26b1 水平下降，视黄酸作用于生殖细胞，启动

减数分裂[372]。但 Kumar 等的研究表明，视黄酸在减数分裂启动过程中并无明显作用[375]。

减数分裂的核心是同源染色体在分裂前期的配对、联会和重组，这些过程的正常进行确保了遗传物质在生物世代间的稳定传递和变异，使物种得以繁衍。而这些过程的忠实进行则依赖于减数分裂前期程序性的 DNA 双链断裂（DSB）和修复。伴随着 DSB 的修复，精母细胞或卵母细胞中的同源染色体借助修复的 DNA 模板与新合成子链的碱基配对来实现相互识别、配对，并形成联会复合体（synaptonemal complex, SC）。SC 把同源染色体紧紧地结合在一起，从而为同源染色体的互换（crossover，又称重组）提供了保障。处于减数分裂前期细线期的细胞，其 DNA 在减数分裂特异的拓扑异构酶 Spo11 作用下，产生大量的 DSB[376,377]。这些 DSB 可激活 DNA 损伤修复途径，Mec1 和 Tel1（分别是动物细胞中 ATR 和 ATM 的同源蛋白）磷酸化 Hop1，导致 Mek1 的活化，进而激活程序性 Dmc1 和 Rad51 依赖的同源染色体之间的 DNA 的 DSB 修复[378]。Dmc1 是使减数分裂重组区别于有丝分裂过程中的同源重组的重要分子，Dmc1 的突变往往导致减数分裂重组的减少或彻底丧失[379]。随着 DNA 断裂修复的逐渐进行直至完成，SC 组装也逐步进行并最终完成。同时，DNA 断裂的修复，在分子水平上会导致双霍利迪结（double Holliday junction, DHJ）的形成[378]。DSB 修复完成后，SC 上的某些未知蛋白质募集 MLH-1 等对 DHJ 进行切割。DNA 断裂和修复的逐步进行与减数分裂前期进程和 SC 的形成密切相关，即起始于细线期，完成于粗线期[380]。研究发现，影响 DNA DSB 产生（如 Spo11）和修复（如 DMC1、Hop2）的基因敲除后，都会导致减数分裂细胞周期停滞、SC 不能形成和卵母细胞死亡[376,381]；同样，影响 SC 形成的基因（如 Scp1、Syce1 和 Syce2）敲除后，不仅导致 SC 无法形成，也会引起 DSB 修复不能进行、生殖细胞死亡而无法形成配子[382,383]。

（二）主要科学问题

主要科学问题包括：减数分裂启动过程中生殖干细胞如何终止其干性和有丝分裂并实现向减数分裂的转换；减数分裂同源染色体的细胞学行为和 DNA 的 DSB、修复以及与减数分裂进程是通过何种信号通路联系起来的；周边体细胞和微环境如何调控生殖细胞的减数分裂；导致人类配子发生障碍引发不育的减数分裂异常主要有哪些类型；导致减数分裂异常的遗传和表观遗传机制；生殖细胞的纺锤体检验点如何调节染色体分离；老化卵母细胞及衰老个体卵母细胞检验点蛋白的表达、迁移和定位以及染色体交叉和黏合变化等与非整倍性的关系等；哪些因子参与以及如何调节卵母细胞减数分裂停滞与恢复；卵巢体细胞，特别是颗粒细胞对卵母细胞减数分裂停滞与恢复过程发挥何种作用等。

四、生殖细胞与体细胞的互作机制

在生物体发育的每一世代中，从合子发育过来的胚胎不但产生了生殖细胞而且产生了用来构建有机体的体细胞。在大部分有性生殖的动物中，生殖细胞会在胚胎发育的早期就同其他的体细胞分离开。在哺乳动物（或者至少在小鼠）中，生殖细胞的形成不只是细胞内在的原因所造成的，而是在胚胎发育早期细胞与细胞之间信息交流的结果[384]。但是控制生殖细胞或体细胞命运的确切机制直到现在还不是很清楚，了解生殖细胞和体细胞细胞命运差异的分子机理依旧是发育生物学中的一个主要课题。

广义上来说，经过长期进化而来的千姿百态、纷繁芜杂的生命有机体的终极目的就是保证生殖细胞的跨代传递，从而实现物种的延续。但从狭义上来说，主要是垂体—性腺轴参与了高等动物中雌雄配子的发生。在性腺当中，雄激素主要由睾丸间质细胞合成，而雌激素主要由卵泡中的颗粒细胞合成。雌、雄激素对于第二性征的发生、维持以及配子的发生和成熟具有重要的影响，其合成与代谢的紊乱会导致一系列的临床疾病，比如多囊卵巢综合征和迟发性性腺功能减退症（late-onset hypogonadism，LOH）等。虽然雌雄激素合成相关生化过程已经较为清晰，但是类固醇激素合成细胞中胆固醇的吸收合成与代谢以及性腺激素的合成与代谢的详细分子遗传学基础尚待厘清。

（一）代表性重要成果

在雌雄配子发生过程中，直接与生殖细胞互作的分别是颗粒细胞（雌性）和支持细胞（雄性），功能性的体细胞与生殖细胞的相互作用对于配子发生的正常进行发挥至关重要的作用。在雌性哺乳动物中，原始生殖细胞在胚胎期就停止有丝分裂并分化为卵母细胞，同时进入减数分裂并在出生后与颗粒细胞一起形成原始卵泡并作为卵泡储存库存在于卵巢中。在个体性成熟后的每个周期中，原始卵泡缓慢而且不间断地激活发育以保证种族的延续和自身的稳态直至育龄结束。激活后的原始卵泡在脑垂体分泌的两种促性腺激素 FSH 和 LH 的作用下不断生长发育，发生排卵和黄体化。颗粒细胞在 LH 的作用下剧烈地激活下游基因的表达，促进卵丘扩展和排卵。颗粒细胞中的

mTORC1信号通路对于卵母细胞的生存发育起到关键作用。在哺乳动物的卵巢中，大部分卵母细胞处于休眠状态，被包裹在原始颗粒细胞（PfGC）中。利用Rptor$^{fl/fl}$；Foxl2-CreER^{T2}小鼠在PfGC中特异性敲除Rptor从而抑制其中的mTORC1信号通路，导致PfGC无法分化成颗粒细胞，休眠的卵母细胞无法被激活[385]。此外，用相同的方法在PfGC中特异性敲除mTORC1信号通路的抑制因子Tsc1，使mTORC1信号通路持续激活，导致所有休眠的卵母细胞被过早激活[386]。进一步的研究发现，体细胞和生殖细胞之间的这种交流依赖于颗粒细胞中的mTORC1-KITL信号级联和卵母细胞中的KIT-PI3K信号通路。颗粒细胞通过此机制决定卵细胞何时生长何时死亡，是一种监控绝经期起始的生物钟，这一发现有望被应用于女性不育的临床治疗。

在哺乳动物的生精小管中，精细胞（生殖细胞）被支持细胞（体细胞）紧密围绕，支持细胞通过黏附、迁移、退化以及细胞间信号分子传递与精细胞发生相互作用，功能性的支持细胞与精细胞相互作用在精原干细胞的干性维持、自我更新以及分化、减数分裂、精细胞成熟等过程中发挥重要的作用。近几年，人们对于支持细胞与精细胞相互作用进行了深入的研究，对其作用机理有了进一步的认识。在成年个体中，DMRT1以及FOXL2对于性别的维持也发挥重要作用，其中DMRT1可以阻止睾丸的视黄酸信号激活雌性性别决定以及卵巢发育基因的表达，进而抑制雄性向雌性的转分化[387,388]。此外，人们在体外进行了精原干细胞微环境的重构，为进一步的研究打下坚实基础[389]。支持细胞分泌的细胞调控因子以及激素对精子发生的正常进行至关重要，视黄酸在精子发生中的作用已经研究得很详尽。Raverdeau等的研究发现，支持细胞而非精细胞合成的视黄酸可以通过激活Mafb的表达、起始精原细胞初始分化[390]；支持细胞合成的视黄酸在精子释放过程中也发挥重要作用；ARID4A和ARID4B可以作为雄激素受体和视网膜母细胞瘤蛋白的转录激活因子调节支持细胞的功能[391]；支持细胞间的血睾屏障可以建立免疫屏障、对阻隔有害物质进而为正常的精子发生提供必要环境有重要作用，多项研究发现了大量细胞骨架相关蛋白（如Arp3、Connexin 43、P-glycoprotein、FAK磷酸化修饰等）在血睾屏障的组装及维持中发挥重要作用[392~395]。在精子发生过程中，为了避免自我免疫以及维持精细胞分化的微环境，精细胞要穿过血睾屏障，通过对生精上皮的三维重构发现血睾屏障的动态解聚与组装可以促使精细胞经过支持细胞间的紧密连接[396]。异常的精子发生可以产生凋亡的精细胞，支持细胞可以通过线粒体膜蛋白Ucp2调节线粒体膜电位调控进而对凋亡精细胞进行清除[397]。生精小管间睾丸间质细胞是睾丸中另一种重要的体细胞，它可以合成分泌雄性激素，促进精子发生过程。胎儿期的睾丸间质细胞可以产生 Activin A 调节支持细胞的增殖及睾丸索的扩张[398]；支持细胞与睾丸间质细胞可能起源于一种祖细胞，而 Wt1 是祖细胞向支持细胞分化或者睾丸间质细胞转换的关键调控因子[399]。

(二) 主要科学问题

迄今，支持细胞和颗粒细胞的来源和分化尚存争议，这两种体细胞与生殖细胞之间交互通信的研究还十分有限，这些体细胞与生殖细胞交互联系的结构基础比如血睾屏障和支持细胞基底部的紧密连接、远端的周质特化结构、管腔复合体等的结构和遗传学基础远未阐明。这些特化结构的动态变化对于精子形态建成的功能和作用机制大多还处于假说阶段。关于颗粒细胞如何响应激素的作用并通过物质和能量的交换调节卵母细胞的代谢和稳态，促进卵母细胞包括细胞核和细胞质的成熟进而调节卵母细胞激活、生长和成熟的调节研究还依然较少。体细胞-生殖细胞功能性的相互作用为精子和卵子的正常发生提供了有力支撑，而体细胞-生殖细胞相互作用的机制研究必将为精子和卵子体外发生重构以及治疗不孕不育生殖相关疾病提供坚实的基础。

五、卵泡存活的调控

卵泡作为雌性哺乳动物生殖的基本功能和发育单位，是由生殖细胞与体细胞共同构成的独特功能复合体。卵泡不但参与维持了雌性正常的内分泌调控，更为卵母细胞生长成熟提供了独特的微环境，从而决定了雌性动物（包括人）的生育力。而与雄性动物生殖细胞的持续性更新不同的是，雌性哺乳动物的生殖细胞数量在出生前已经固定，并以卵泡库的形式存在进而为整个生育周期提供成熟卵母细胞。因此，雌性卵泡发育具有数量有限、发育周期长、生殖细胞与体细胞紧密协作等多个特点。特别值得一提的是，在整个卵泡发育过程中，卵泡的激活发育与闭锁死亡之间的平衡，也直接决定了雌性动物的生殖健康。包括炎症、代谢紊乱、自身免疫和应激等各种体内外因素都可能干扰和破坏卵泡发育进程，导致卵泡和卵母细胞发育异常，从而引起不孕不育、自发流产和新生儿缺陷，也可能导致卵巢早衰和多囊卵巢综合征等卵巢疾病。此外，育龄期女性肿瘤患者对于保存其生育能力的需求也在急剧增加，研发相应的保留女性生育能力的措施也显得日益紧迫和重要，这也就意味着研究卵泡发育不再仅仅是揭示生殖奥秘的学术需要，更是人口健康战略的迫切需求。

单个雌性生殖细胞在进入性腺后，经历了原始卵泡形成、原始卵泡激活、生长卵泡发育与优势选择，直至最终的优势卵泡排出卵子等一系列的过程，其时间跨度大、生理事件多。而在这一系列的事件发生过程中，均伴随着卵泡存活与闭锁之间的动态平衡调控，以及每次卵泡发育过程中所涉及的周身性生殖内分泌的律动。因此，对于卵泡存活的研究，需要从多角度多阶段进行分步研究。

(一) 代表性重要成果

在原始卵泡的形成过程中，特别是在原始卵泡库建立的窗口期，会伴随着大量生殖细胞的凋亡与闭锁，其丢失率高于 60%[400]。同时，由于雌性生殖细胞的不可更新性[401,402]原始卵泡库的最初建立过程对于女性成年后生育力大小的决定作用是显而易见的。虽然已发现多个重要转录因子（如 Figla、Nobox、Foxl2）调节了原始卵泡的形成[403~405]，并且证实生殖细胞的早期减数分裂进程决定了原始卵泡库的建立，但哺乳动物中原始卵泡数量决定的内在机制尚不清楚；同时，胚胎期生殖细胞的大量丢失以及其与原始卵泡建立之间的关系，其分子机理和生理原因尚不明确。此外，近年来由各种干细胞转化成为生殖细胞的探索已经进入了实质性的阶段，特别是 2012 年日本的 M. Saitou 小组通过两步法成功地将胚胎干细胞和诱导性干细胞分化成为原始生殖细胞样细胞后，自体细胞转化成为成熟卵母细胞已经成为可能[406]。

随着原始卵泡库的建立，原始卵泡的激活过程或称始动募集过程随即开始。近年来，借助于基因修饰小鼠的不断开发与技术进步，利用条件性敲除的方式，单个原始卵泡的激活与休眠调控机制被逐步地揭示出来。利用早期生殖细胞特异性的 Cre 小鼠，Reddy 和 John 等先后研究表明原始卵泡中卵细胞的始动激活是由 PI3K 信号通路所介导的[407,408]；而 Yu 等的研究表明，卵母细胞中的 CRL4 通过表观遗传学调控，参与了原始卵泡的激活调控、后期发育以及卵子成熟一系列的进程[16]。

利用 Foxl2-CreER^{T2} 小鼠，Zhang 等的研究证实了原始卵泡中的前颗粒细胞在单个原始卵泡的激活过程中起到了重要作用，并且前颗粒细胞中 mTORC1 信号通路的水平直接决定了单个原始卵泡的命运[385]。前颗粒细胞与卵母细胞之间通过 KIT 配体-KIT 受体之间的信号联络，协同了彼此的生长。通过这些研究，单个原始卵泡始动激活的内在分子调控网络得以绘制[409]，而基于这些研究所开发出的新型辅助生殖技术也已经进入实际操作阶段，并已有健康的婴儿诞生[410]。

哺乳动物性成熟后，被激活的原始卵泡进入生长卵泡库，随后所经历优势卵泡选择过程以及最终的排卵，都依赖于复杂的内分泌调控和代谢物的相互作用，也依赖于各种旁分泌因子共同调节颗粒细胞增殖、滤膜细胞分化和卵母细胞成熟。其中，早期腔前卵泡的发育主要依赖于间充质上皮细胞互作、卵泡内旁分泌信号以及卵源因子的作用；而有腔卵泡的发育则依赖于血液中的促性腺激素以及局部分泌的调节物的作用。

对卵泡的周期性募集的研究已取得了不少成绩，明确了促性腺激素（FSH 和 LH）是卵泡周期性募集生长的主要调节因子，但对其如何调节卵泡周期性募集的分子机制知之甚少。例如，FSH 诱导卵母细胞成熟的效应为什么存在体内与体外的差异尚不清楚[407,411]，而揭示该机制将有利于促进临床上体外诱导卵母细胞成熟率的提高；我们虽知道 LH 通过诱导 EGF 样生长因子表达，从而促进排卵发生，但具体的分子途径尚不清楚；已知钠肽系统参与了卵母细胞的减数分裂阻滞[410,412]，但我们对调控颗粒细胞如何应答激素刺激的关键过程和参与因子仍然了解不足。此外，有腔卵泡本身还分泌性激素，产生大量的自分泌或旁分泌因子[413]，它们是否也参与卵泡的周期性募集，迄今尚无清晰的结论。再有，已发现有很多卵母细胞特异表达蛋白，尤其是 RNA 结合蛋白可能对卵母细胞的成熟有重要作用[414,415]，但其影响胞质和核成熟的具体机制也有待研究。

（二）主要科学问题

主要科学问题包括：卵泡存活的调控机制；卵细胞与卵泡体细胞之间的信号对话机制；原始卵泡的激活和后期发育的遗传和表观遗传调控机制；卵泡周期性募集生长的分子调节机制；影响卵母细胞成熟质量的调节因子及其作用机制。

六、生殖细胞成熟的调控机制

卵子发生过程是一个多阶段的复杂生理过程。人卵母细胞在胚胎第八周时就开始第一次减数分裂，出生时初级卵母细胞已经处于第一次减数分裂前期，并且停滞在这一时期长达十几年到几十年。数以百万计的原始卵泡分批离开原始卵泡库启动生长，青春期后在促性腺激素作用下，成熟卵泡中卵母细胞减数分裂重新恢复，完成第一次减数分裂，形成次级卵母细胞和第一极体；次级卵母细胞于排卵前停留在第二次减数分裂中期，直到受精后才完成第二次减数分裂，排出第二极体，形成合子进而起始个体发育。卵母细胞成熟的调控并不是一个单纯的级链式作用,而是一个非常复杂的多因子调节过程。尽管减数分裂研究历史悠久,但迄今仍停留在对染色体行为的形态学观察上,而对维持减数分裂正常进行的分子基础和机制的了解仍相对有限。深入研究卵母细胞减数分裂调控的分子机制和影响因素,将为有效预防和诊治不孕不育、自发流产及先天出生缺陷等重大疾病奠定理论基础。

在雄性生殖系统中,精母细胞经过减数分裂产生单倍体的精细胞,圆形精子细胞通过顶体(acrosome)生成、核蛋白的转型、染色质的浓缩包装、鞭毛和轴丝的发生及尾的成形,发育为蝌蚪状具有头、颈、尾结构的精子。上述结构是健康精子所必需的。临床实践及动物模型研究发现,大量的雄性不育是由精子的形态异常引起的,如缺乏顶体的圆头精子症、染色体凝集异常的大头及小头精子症、尾部异常的严重畸形精子症及无头精子症。在这些不育症中,有一部分可以通过体外受精或单细胞注射等辅助手段产生后代,但使患者经受巨大痛苦和经济负担;然而更严重的无头精子症目前仍无有效手段进行辅助治疗,成为导致家庭及社会不和谐的因素。而且有例证表明,经辅助生殖手段产生的后代仍有一定比例的出生缺陷出现,造成严重的家庭负担。因此,精子形态异常是雄性不育的重要一环,要从根本解决精子形态异常导致的不育,必须对精子形态建成这一关键事件进行深入研究,找到关键调控环节,并有针对性地开发治疗手段,这也是实现国民优生优育目标的重要途径。

(一) 代表性重要成果

研究发现,CRL4通过调节TET家族DNA去甲基化酶的作用,调节卵母细胞中基因的表达和受精后雄原核的去甲基化,从而调节卵母细胞的存活和受精卵的发育,在雌性生殖力维持中发挥至关重要的作用。如果CRL4的功能缺失,就会导致卵母细胞死亡,发生卵巢早衰和胚胎受精后不发育。CRL4泛素连接酶复合物以Cullin 4A/B作为骨架蛋白,其C端通过一个含有锌指结构的小分子ROC1/2(RING of Cullin)和E2泛素连接酶相连,以行使其泛素化的功能;其N端和重要的接头蛋白DDB1(damaged DNA binding protein)相结合,并进一步和底物识别蛋白结合去识别特定的底物,并使其泛素化。CRL4复合物广泛地存在于各个类型的组织和细胞中,发挥着调节细胞周期、组蛋白修饰和维持基因组稳定性等一系列重要的生理功能。DDB1在卵母细胞中特异性高表达,当敲除DDB1和识别底物DCAF1后,会导致卵巢早衰、卵母细胞缺失和受精卵基因沉默。在 $Ddb1^{fl/fl}$;$Gdf9$-Cre 的卵母细胞中，卵中高表达基因 $Gdf9$、$Figla$、$Nobox$、$Ddx4$ 启动子中 CpG 岛的甲基化水平明显升高，基因的表达量显著降低。$Ddb1^{fl/fl}$；$Zp3\text{-}Cre$ 的小鼠虽然没有卵巢早衰，但仍然不育。受精卵大部分不能发育到四细胞，早期胚胎发育所必需的 $Line1$、$Oct4$、$Nanog$ 等基因的甲基化水平大幅升高，从而导致基因沉默。当 DDB1 敲除以后，5hmC 和 TET3 的表达水平明显降低。因此 CRL4 复合体在雌性生殖中起着至关重要的作用。进一步的机理研究发现，CRL4 通过调节 TET 家族 DNA 去甲基化酶的作用，调节卵母细胞中基因的表达和受精后雄原核的去甲基化，从而维持雌性生殖力。CRL4 泛素连接酶除了维持原始卵泡存活以外，也对受精卵中雄原核的去甲基化和体细胞克隆过程中的基因组重编程起着重要调节作用，是以前未知的卵胞质中的一个重编程因子[16]。

精子变形是一个复杂而又极其精确的形态变化过程，受精子细胞本身内源性的调控，其中精子头部细胞核浓缩延长和遗传信息稳定密切相关。首先是精子细胞的核染色质高度浓缩，核蛋白组成发生明显变化。精子形成过程中，胞质内组蛋白首先逐渐被过渡蛋白（transition nuclear protein，TNP）取代，最终被鱼精蛋白（protamine）所取代，到了晚期延长型精子细胞及成熟精子时，核蛋白主要为富含精氨酸和半胱氨酸的鱼精蛋白[416]。鱼精蛋白的作用是中和 DNA 链上的电荷，降低 DNA 分子间的静电排斥，使染色质高度浓集；同时其分子中的半胱氨酸可形成分子内或分子间的二硫键，使核更加稳定。研究表明，在小鼠中敲除 $Tnp1$ 或 $Tnp2$ 都会导致雄鼠生育能力下降，主要原因是精子核未浓缩，DNA 断裂增加，精子形态异常等[417]。如果同时敲除 $Tnp1$ 和 $Tnp2$ 就会导致雄鼠完全不育。除此之外，还有多种细胞核因子参与精子形成过程中的细胞核浓缩，如 H1FNT 和 HILS1，它们在正在进行核浓缩过程的精细胞中表达，敲除 $H1FNT$ 基因会导致雄性不育，主要是精子核浓缩的延迟和延长过程中的异常导致[418,419]。此外，在延长型精细胞期组蛋白 H4 的乙酰化水平显著升高，使组蛋白被替换成精蛋白；而且延长型精细胞期内组蛋白 H3 和 H4 同时被乙酰化，导致 H2A 和 H2B 的乙酰化，提示所有组蛋白可能都需要乙酰化来保证精子成熟过程中组蛋白被替换成精蛋白。

在精子核染色质高度凝集的同时，核也由圆变长，在精子细胞头部延长的建成过程中，目前认为顶体-顶体核膜间质-颈带（acrosome-acroplaxome-manchette）复合体起着重要的作用。顶体是由高尔基复合体形成的一个扁平囊泡，覆盖于精子细胞核前缘，并逐渐扩大向细胞核两侧延伸，参与精子细胞核形态变化的过程。临床上圆头精子症（globozoospermia）就是在顶体形成过程中发生异常引起的，这种疾病会导致不育。近年来的研究表明，许多基因参与了顶体的形成过程，如 *Gopc* 和 *Agfg1*，这两个基因失活都会导致雄性不育，而且主要表现为圆形精子症[420]。自噬过程也被发现参与顶体发生，自噬关键基因 *Atg7* 敲除的小鼠不育，顶体异常，是典型的圆头精子症[421]。大量临床样本检测证明 *DPY19L2* 基因在人圆头精子症中存在高频率的缺失突变，突变人群中两条同源染色体上的 *DPY19L2* 基因序列同时存在长达 2kb 的整体删除[422]。DPY19L2 蛋白直接定位于顶体和细胞核膜之间，介导了顶体与核的锚定，该蛋白的缺失直接导致精子顶体的缺失。另外，*Csnk2a2* 的基因敲除小鼠也表现为雄性不育，而且也是顶体形成异常引起的[423]。顶浆复合体（acroplaxome）为含有 F-actin-keratin 5 的复合物，可以锚定发育中的顶体于精子细胞核。*Hrb* 与圆形精子细胞的前顶体囊泡转运相关，当敲除 *Hrb* 基因后，前顶体囊泡融合形成假顶体，此时顶浆复合体含有 F-actin，但缺乏 keratin5，而 keratin5 缺乏的顶浆复合体可能无法承受精子细胞核延长过程中产生的张力[424]。

在精子变形过程中，环绕精子细胞核的精子领（manchette）是一个非常重要的临时性结构。它的发育时相非常精确，形成于精子延长初期，消失于精子浓缩和延伸完成后。正因为精子领的出现伴随着精子细胞核的形态改变，研究者们一致认为精子领是引导精子细胞核浓缩、变形、延伸的重要结构[425]。同时，精子领还是尾部形成过程中一些囊泡和大分子向尾部转运的轨道[426]。研究表明，许多精子尾部相关蛋白质与精子领结构密切相关，比如 TBP-1、Sak57 及 Odf1-Spag4 复合物等[427~429]。CLIP-170 是一个与精子领相关的微管蛋白，*CLIP-170* 敲除小鼠生育力低下，精子头部形态异常[430]。RIM-BP3 也是一个与精子领结构相关的新蛋白。*RIM-BP3* 基因敲除小鼠不育，伴随精子头部畸形和脱离的顶体[431]。

精子的正常游动有赖于健全的尾巴及完好的头尾连接。SPATA6 定位于哺乳动物精子头尾连接处，参与精子头尾的稳定连接，SPATA6 缺失的小鼠产生大量无头精子，丧失生育能力[432]。*OAZ3* 敲除的小鼠头尾连接变得很脆弱，在精子释放之初头尾尚能连在一起，但很快在外力影响下发生断裂[433]。正在进行的工作发现 *Sun5* 基因缺失的小鼠精子头尾断裂，尾轴基部的中心体不能很好地锚定在精子核膜上。

（二）主要科学问题

主要科学问题包括：生殖细胞表观遗传变化在配子发生和个体发育过程

中调节的靶基因和相互作用的分子网络；卵母细胞中核仁成熟和核仁构象的转换机制；RNA结合蛋白在卵母细胞成熟过程中对于RNA稳定性、RNA亚细胞定位和翻译激活的调节机制；精细胞核浓缩过程中组蛋白修饰的动态变化及组蛋白替换机制；精子顶体的锚定、塑形机制及头尾装配机制。

七、不孕不育的遗传和环境机制

1978年改革开放以来，我国实现了社会和经济的飞速发展，人们享受着前所未有的丰厚物质生活，但与此同时，不孕不育发生率也在显著提高。有统计显示，女方原因或男方原因引起的不孕各占40%，由男女双方共同原因所致的不孕占10%，原因不明性不孕为10%。不孕不育可受多基因与环境因素的调控，因而具体的发病机制十分复杂，至今绝大部分的病因仍不清楚，对于不孕不育的防治缺乏重要的理论基础。在男性不育症的主要表现形式中，精子发生障碍对于患者的影响最为严重，精子发生障碍可以导致男性的无精子症、少精子症、弱精子症和畸形精子症。目前，临床对于男性因精子发生障碍应用药物治疗的治愈率较低，因而最常用单精子卵浆内注射的方法治疗少、弱、畸形精子症，但这将给因遗传突变所致的患者后代带来极大的出生缺陷风险，而对于无精子症患者除借用精子库的精子外别无其他选择。对于人类精子发生障碍的分子机制研究和新技术的探索将有助于解决男性不育症患者面临的生殖健康问题，具有重大的社会需求。

在女方原因引起的不孕中，输卵管因素、多囊卵巢综合征、子宫内膜异位症（EMT）和卵巢功能低下是较常见的原因。在原因不明的不孕不育中，有相当部分可归因于环境因素的直接和间接作用。在人类的日常生活环境中，会接触大量的外源化学物，其中一部分被称为内分泌干扰物（EDC），其来源广泛，可通过不同的作用途径和机制，使人类的生育能力特别是精子的质量和数量发生显著改变，生殖系统发育异常和不孕不育明显增加；抑制卵细胞发育或阻碍排卵，导致女性不孕；诱发卵母细胞染色体畸变，导致受精卵不发育或发育不良，导致妊娠失败；影响受精卵发育与着床，引起自然流产。此外，EDC还与女性多囊卵巢综合征、卵巢早衰（POF）、子宫内膜异位症、月经紊乱、性功能异常等疾病有关[434~436]。

目前，不孕不育症防治的一个重要瓶颈就是我们对生命孕育过程关键事件的调控规律及不孕不育症遗传和环境机制的认识还远远不够深入。因而，开发新的技术手段和标准，对不同类型不孕不育症的遗传或表观遗传和环境机制进行深入探讨，发展个体化、针对性的精准干预策略，是诊治不孕不育症以及提高辅助生殖成功率、改进辅助生殖技术的必由之路。

(一) 代表性重要成果

基因的变异与突变是人类精子发生障碍重要的遗传因素。近年来，我国研究人员应用大量临床样本群的组学筛查手段，发掘出了一批与人类精子发生和成熟相关的 SNP[12,437~439]、基因突变[440~443]、蛋白修饰位点[444]，系统构建了精子发生相关的蛋白功能网络[445,446]，并围绕其部分蛋白功能深入开展了分子机制研究[421,447]。这一系列的工作引领了精子发生与男性不育研究工作的方向，同时也面临了巨大的挑战。由于精子发生是一个在体内受时空紧密调控的精细过程，很难利用人体标本直接对这些关联作用的 SNP、基因突变和蛋白修饰位点进行直接的功能分析。靶向基因编辑技术的成熟和在非人灵长类模式动物中的广泛运用，为研究精子发生障碍提供了良好的动物模型[77,448,449]。

除遗传因素影响人类精子发生外，环境因素特别是 EDC 对精子发生的影响也日趋严重。我国科技工作者们率先建立并优化了 EDC 筛选体系、EDC 内暴露水平分析方法和代谢组学研究平台，并通过长期积累对其中 600 余种环境化学物的雄性生殖毒性进行了系统筛检[450]，发现其中 30 余种的暴露对人类精子生成具有显著影响[451,452]，并在此基础上逐一开展分子机制的研究[453]。相关成果为国家制定环境因素致生殖危害的风险评估和防治策略提供了重要依据。

在男性不育治疗新技术的探索方面，我国的科研人员也取得了一系列可喜的进展，应用生精阻滞患者的精原干细胞在体外培养出单倍体精子细胞[454]；特别是应用 c-Kit 基因突变的小鼠尾尖成纤维细胞经核移植后建立胚胎干细胞，经基因突变修复后体外诱导分化为类原始生殖细胞，回输到小鼠睾丸交配后出生健康的子代[455]。上述这些治疗技术的探索，为临床解决男性精子发生障碍提供了新的思路和新的方法。然而，这些技术在临床应用之前，还有许多研究工作需要探索，最急需的是建立猴和人类体细胞的生殖细胞分化技术，并细致评估这些技术对出生子代的安全性。

新生命的孕育起源于配子发生，并要历经精卵结合（受精）、早期胚胎发育，而后必须植入子宫（胚胎植入）并和母体建立功能性联系（胎盘发生）才能继续发育直至分娩。这一系列重要环节中，每一个事件的成功都是妊娠能否进行到下一阶段的前提。因此，只有针对生命孕育不同环节，并将该过程作为一个有机的整体进行系统性研究，才能阐释关键事件相互协作的分子基础和调控机制，并实现从源头上揭示不孕不育的遗传基础，探讨环境因素导致不孕不育的机制。

围绕重大生殖障碍疾病（女性的多囊卵巢综合征、卵巢早衰和男性的无精子症），在中国人群中筛选出了一批易感基因位点[9,10,246,456]，相关位点在欧美人群中也得到了验证；阐释了 Seipin 等基因突变在男性不育中的作用机制[440]；首次报道了人类卵子透明带缺失病例，并成功破译其致病基因为 ZP1（位于11号常染色体）[13]。上述致病基因或易感基因位点的筛选和功能阐释为理解人类生殖障碍的分子遗传学机理提供了新的认识，同时也对我们理解相关基因与不孕不育的关联性，揭示其致病机制带来了新的挑战。

雌性生育力维持的研究中，我国学者发现 CRL4 复合体的活性缺失会导致雌性小鼠卵巢中的卵泡库过早耗尽，并且影响到卵泡发育过程中卵子的重编程，建立了一个与临床表现更贴近的卵巢早衰和卵子质量控制的动物模型[16]；证明 NPPC-NPR2 信号通路在卵巢颗粒细胞与卵母细胞互作以调控减数分裂的作用机制[412]；发现利用极体基因组移植可预防线粒体遗传疾病[15]。我国基础研究工作者和临床医生的合作研究揭示了胚胎植入时母-胎分子对话的一个重要参与者——上皮细胞中的离子通道，并且在人类不孕不育的疾病中得到验证[17]，其可以作为诊断不育的标记和作为避孕的靶点。

此外，近年来在配子和卵裂球单细胞水平测序技术上的创新也为更加精细分析配子和胚胎发育潜能及其与不孕不育分子的关联研究开拓了新领域[46,47,116,457~459]；雄性单倍体干细胞转基因小鼠模型的成功构建以及生殖干细胞转分化研究为不孕不育症的诊治开辟了崭新的思路[19,460]。

（二）主要科学问题

主要科学问题包括：减数分裂异常导致人类生殖疾病的分子基础和机制；精子发生障碍导致男性不育的分子机制；卵母细胞发生与成熟过程分子调控网络异常与女性不孕不育的关系；免疫系统异常与不孕不育的关系及机制；重大环境因素对精子和卵子发生和成熟及胚胎发育的影响及其机制；利用干细胞治疗不孕不育症的途径；不孕不育症预防和治疗新途径。

八、体细胞向生殖细胞转分化研究

在哺乳动物中，生殖细胞是一种重要的细胞类型，其拥有传递生物体的基因组信息及表观遗传信息到下一代的能力。其中，原始生殖细胞及由原始生殖细胞分化而来的两性生殖干细胞，可以在体外被培养和扩增，同时依旧维持着进一步通过减数分裂分化为两性配子的能力。近年来，人类生殖问题日益受到关注，在中国约有15%的家庭存在由各种生殖问题导致的不育，这些问题对这些家庭造成了很大的困扰。所以，如果我们能够通过一些途径去获得这些患者特异的生殖细胞，并进一步展开相应的细胞治疗，将为解决这个日益严重的社会问题提供有力的帮助。

（一）代表性重要成果

近些年来，科学家们在获得生殖细胞方面取得了较大的进展。2011~2012年，日本科学家Satiou在小鼠中成功地将幼稚（naïve）状态的小鼠多能性干细胞通过逐步分化的方式诱导成了原始生殖细胞样细胞[406,461]。尽管这些细胞在一些特征上跟体内发育获得的原始生殖细胞不同，但是将这些细胞移植回体内的特定环境后，它们可以分化为成熟的精子和卵细胞，并且通过单精子卵浆内注射技术产生的受精卵可以最终发育成为存活的后代。随后的2014~2015年，生殖细胞的研究扩展到了灵长类动物中，Surani和Satiou两个研究组先后报道可以通过类似于小鼠中的方式，将人的多能干细胞分化为原始生殖细胞样细胞[462]。由于伦理等原因，这些细胞的生殖功能尚无法得到验证，但是包括全基因组基因表达及表观遗传学分析在内的比较研究显示，这些细胞与人体内存在的原始生殖细胞非常接近，这为基于细胞治疗的方式解决一些不育疾病提供了潜在的细胞来源，为解决人类的配子发生障碍导致的生殖问题带来了曙光。

通过对生殖细胞分化过程的研究，科学家们逐步对调控生殖细胞分化的各级转录调控网络有了越来越多的了解。在2013年，科学家们发现，在多能干细胞中过表达Blimp1、PRDM14、AP2γ可以成功地在不添加细胞因子的情况下诱导多能干细胞最终分化为有功能的配子[463]。同时通过进一步研究确认了一些核心转录因子在生殖分化过程中的作用。Blimp1起始了生殖细胞发育过程中的表观修饰的发育程序，之后PRDM14引起了在这些细胞中的全基因组去甲基化的发生，最终诱导获得早期的原始生殖细胞。另外Tet家族的成员Tet1、Tet2与PRDM14一起催化了在原始生殖细胞中5mC向5hmC的转换[464,465]。当然，在生殖细胞发育过程中，一些参与调控组蛋白修饰的基因也得到了确认。PRDM14通过诱导 *Kdm3a*、*Kdm4b* 的表达促进组蛋白H3K9修饰在细胞内整体水平的降低。在原始生殖细胞发育过程中，X染色体的再激活所需的相关转录因子也得到了进一步阐明。PRDM14通过结合在 *Xist* 的第1个内含子和 *Rnf12* 基因座上的方式抑制 *Xist* 的表达，从而促进原始生殖细胞中 X 染色体的激活[466]。另外，通过筛选、分析生殖细胞分化过程中所需要的信号通路，研究人员发现 BMP4 对于促进生殖细胞发育有至关重要的作用[467]，而 SCF、EGF、LIF 和 BMP8B 则能通过提高所培养细胞的活力等方式进一步促进生殖细胞命运的发生[468]。

（二）主要科学问题

能否通过体细胞来获得具有受精能力的配子，哪种体细胞可以更加高效地转分化为生殖细胞、实现体外减数分裂，以及体细胞与生殖细胞进行转分化的关键调控通路是什么，都是未来研究亟待解决和回答的问题。与此同时，体内减数分裂的研究也是推动体细胞向生殖细胞转分化的重要线索。

第五节　植物发育与生殖

一、植物生长点与器官形态建成

与动物发育过程显著不同，植物具有更加明显的胚后发育特征，即绝大部分器官是在种子萌发后形成的，这种独特发育策略依赖于植物所特有的且能维持其一生器官发生潜能的特殊结构：生长点。生长点是植物干细胞维持、器官发生和组织分化的主要功能区，包括位于地上的茎端生长点和位于地下的根端生长点。茎端生长点形成地上部分的各种器官如叶片、花、果实等，根端生长点形成根系。此外，植物在胚后还形成位于叶腋的侧生生长点，产生分枝，这是植物适应环境变化而采取的重要发育策略。顶端生长点和侧生生长点的功能调控是作物株型、花果数及最终产量等农艺性状的基础，构成水稻、小麦等重要粮食作物产量的三个因素（穗粒数、千粒重和有效分蘖）均与生长点功能直接相关。其中，穗粒数是由生长点所产生的多级侧生原基数目决定，千粒重是由种子和谷壳等器官的大小和形态建成决定，侧生生长点的数目和活力则决定了有效分蘖数目，其可塑性调控是作物适应环境胁迫的重要手段。因此，研究植物生长点和器官发育过程对理解植物发育的模式建成、优化作物穗数和穗粒数或果实数，以及利用作物分子设计培育高产抗逆优良品种均有重要指导意义。

（一）代表性重要成果

植物器官原基是由顶端分生组织中的干细胞增殖、细胞分化及自我组织形成具有特定生理功能的三维器官结构。这些过程受到包括激素、糖信号和转录因子在内的多重内源因子调控，也受到包括光、温度、湿度和养分在内的多种环境因子影响。植物激素，特别是生长素和细胞分裂素广泛地参与了生长点的维持和分化。诱导和维持干细胞的重要转录因子 WUS 受到了细胞分裂素的调控[469]，且其功能的维持依赖于细胞分裂素[470]。在水稻中细胞分裂素氧化酶（OsCKX2）的基因突变会增加生长点中细胞分裂素的浓度，导致水稻生长点体积变大，产生更多的一次枝梗原基、二次枝梗原基和小穗原基，增加水稻的穗粒数。仅仅这一个基因的突变就可以使水稻的产量增加 11%[471]。生长素主要积累在生长点中侧生器官起始的位置，参与植物器官的分化[472]。近期的研究表明，生长素不仅参与细胞的分化，同时还与细胞分裂素相互作用参与茎和根生长点干细胞的维持[473,474]。侧生生长点形成和调控机制与顶端生长点有一定的异同[475,476]。近年来借助于组学及基因调控网络的研究，发现了一些新调控因子，解析了若干重要转录因子的调控机制[477]。虽然侧芽形成后具有和顶芽相同的发育潜能，但侧芽存在休眠的现象。发现和鉴定了一类新的植物激素——独脚金内酯，其功能是特异调控侧芽休眠和外生。然而，我们尚不清楚诸多调控基因是如何相互协调而导致三维形态的组织和器官建成的。随着我们对调控基因功能的进一步认识、全基因组水平大数据的获得、生物信息学工具的发展、生物影像设备的更新以及细胞水平三维器官形态的描述，未来将可以通过数学模拟来解释组织器官的发育过程，从而认识形态建成的机制。目前国际上这方面的工作刚刚起步，国际同行已开始利用数学建模研究植物组织器官发育，并取得了极具有前景的成果[478~480]。数学模型能够进一步推动发育生物学模式建成机制的研究，解决对发育过程认识碎片化的问题，使我们从整体认识植物的发育与环境应答的机理。我国的植物生长点与器官形态建成研究主要集中在中国科学院植物研究所、中国科学院遗传与发育生物学研究所、中国科学院上海生命科学研究院植物生理生态研究所、北京大学、中国科学技术大学、山东农业大学、南京农业大学和武汉大学等，在发现与解析独脚金内酯合成[481]、功能[482~484]及其受体结构[485,486]，在阐析传统激素、小分子多肽激素和转录因子调控植物干细胞维持、分化与脱分化和器官发生机理[487~490]，阐析春化调控小麦开花机理[491]，解析水稻株型和粒型方面取得了一系列理论性和应用性成果[482~484,492~494]，培养和造就了一批有国际影响的优秀中青年学者。

（二）主要科学问题

主要科学问题包括：生长点维持和分化的遗传、表观修饰、代谢调控网络；细胞分裂素、生长素和其他激素参与调控生长点维持的机理以及多种激素互作的分子机制；主要农作物生长点维持和分化的分子机制；控制分蘖、穗粒数和千粒重等重要农艺性状的关键基因的鉴定；侧生生长点起始、休眠和外生的生物学规律以及分子调控网络；参与侧生生长点建成、休眠和发育调控的重要基因及其调控的分子机制；器官原基发生与环境因素互作的基本生物学过程并鉴定该过程中重要的调控基因；生长点与环境互作的分子机制；生长点在不同环境下生长规律的数学建模。

二、植物环境感应与发育的可塑性

在农业生产中经常会遇到各种不良的环境条件，如干旱、洪涝、低温、高温、盐渍及病虫侵染等，严重影响作物的生长与最终的产量。植物无法逃避复杂的环境胁迫，只能通过调节自身的生理生化和发育过程以适应环境变化。与动物不同，高等植物的形态建成具有高度的可塑性，可以通过感受环境条件而改变其自身的生长发育。植物环境感应与发育的可塑性研究既是作物高产的基础，也是逆境条件下稳产的保障。因此，研究植物如何感受环境因子（温度、干旱、养分、盐碱等）变化调控其发育程序可塑性的分子机理不仅具有重要理论意义，而且在我国人多地少、资源匮乏、生态环境恶化的大背景下，把植物发育可塑性纳入作物育种改良程序，可为我国重要粮食和经济作物的生物遗传改造和产业化提供技术支持，符合我国"少投入，多产出，保护环境，持续发展"的育种方向。

（一）代表性重要成果

一般来说，激素是植物感应外部环境因子并调控自身生长发育的"桥梁"。近年来，我国科研人员在该领域取得了众多重要进展。Chen 等研究发现，茉莉酸信号转导途径的主效转录因子可以直接抑制干细胞功能维持相关的主效转录因子 PLT 的转录，以调控根尖分生区的细胞分裂活性，进而影响根的胚后生长发育进程[495]。茉莉酸通过调控根尖分生区生长素的合成和极性运输，调控侧根的早期发育过程[496]。进一步研究发现，转录因子 ERF109 作为茉莉酸信号途径的快速响应因子，直接调控生长素合成基因 *ASA1* 和 *YUC1* 的转录[497]。生长素作为一种重要的植物激素，参与植物生长发育的各个方面。Qi 等的研究发现，生长素与茉莉酸协同作用，调控植物对腐生型病原菌的抗性反应[498]。Zhai 等发现，TOE-JAZ 互作组合特异性地调控成花素基因 *FT* 的表达进而影响开花时间，却不影响茉莉酸诱导的抗性反应。这表明植物在遇到昆虫或病原菌侵害时，可以通过茉莉酸途径主动延迟开花时间，以保证顺利开花结实和繁衍后代[499]。Du 等发现，番茄中两个高度同源的 NAC 类转录因子 LeJA2 和 LeJA2L 分别在脱落酸介导的气孔关闭和茉莉酸介导的气孔重新开张中发挥调控功能[500]。茉莉酸通过拮抗赤霉素的信号转导，调控植物的生长与抗病反应[501]。茉莉酸信号途径通过与乙烯信号途径的拮抗作用，调控拟南芥幼苗顶端弯钩的形成[502]。而乙烯信号途径通过与赤霉素信号途径的协同作用，正调控顶端弯钩的形成[503]。茉莉酸信号途径的 JAZ 蛋白通过与 WD-repeat/bHLH/MYB 复合体的互作，调控表皮毛的起始及花青素的合成[498]，茉莉酸途径通过 bHLH 类转录因子亚家族不同成员之间的拮抗作用调控叶片衰老过程[504]。bHLH-MYB 类转录因子复合体参与了与茉莉酸信号转导途径相关的雄蕊发育和种子形成过程[505]。EIN3 和 ORE1 通过直接调控叶绿素合成相关基因的表达，从而影响乙烯信号途径介导的衰老过程[506]。脱落酸信号途径中的正调控因子 ABI4 通过介导脱落酸与赤霉素的合成及信号转导，进而精确调控种子休眠[507]。进一步研究发现，ABI4 通过正调控开花关键基因 *FLC* 的转录，进而负调控开花时间[508]。赤霉素通过介导 SLR1 与 NAC 类转录因子直接相互作用调控纤维素合成酶基因转录的信号通路，进而影响水稻的纤维素及生长发育[509]。Yin 等发现，乙烯调控水稻中类胡萝卜素的合成和乙烯与脱落酸互作并差异调控根和胚芽鞘生长的新机制，为研究类胡萝卜素合成的调控及乙烯对水稻等作物重要生长发育过程的调控机理提供了新线索[510]。Ding 等发现了磷酸化调控低温信号转导的分子和生化机制，以及脱落酸在植物响应低温胁迫的早期应答和长期适应过程中存在不同的作用与机制[511]。通过正向遗传学的方法，我国学者发现了参与环境感应与发育可塑性相关的重要因子。水稻受体激酶 ERECTA 通过一种新的细胞保护机制调控逆境下的细胞死亡：ERECTA 功能缺失导致细胞死亡的逆境阈值降低，包括细胞膜和细胞器崩塌；而 ERECTA 表达量提高则显著增强逆境下细胞膜的完整性，细胞不易死亡，从而提高转基因植物的抗性，并导致各器官与生物量的增大，表现出产量上的优势[512]。Li 等分离克隆了控制非洲稻高温抗性的主效 QTL *Thermo-Tolerance1*（*OgTT1*）。*OgTT1* 编码一个 26S 蛋白酶体的 α2 亚基，非洲稻中的等位基因不仅在转录水平上对高温的响应更有效，而且其编码的蛋白使细胞中的蛋白酶体在高温下对泛素化底物的降解速率更快。该研究则揭示了植物细胞响应高温的新机制，即及时有效地清除变性蛋白，对维持高温下胞内蛋白平衡至关重要；尤其在极端高温时，清除蛋白比复性蛋白的效率更高[73]。Ma 等克隆了一个调控水稻耐冷性的 QTL 位点 *chilling-*

tolerance divergence 1（*COLD1*），生理生化性质表明其可能作为低温感受器，与 G 蛋白共同协调低温信号的响应过程。该工作揭示了水稻感受低温信号的重要机制，并解析了粳稻与籼稻耐寒性差异的分子机理与演化机制[72]。上述研究成果是近年来低温信号转导机制研究的突破性进展之一。

（二）主要科学问题

激素和外源因子互作调控植物发育可塑性的分子机制方面，重点是揭示植物识别和应答各种环境因子（如干旱、极端温度、光周期、二氧化碳和重要营养元素）变化而调整其生长发育的分子机理。逆境下的植物生长发育往往是通过调控内源因子尤其是各种植物激素的水平和信号转导过程来实现，因此内源激素和外源因子互作的遗传机制研究是一个具有巨大应用前景的研究领域，全面深入地了解这些调控途径的交叉互作是非常必要的。在表观遗传调控植物环境感应及生长发育的分子机制方面，重点是探讨表观遗传因子如何与植物激素信号和外部环境因子信号整合在一起，调控植物生长并增强自身环境适应性。

三、植物细胞命运决定与全能性

细胞命运决定是发育生物学的核心科学问题。在植物发育过程中，分生组织中的干细胞是器官发育的源头。干细胞具有两个重要的特点——自我维持与分化潜能，干细胞能够维持自身"干性"，保持未分化状态；在信号刺激下，干细胞也能逐步分化成为各类功能性细胞[513,514]。植物细胞的另一特点是具有全能性或多能性，这是植物再生能力的源头[515,516]。在一些木本植物中，干细胞可以维持极长的时间，使这些植物能够存活上千年之久，说明干细胞在植物个体发育过程中具有特殊的调控方式。高等植物的干细胞主要存在于分生组织中，器官和组织的发生是干细胞定向分化的结果[513]。植物有多种再生形式，这些再生能力也被广泛应用于现代农业生产。以愈伤组织再生为代表的组织培养是应用最为广泛的再生技术之一[517]。再生过程的核心问题集中在体细胞如何在受伤诱导下改变其细胞命运。《科学》期刊将植物细胞全能性列为未来科学发展的重要方向[518]。解析植物细胞全能性的分子机制不仅在细胞生物学、发育生物学和再生生物学领域具有理论意义，也是农业生物技术革新的重要动力。

（一）代表性重要成果

植物细胞命运决定和细胞全能性是一个非常活跃的研究领域。Matsuzaki

等和 Pi 等对干细胞龛的信号传递做了较为系统的研究，发现可移动的短肽和转录因子都能在细胞间移动并起到信号作用，协调组织中心和起始细胞之间的交流[519,520]。Crawford 等对胚胎干细胞的极性定向分化做了详细的研究[521]。Heyman 等、Knauer 等和 Zhou 等陆续发现了多个控制干细胞龛特征的基因，并对这些基因编码的蛋白功能做了系统研究[522~524]。Cruz-Ramirez 等对分生组织的组学研究也有了重要的进展[525]。在细胞全能性研究方面，Sugimoto 等发现愈伤组织的发生过程与根发育途径相关[526]，Iwase 等鉴定得到了对伤口响应的细胞去分化因子[527]，Kareem 等发现愈伤组织再生能力与根尖分生组织特征基因的正常表达相关[528]。我国科研人员在植物干细胞命运决定和细胞全能性领域的研究取得了较为系统的进展。在侧芽干细胞群控制侧枝发生的机制、分生组织维持与分化机制以及植物再生过程中细胞的全能性等研究方向上，我国科研人员做出了较为突出的贡献。在侧芽干细胞群的研究方面，Wang 等发现，干细胞群的命运决定是由生长素和细胞分裂素的动态平衡决定的，生长素从侧芽干细胞中撤离后使得细胞分裂素浓度提高，导致侧芽的发生[475]。以根尖分生组织为模型研究细胞命运决定过程取得较多的进展，这些研究围绕着 *WOX5* 和 *PLT* 等控制干细胞龛的转录因子基因，整合了多条激素与环境信号通路，揭示了分生组织中的干细胞龛如何维持干性并指导细胞逐步分化。如 Tian 等发现，WOX5 转录因子和 IAA17 信号通路组成复杂网络调控生长素在干细胞龛的行为[529]；Yang 等发现 ABA 介导的线粒体 ROS 能够通过调节 *PLT* 转录因子基因表达，从而控制根尖分生组织的维持与分化[530]；Zhou 等发现 TPST-RGF 途径能够控制 *PLT*，并影响到生长素的极性运输和内源合成，控制根尖分生组织的活力[490]；Chen 等发现，MYC2 转录因子可以在茉莉酸途径中直接控制 *PLT* 基因的表达，从而控制根尖分生组织的行为[531]；Ji 等发现 WD40 蛋白 PRL1 通过 *WOX5* 和 *PLT* 基因控制根尖干细胞龛活性[532]；Chen 等发现，RopGEF7 通过 *PLT* 基因维持根尖分生组织能力[495]。以植物再生为模型对细胞全能性的研究也取得了重要进展。如 Li 等发现 DNA 甲基化通路参与了再生芽的过程[533]；He 等发现 Polycomb 介导的组蛋白甲基化通路参与了愈伤组织的起始[488]；Liu 等发现了根器官从头再生和愈伤组织再生过程的细胞命运转变谱系[489]；Fan 等发现 LBD 转录因子参与愈伤组织的发生[534]；Zhang 等发现再生芽的发生受到年龄途径的约束[535]。这些研究成果为理解植物细胞命运决定和细胞全能性做出了奠定基础的工作。

(二) 主要科学问题

主要科学问题包括：干细胞如何响应发育步骤定向分化、如何响应环境信号调整分化节奏；植物细胞去分化的分子机制；愈伤组织、不定根、不定芽、体细胞胚再生产生的胚胎等再生方式的分子机理；不同类型组织的细胞命运决定机制与组织形成；表观遗传因子如何参与干细胞的行为，并与内源发育信号及外源环境信号整合协同控制细胞的定向分化和脱分化。

四、植物传粉与受精的分子机制

植物发育与生殖除了涉及与动物类似的生殖细胞形成与分化、体细胞与生殖细胞之间互作、配子分化、受精和器官形成等过程外，还涉及植物特有的传粉和双受精机制，以及由于植物不能移动而进化出的多种适应和响应环境变化的发育可塑性机制。这些机制不仅影响植物的生长与繁衍，而且关系到农作物的产量和品质。过去的研究只是揭示了植物发育与生殖调控机制的冰山一角，而我们对更多的调控机制在分子水平上所知甚少。基因组学及其他组学方法、时空高分辨率的显微技术、单细胞技术、单分子技术、特定细胞的活体观察技术等一系列新技术的发展，为大规模、高水平、系统性地认识植物生殖发育过程提供全新的机会。从个体和群体水平解析植物发育与生殖调控网络的结构和功能，以及它们之间的分子调控机制，可以为人工调控植物的发育与生殖过程、提升农业育种水平奠定重要的理论基础。

(一) 代表性重要成果

双受精是被子植物特有的生殖方式，被子植物的这一特点使其成为目前自然界中最占据优势地位的植物种群。雌雄配子体的形成是完成双受精的基础。在拟南芥和水稻等模式植物中，转录调控因子 SPL/NZL 被证明在调控孢原细胞发生的过程中起关键作用[536~539]。七细胞八核结构的雌配子体中不同细胞的命运决定依赖于多种因素，如适合的核分裂、细胞核正确的空间位置以及细胞间密切的通信联系等。研究表明，在卵细胞中表达的基因 *LIS* 可以调控其他配子体细胞的发育[540]，在玉米中也发现了类似的机制[541]。而反足细胞的程序性死亡受到中央细胞的调控[542]。有证据表明线粒体定位的 GCD1 参与了卵细胞与中央细胞之间的细胞通信，使得卵细胞和中央细胞协同发育，同步成熟[543]。而植物雄配子体（花粉）的发生起始于小孢子母细胞，目前已发现多种蛋白参与雄配子的发育过程，包括转录调控因子、蛋白降解调控因子、微管结合蛋白、细胞周期蛋白激酶、质膜融合蛋白等。花粉成熟后，落到柱头上后吸水萌发出花粉管，以极性生长的方式穿过雌蕊组织到达雌配子体，其间雌雄双方进行多种信号交流。自交不亲和反应是很多植物具有的一种重要的受精前生殖屏障，防止不同植物种之间的杂交和自交衰退[544]。自交不亲和反应由 S 位点基因编码的雌雄双方物质控制，相同单倍型的 S 位点编码蛋白相互作用使花粉（管）生长受抑制[545]。穿过柱头后花粉管定向生长受到雌蕊组织支持和引导，多种因子如小肽、钙离子、γ-氨基丁酸（GABA）等参与花粉管导向性生长的调节[546]。一旦到达子房，花粉管将穿过隔膜沿着珠柄继续生长，它们响应来自孢子体组织（胚珠）和配子体组织的导向信号，正确进入胚囊。蛋白激酶 MAPK3 和 MAPK6 参与了拟南芥珠柄导向的信号转导[547]。花粉管成功进入胚珠的珠孔是植物双受精过程中非常关键的一步。由助细胞分泌的新型信号分子——小肽 ZmEA1 和 LUREs 在这个过程中起了十分重要的作用[548~550]。雌配子体中卵细胞和中央细胞也参与调控吸引花粉管的过程[551~553]。而对于花粉管顶部接受雌性吸引信号的受体目前知之甚少。定位在花粉管顶部的两个类受体激酶参与了对助细胞分泌的信号分子的响应[554]。花粉管成功进入珠孔后，随即停止生长，破裂释放出精细胞。对于拟南芥花粉管停止生长的调控，已有研究表明，助细胞中的类受体激酶 FERONIA 可能作为受体分子接收花粉管顶端发出的信号，启动终止花粉管生长的信号途径[555,556]。对于花粉破裂的研究，在玉米中已经证明防御素类似蛋白 ZmES4 及其调控的 K^+ 通道可以使花粉管顶端迅速去极性化而破裂[557,558]；而拟南芥中与 FERONIA 同源的类受体激酶 ANX1 和 ANX2 也可能在进入助细胞后功能受到抑制，从而促使花粉管的破裂[559,560]。精细胞与雌配子融合的过程中也受到诸多因子的调控。精细胞上特异的膜蛋白 HAP2/GCS1 可能作为配子融合剂调控雌雄配子融合[561,562]。拟南芥中由卵细胞分泌的富含半胱氨酸的小肽 HAP2/GCS1 也影响雌雄配子融合[563]。另外，中央细胞也在精细胞与雌配子融合的过程中起一定的调控作用[564]。我国最近几年在植物传粉与受精的分子机制研究方面取得了不少国际领先水平的研究成果，研究方向主要集中在雌、雄配子体的生成与发育的调控网络、植物生殖障碍的分子调控网路和雌-雄相互作用及识别的分子机理三大领域，主要研究成果包括：北京大学和中国科学院遗传与发育生物学研究所阐明了拟南芥中调控配子体形成的主要因子 SPOROCYTELESS 的生化本质是一个转录抑制因子[539,565]；武汉大学阐明拟南芥雌配子体中中央细胞与卵细胞之间的协同发育与成熟关系[566]；北京大学鉴定出两个胞内类受体激酶参与花粉管导向调控[554]；中国农业大学发现了三个 MYB 转录因子影响花粉管的接受[567]；中国科学院遗传与发育生物学研究所发现一个特异影响花粉成熟与萌发的蛋白[568]；山东农业大学鉴定到一个花粉绒毡层发育的基因[569]；中国科学院上海生命科学研究院植物生理生态研究所发现一个受体激酶通过介导肌动蛋白骨架调控花粉管顶端生长[570]；上海交通大学鉴定了一系列控制水稻雄配子体发育的基因[571]；中国科学院遗传与发育生物学研究所发现中央细胞也参与了花粉管导向的调控过程[572]。

（二）主要科学问题

主要科学问题包括：控制体细胞分化为生殖细胞的分子机理；配子特化的分子机制；雌雄配子体的发育、成熟过程（特别是精、卵细胞的形成）的基因调控网络以及植物生殖细胞与体细胞相互作用的分子机理；植物自交不亲和反应的分子机理；植物雌、雄配子体之间的细胞通信和相互作用的分子调控机制；外界环境因素（如高温、低温、干旱等）对植物生殖过程的调节机制；植物生殖发育研究新技术。

五、植物胚胎和胚乳的发育

种子是人类粮食的最主要来源，也是农作物繁育的最主要形式。对于包括禾谷类作物在内的单子叶植物而言，胚乳是最主要的营养储藏器官。胚乳细胞核增殖、细胞化和灌浆状况既影响了胚胎发育，也决定了作物的产量和品质。对于包括大豆和油菜在内的双子叶植物来说，胚胎的子叶是最主要的营养储存器官。因此，胚胎和胚乳发育机理研究不仅是植物科学领域的重大基础理论问题，也与农作物的产量与品质形成密切相关。胚胎与胚乳发育及营养物质蓄积等是一个相互依存的有序发育过程，不但有多基因参与，也受环境因子的影响；激素可通过调节基因的表达在种子发育过程中发挥重要功能，多种信号分子和基因通过互作调控种子发育。越来越多的证据表明，表观遗传如 sRNA 分子的调控以及整体水平上 DNA 甲基化改变和组蛋白修饰等在调节种子发育中发挥了重要作用。因此，对作物种子发育、籽粒形成相关重要过程如双受精、胚胎模式建成、生长点发生、胚乳发育、营养物质累积和胚胎-胚乳相互作用等调控机理的研究，不仅有助于了解植物生殖发育、细胞分化以及储藏物质累积等基础科学问题，也将为油料作物、禾谷类作物等的产量和品质育种提供可靠的遗传依据。

(一) 代表性重要成果

近年来，植物遗传学研究结合转录组学、蛋白质组学、代谢组学及高通量测序等手段从多方面多层次地揭示了遗传和表观遗传在种子发育中的作用机理。在胚胎发育早期，人们发现许多转录因子通过和激素互作影响器官决定和形成[573,574]。利用拟南芥的研究已经分离和鉴定了一些影响胚胎形成和发育的重要基因，例如，发现生长素的极性运输和合成决定了子叶的形成[575~578]；*Fac1* 基因编码一种单磷酸腺苷酸（AMP）脱氨酶，其突变导致分子死亡[579,580]；MONOPTEROS/MP/ARF5 在胚胎发育和胚后发育中促进细胞增殖，它拮抗羧肽酶 AMP1 的促分化活性[581]；生长素介导的 BDL 蛋白的降解导致 MP 激活生长素极性运输蛋白 PIN1 的表达以及胚根发育信号的增强，从而影响胚根发育[582]。胚胎发育早期合子的不对称分裂是胚胎基-顶轴建立的基础，拟南芥的研究表明 *WOX* 基因在其中发挥重要作用。WOX2 和 WOX8/WOX9 分别在顶部和基部细胞特异表达。WOX2 诱导 PIN1 的表达从而影响生长素的分布，WOX9/STIMPY 对顶端分生组织的维持有重要作用。WOX8 在基部细胞的特异表达主要由 WRKY2 转录因子的特异激活导致，进而控制合子的不对称分裂[582]。被子植物双受精后胚乳的发育往往早于胚胎发生，遗传学研究已鉴定出一些参与胚乳发育的基因，如 *TITAN*、*defective kernel 1*（*Dek1*）及 *fertilization independent seed*（*FIS*）等[583~587]。FIS 蛋白与通过组蛋白甲基化参与基因沉默过程的 polycomb-group（PcG）蛋白有较高的同源性，其功能缺失导致在不受精的情况下胚乳发育，形成种子[588]。此外，MADS-box 家族转录因子 AGL62 调控拟南芥胚乳发育，MADS29 通过调控母体组织降解参与水稻早期胚乳发育的调控等[589,590]。对一些胚乳缺陷的拟南芥突变体的研究证明胚乳发育调控了胚胎发育。*haiku1*（*iku1*）和 *iku2* 出现合胞体胚乳的过早细胞化，抑制胚乳发育并影响胚胎增殖，导致种子变小[591]；ZHOUPI（ZOU）/RGE1 在胚胎发育至心形期时在胚乳中表达逐渐增多，缺失突变体 *zou* 的胚乳不降解，成熟胚胎显著变小，产生小而皱缩的种子[592,593]。胚乳是禾谷类作物最主要的营养储藏器官，禾谷类作物的产量很大程度上取决于其籽粒的大小。我国的植物胚胎-胚乳发育研究主要集中在中国科学院植物研究所、中国科学院上海生命科学研究院植物生理生态研究所、中国科学院遗传与发育生物学研究所、武汉大学、华中农业大学等单位，中国学者在胚胎-胚乳发育研究方面做出了突出贡献。例如，利用图位克隆等方法分离和鉴定了多个调控水稻种子大小的主效 QTL 和基因：GS3 是控制水稻粒重和粒长的主效 QTL，负调控籽粒和器官大小[594,595]；GW2 是水稻粒宽和粒重的主效控制基因，编码一个环型 E3 泛素连接酶，通过负调节细胞分裂而增加颖花外壳宽度[596]；GW5 是一个水稻粒宽和粒重的主效控制基因，可能通过泛素蛋白酶体途径调节粒宽和粒重[597,598]；SPL16/GW8 是一个包含 SBP 结构域的转录因子，促进细胞增殖，控制谷粒的大小、粒型和稻米品质[68,599]。我国在胚胎发育的合子分裂启动[579,600]、极性建立[566]和子叶形成[575,576,578,601]等领域也都做出了很多开创性成果。近年来发展起来的高通量测序技术对种子发育相关的基因表达谱、蛋白质组及甲基化等研究提供的全新的技术手段，为种子发育的转录调控网络、表观遗传调控机制等研究提供了线索。

(二) 主要科学问题

主要科学问题包括：高等植物合子极性建立的分子机理；胚胎细胞命运决定与胞间相互作用的关系；早期胚乳发育（细胞化）调控机理；糊粉层细胞的分化和维持机制；激素信号及其互作调控种子发育的机制；父母亲本来源基因在胚胎发生启动和模式建成中的作用；种子的胚胎、胚乳及种皮的协调发育的遗传和表观遗传调控机制；双子叶植物胚乳或籽粒控制的调控因子和遗传网络、储藏物质累积调控机制；环境因子（温度等）调控胚乳储藏物质累积的分子机理；单双子叶植物胚乳命运决定的调控机制差异。

第六节 交叉学科领域

一、环境因素对生殖发育的影响

随着城市化和工业化进程的不断加快，生物制剂的广泛应用，环境污染日益严重，人类生殖系统、胚胎发育及出生后发育正遭受着越来越重的环境干扰物侵犯，人类正面临着精子活力下降、卵巢功能低下、生育能力降低、早早孕丢失、胚胎发育异常、出生缺陷加剧及出生后器官发育异常现象加重等一系列严重问题。

当前环境中约有 10 000 种化学物质及各种物理生物因素在影响人类生殖和发育，较为普遍存在的且影响越来越严重的药物干扰和环境干扰，比如临床的各种用药，空气中的细颗粒物（如 $PM_{2.5}$）、广泛用于建筑业的甲醛、塑料制品中的双酚 A（BPA），日用品如牙膏或婴儿护理品中抗菌、抑菌物三氯生（triclosan，TCS），用于不粘锅涂层的全氟辛烷磺酸及其盐类，不良的生活习惯（如吸烟）等。这些环境因素通过干扰生殖和发育过程中重要的因子及信号通路的活性，造成生育能力下降、出生缺陷及出生后组织器官的发育异常。

这些环境污染物在日常生活中的使用量不断增多，其在人体中的蓄积也逐渐上升。它们对人类生殖和发育以及出生后组织器官的发育的影响力各不相同。此外，机体对环境因素应答的差异性在微观上更重要地体现在环境-基因的相互作用，特别是环境-发育信号的相互作用，因此个体的遗传易感性或耐受性也起着相当重要的作用。迄今，国内有关环境干扰物与生殖和发育的相关研究还十分匮乏，急需基础研究来阐明我国环境因素对人类生殖和发育的影响，特别是生殖缺陷、出生缺陷及出生后组织器官发育缺陷。

（一）代表性重要成果

随着工业进程的发展，环境中污染物的种类及剂量日趋增加也越来越明显地影响人类的健康，特别是生殖和发育的健康，包括精子质量下降、卵子异常、血液系统发育异常及出生缺陷等。例如，研究发现尼古丁的毒性刺激，可致胎儿身高、体重发育不良。吸烟孕妇生产的新生儿体重比不吸烟孕妇生产的新生儿平均轻150～200克；出生体重低于2500克的新生儿，在不吸烟孕妇生产的新生儿中只占4.7%，在吸烟孕妇生产的新生儿中占7.7%～12%。吸烟容易引起早产、流产和低出生率[602～604]。吸烟还能引起胎儿畸形，主要是先天性心脏病，其发病率为不吸烟孕妇的2倍，而且常常是较严重的心脏畸形。

有研究还发现，在受孕18～20天接受X射线后受精卵会因死亡而排出；在受孕20～50天接受放射线100～200rad①后，会引起胎儿的中枢神经、眼、骨等严重畸形，剂量增大则可引起胚胎死亡。其中的原因是X射线造成DNA损伤，并导致多种发育相关信号通路的异常。

同时研究表明，多种环境污染物会造成出生缺陷及出生后发育缺陷。以甲醛为例，甲醛是一种现代生活中常见的污染物。研究表明，其会对胚胎造血过程中的髓系发育有明显的影响，会造成骨髓中细胞总数减少，髓系细胞比例增加，这表明甲醛污染会造成髓系增生的风险。同时，研究表明甲醛的暴露可以造成新生儿的发育缺陷及出生后的发育缺陷[605]。

---

① $1\text{rad}=10^{-2}\text{Gy}$。

（二）主要科学问题

主要科学问题包括：逐步建立人类日常生活和劳动生产过程中容易接触的化学分子库和参考作用浓度，建立相关物理、化学因素的标准化测试条件；影响生殖细胞发育的内、外环境与基因-表观遗传的交互作用机制；微环境以及异常内分泌环境对生殖细胞发育的影响及机制；利用大规模的人群队列研究、分析环境干扰物或药物对胚胎发育的影响；环境因素对胚胎发育中重要信号通路的干扰及调控机制；环境与发育重要基因在胚胎早期发育过程中的交互作用机制；疾病发生过程中遗传缺陷与环境因素的交互作用对胚胎发育的影响及作用机制；异常内分泌环境对胚胎发育的影响及其作用靶点；环境因素对出生后组织器官发育的影响及作用机制。

二、发育程序的进化机制

自然界中动物种类繁多，形态结构千差万别。生物多样性的起源与形成机制是生命科学的核心问题。自达尔文进化论提出以来的 150 多年时间，科学家一直在试图理解从共同动物祖先如何进化出多姿多彩的动物物种。实际上，多姿多彩的生物世界是亿万年生物进化过程中遗传变异经过自然选择固定在基因组中然后通过个体发育展现而来的，因此对不同动物发育程序的比较研究与进化分析，是回答生物形态多样性起源问题的必由之路。20 世纪 70 年代以来，通过研究模式物种，发育生物学家对不同代表动物类群的发育程序有了较深入的认识。近年来，随着基因组学的迅速发展，特别是对非模式物种遗传操作技术的突破，进化发育生物学得到了迅速发展，成为一门新兴的前沿学科与国际研究热点[606~608]，取得了一系列重要成果。当前是进化发育研究的关键时期，也是取得重大原创性突破的最佳时机。我国科学家在这方面有很好的工作积累及特色，在某些方向上已经达到世界一流水平。针对发育程序进化机制的研究也将有助于揭示一些人类疾病的发生机制[609]，并为动物经济性状形成机制的解析与品种培育提供依据。

（一）代表性重要成果

进化发育生物学通过对机体发育程序的比较研究，解析特定表型和结构产生与演化的发育遗传学基础。通过对模式动物发育程序的比较研究，人们对其演化特征有了一定的认识。

发育程序在总体上是保守的。研究发现，从线虫、果蝇、斑马鱼到哺乳动物的不同动物类群，尽管其躯体结构相差巨大，在进化关系上相距遥远，但在发育调控程序上却有着极为相似的一面，拥有同源的发育调控基因［特别是工具箱（toolkit）基因］、信号通路和调控网络[610,611]。

发育程序的模块化特征。模块化的组织方式在机体不同层面的组织中都是普遍存在的，在发育程序中体现为某些信号通路、部分基因调控网络等在不同发育过程中重复出现，行使类似功能。但从发育进化角度，发育程序的模块化组织方式对于其适应进化的过程与机制的影响还缺乏系统的研究[612]。

基因调控机制的演化是形态进化的重要机制。对近缘物种差异表型的发育调控机制的比较研究表明，基因表达调控水平的差异是表型进化的重要机制[613,614]。某些调控模块的主效基因表达图式的改变，通常会引起表型上的相应变化。如 Hox 基因表达区域的差异与动物躯体分节、区域分化特征密切相关[615,616]，一些关键转录因子、信号分子表达图式的变化与多种信号的差异表达直接相关[617~623]。研究表明表达调控的变异可能在适应性进化中具有更重要的作用[624]。

基因获得或丢失对物种表型具有重要贡献。在生物进化过程中不断有新基因的产生和基因的丢失。传统观点认为，那些古老而保守的基因对于发育具有更重要的贡献，而新基因则被认为是次要的、可能只参与对细枝末节的修饰。但越来越多的证据表明，新基因在发育中具有与古老基因同等重要的贡献[625]。新基因可以广泛整合到已有调控网络中，发挥重要功能，产生新的表型[626,627]。同样，关键基因的失活或丢失与一些动物类群特异表型密切相关[628]。

（二）主要科学问题

重要动物性状发育调控程序的起源与演化，主要科学问题包括：基因突变、基因的产生与丢失对发育程序与表型演化的影响，重要发育调控模块（信号通路、调控单元）的演化，转录调控元件的演化对调控网路、表型的影响，进化中的关键结构与功能创新产生的发育调控机制如体轴决定机制的演化、脊索动物躯体模式的起源、神经嵴的起源、水生到陆生相关性状的演化、种群特异表型、灵长类高度发达的脑、极端环境下动物的适应性特征等独特表型产生的机制。其他方面还包括：表观遗传机制在某些性状的演化中的重要作用；趋同进化现象背后的发育调控网络的演化机制以及环境因素的作用；发育程序演化的理论与计算模拟，回答物种进化潜能（evolvability）、发育对表型进化的影响等问题。

三、发育与生殖研究技术的发展

随着科技的进步及技术手段的发展,近年来靶向基因编辑技术、单细胞定性定量与微量技术、动态与活体分析技术及组学分析技术极大地推动了发育生物学的发展。以遗传操作技术为例,包括 ZFN、TALEN 和 CRISPR/Cas9 等系统都取得了很大的发展。这些技术的改进和优化使得运用靶向基因编辑技术建立基因修饰(单个和多个基因敲入或敲除)的动物模型开展发育与生殖研究成为可能。同时,细胞重编程过程以及在此过程中重要基因的功能分析也是生殖与发育生物学领域的重要研究内容。

单细胞定性定量与微量技术是近年来发展起来的对于发育生物学研究极为重要的新的技术方法。对单个细胞的分析不仅仅是前沿生物技术发展的趋势,同时也是加深对生命过程和疾病发生机理的认识、提高医学诊断水平的必然需求。传统的以细胞为对象的研究,不论针对的是基础生命科学问题还是医疗诊断需要,都是基于对大量细胞的认识而进行的。这样的研究,所获取的信息是大批系综平均的结果。这样的结果在许多研究中具有重要的意义,而且许多研究也期望以系综平均的结果来消除个体差异带来的不确定因素。然而,越来越多的实验证据及相关的理论推导表明,在许多体系中,正是各个不同的单个细胞间的差异,导致重要的甚至是决定性的结果。例如,在胚胎发育过程的早期阶段,每个单细胞之间都存在着本质的不同,而这些不同将引导各个细胞最终分化并发育成为不同的组织和器官。可见,如果仅仅关注系综平均的细胞行为,往往会导致对关键单个细胞的忽略,特别是许多这样的单个事件被系综平均所掩盖,从数据上无法直接得到单个事件的信号。

现代物理手段的引入为我们从个体水平阐释生命过程提供了机会。单分子观测手段的不断完善,使得我们可以观察单个分子随机过程所导致的生命现象。例如,在针对单个原核生物细胞的研究中,可以发现单分子事件可以很大程度上决定细胞的命运,这一过程可以利用针对单个细胞产生的荧光蛋白的观测来实现。单细胞的研究和单分子是类似的,对于细胞个体而言,许多过程的触发和其基因组与转录组有着密切的联系。在原核生物中已经证实,单个细胞内的 mRNA 数量与其对应的蛋白质分子数量没有相关性,这提示我们许多单细胞研究如果只观测某种独立的信号也是无法得到准确的信息的,发展高通量、多指标的单细胞观测技术是目前所面临的主要挑战之一。单细胞分析已经成为当前生物技术的前沿与挑战,具有很明显的学科交叉背景,集中强调了单细胞水平上的操纵、成像观察、基因组测序等高度重要的高风险研发项目。

光学显微成像具有极为悠久的历史，但一直以来，光学显微成像一直受到衍射极限的限制而使其分辨率无法突破 200 纳米。近年来，超高分辨率显微技术的发展使得光学显微成像分辨率达到了 20 纳米以下。德国科学家 Stefan W. Hell、美国科学家 Eric Betzig 和 William Esco Moerner 因其在超高分辨率荧光显微技术方面的突出贡献获得了 2014 年的诺贝尔化学奖。同时，基于光片成像技术的活体实时成像平台也将发育生物学的研究广度与深度提升到一个新的层面。虽然超高分辨率荧光显微技术和光片成像技术在过去的十余年时间里获得了举世瞩目的成绩，但是目前该领域仍存在亟待解决的问题，包括多通道多靶标的超高分辨率定位，以及在厚样本乃至活体动物水平的应用。发展针对模式动物细胞命运可塑性与动态变化的荧光标记技术与化学小分子探针，并进一步在整体生物水平发展活体实时追踪和调控细胞命运的技术手段为发育与生殖研究提供了有力的研究工具，并为揭示相关重大疾病发生发展中的病理学意义提供了技术支撑。

(一) 代表性重要成果

2012 年，中国科学家率先建立了孤雄单倍体胚胎干细胞（AG-haESC）和通过将 AG-haESC 注入卵子中产生半克隆小鼠的半克隆技术，使得细胞水平的遗传编辑通过"受精"能够直接传递到小鼠[19,629]。Zhong 等进一步通过遗传修饰 AG-haESC，建立了 DKO-AG-haESC，达到了稳定高效支持半克隆小鼠产生的目标。DKO-AG-haESC 携带 CRISPR/Cas9 文库后，通过注入卵子中则可以批量产生携带不同突变基因的半克隆小鼠，从而使得小鼠个体水平的遗传筛选成为可能，为遗传发育研究提供了新的体系[630]。

相对于传统的啮齿类动物模型来说，大动物具有体形和进化更接近于人类、模拟复杂的人类认知行为及运动模式等优势。通过胞质注射方法，将 CRISPR/Cas9 导入动物胚胎中，可以简单、快速地获得基因修饰小鼠[20,631,632]、大鼠[633]、猪[634]、猴[77,635,636]等。然而，该方法获得的基因修饰动物存在严重的嵌合体现象[637~639]，故而难以在第一代分析表型，需要一代至数代的交配才能最终获得目的基因修饰纯合体动物。

目前虽然已经成功克隆很多物种，但克隆效率普遍偏低，并且克隆动物流产率和围产期死亡率高，常伴有畸形和发育异常[640,641]。缺陷克隆动物的后代能够恢复正常，说明其异常不是由遗传因素造成的。目前普遍认为造成克隆技术效率低、克隆动物发育异常的主要原因是表观遗传学重编程不完全或发生异常导致的。研究表明，核移植胚胎 DNA 甲基化和组蛋白乙酰化与正常受精胚胎相比存在异常。多种表观遗传相关的抑制剂可以提高克隆胚胎发育率[642~650]。目前虽然已从表观遗传学方面做了许多研究，但体细胞核移植效率仍没有突破性提高。iPS细胞技术的出现为体细胞核移植效率研究提供了新的研究思路[651]。鉴于iPS细胞技术和体细胞核移植技术存在的共性，研究者可以通过结合两方面的优势，提高大动物克隆效率。

（二）主要科学问题

如上所述，新技术及新的研究方法的引入对于发育生物学的发展具有重要的推动作用，将会在很大程度上促进发育生物学的研究进入新的发展阶段。但是技术的发展需要切实契合研究的需求，以便更好地相互促进，相互协调。

遗传工程技术方面：完善和提高新型基因定点敲入和敲除技术方法，通过对已有基因操作技术的改进优化，在不同的模式动物上建立多基因敲入和敲除的生殖发育和生殖疾病动物模型；建立基于半克隆和CRISPR/Cas9的哺乳动物遗传筛选技术，完善半克隆技术和CRISPR/Cas9文库介导的小鼠个体遗传筛选体系，建立个体水平的组织特异遗传筛选体系，建立一系列不同的CRISPR/Cas9小文库，在不同发育系统（如生殖细胞等）及不同的发育阶段系统筛选与发育相关的重要因子；改进大动物靶向基因编辑技术并优化大动物高效体细胞核移植技术，对体细胞核移植技术相对成熟大动物研究如何结合核移植与CRISPR/Cas9技术以获得基因修饰大动物，甚至是多基因修饰动物并应用于器官移植或改良动物性状，对生殖细胞直接进行基因编辑以获得不含嵌合体的基因修饰动物等。

单细胞定性、定量与动态研究技术方面：实现单细胞水平上的精确操纵，包括发育过程中单细胞的分选、单细胞俘获等，重点关注微流控技术、光学显微技术、微操纵技术等在单细胞分析上的应用与推广；改进和完善单细胞测序技术，包括单细胞全基因组测序、全外显子组测序、全转录组测序、表观遗传组测序等针对单个细胞和极其微量核酸的测序技术及其辅助方法、设备及装置等；建立单细胞蛋白质分析技术，包括单细胞蛋白质组学分析、单细胞蛋白质标记分析及精确计数与定量等。

多维度活体定性、定量与动态分析技术方面：在整体生物水平搭建基于多维活体成像的细胞命运鉴定、调控和观测平台，包括单细胞命运示踪和鉴定、染色体及细胞器和亚细胞结构的高分辨率动态活体观察、单细胞水平细胞命运精准调控及相关信号网络实时分析的技术手段；建立用于细胞命运决定干预化学小分子探针、超高分辨率显微成像荧光探针等资源库，发展基于单细胞的三维高分辨率动态显微成像技术、单细胞化学组分动态成像技术；优化基于整体生物活体实时观测通量、细胞命运鉴定等方面的技术体系，探索新的细胞命运及谱系发展示踪和成像技术。

  组学、网络研究等技术的系统整合方面：开展发育与生殖的进化保守性选择机制、表观遗传调控、网络动力学特征、多层次分子相互作用、遗传稳定性维持和细胞命运相关性的生物信息学研究；开展基于基因组测序技术、蛋白质组学技术和表型观测等高通量技术，获得发育与生殖的多时程、多层次"组学"数据；对发育与生殖研究中的相关生物学问题进行计算模型的构建，利用统计学习、网络分析等技术对收集的"组学"数据开展全面和深入的挖掘；从数据分析的结果中预测发育与生殖调控中新的关键基因及其相互作用，设计实验对假设进行检验，并进而在实验检验的基础上对发育生物学的研究进行指导。

第四章
我国发育生物学优先研究方向

作为 21 世纪生命科学研究发展的重要方向之一，发育生物学研究在近些年来得到了世界各国政府的大力支持。我国政府高度重视对生殖与发育研究领域的支持，在《国家中长期科学和技术发展规划纲要（2006—2020 年）》出台的基础上，明确了在新形势下我国生殖与发育领域的战略地位，瞄准世界科学发展趋势和我国重大战略需求，提出了符合我国国情的研究创新发展计划。经过"十一五"和"十二五"期间发育与生殖重大研究计划的认真实施，我们在该领域取得了巨大的进步，建立起一大批专业的人才队伍和研究平台，并获得了较好的成果，一些热点领域已经逐步与国际前沿接轨，并很好地服务于国家的需求。近几年伴随 iPS 细胞技术、单细胞转录组、基因组测序和 CRISPR/Cas9 基因修饰技术等先进手段的发展与成熟，生殖与发育领域的研究有了跨越式的发展，延伸出了新的研究方向和领域。

我国发育生物学研究应关注以下重大科学问题：卵子和精子的数量和质量是如何受到遗传和表观遗传控制的、卵子中的生物分子如何调控胚胎早期发育并影响流产、组织器官形成的分子调控机制及其与出生缺陷的关系、成年组织器官细胞更新的细胞和分子机制、组织器官再生的细胞来源及其调控、大动物组织器官发育特性、农作物生长与生殖的调控及其对产量和品质的影响等。针对我国经济和社会发展对发育与生殖领域基础研究的重大需求和所面临的新形势，结合发育与生殖健康基础研究的重点和特点，通过强化顶层设计和优势整合，集成多学科、新技术、新方法、新模式，以发育与生殖为主线，从解答基础性、前沿性重要科学问题出发，有所为、有所不为，优先布局若干研究方向。

我国发育生物学应优先布局的研究方向包括：出生队列及辅助出生队列研究，猪、猴发育特性与相关人类重大疾病，母源因子的作用及其机制，胚胎发育及胚源性疾病，组织器官的稳态维持，人造组织器官，生殖细胞减数分裂的调控，生殖障碍的发生机制，植物发育可塑性，植物生殖隔离，生殖障碍的形成和演化机制，植物中物质长距离运输，公共资源平台与数据库。通过在这些方向上的攻坚，力争在配子发生、发育调控图谱、胚胎发育、组织器官发育与再生调控等领域取得重大突破，揭示一些重大规律，提出新的理论；建立国际领先水平的大动物发育与生殖研究平台，发现一些发育与生殖的重要调控机制，创制重大疾病的新型动物模型；通过与临床医学的结合，发现与生殖和发育缺陷相关的新靶点，明晰和阐释相关致病机制，研发不孕不育和重大疾病诊治的新技术、新方法；鉴定植物发育与生殖新的关键调控因子，为提高农作物的产量、改进品质打下基础。这些方向的研究成果，将有助于解析人类生殖缺陷、出生缺陷、器质性疾病的机制，并为其预防、诊断、治疗提供重要的理论基础和技术途径；为提升农业育种水平提供理论指导；同时，推动我国生殖与发育研究领域占据国际前沿地位。

第一节　出生队列及辅助出生队列研究

人类的生殖过程为生存繁衍之源，而健康的下一代则是中华民族崛起之本，优生优育已成为现阶段我国人口和健康领域最核心的问题。然而，近年来各类生殖发育不良结局均呈现高发趋势，严重影响我国广大人民的生殖健康，并对后代的质量产生严重危害，给国家、社会和家庭带来了沉重的负担。更值得忧虑的是，大多数不良生殖结局、儿童疾病乃至成人慢性病的起源都可追踪到胚胎和胎儿期，甚至更早的配子发生期。生命早期的各类影响因素是生命体发生疾病的最早病因，其作用甚至决定了儿童期和成年期的健康。最为突出的不良生殖结局包括：①出生缺陷率较高。如前所述，我国出生缺陷发生率约为5.6%，由于我国人口基数大，因此每年新增出生缺陷婴儿的总数庞大。一些迟发型出生缺陷，即在出生时未发现，但在儿童期出现的严重健康问题也不断出现。造成这种情况的特有因素包括生育年龄推迟，避孕药物的应用，经济高速发展带来的环境、食品、精神问题等。②不孕不育率居高不下。全球不孕不育率在10%~15%，为21世纪仅次于肿瘤和心血管疾病的第三大疾病。对我国育龄夫妻生育造成影响的因素有其特点，如计划生育所致的生育年龄推迟，避孕药物的应用，独生子女习性，经济高速发展带来的环境、食品、精神问题等因素。然而，目前我国对不孕不育这一极大群体的发病率、发病的原因还没有任何的权威数据和结论。粗略估计我国不孕不育人数高达上千万，每年不孕症治疗花费超过 100 亿元，给家庭、社会带来沉重的经济负担。③辅助生殖技术亟须优化。辅助生殖技术是解决不孕不育的重要手段，需求和市场极大，在过去的 35 年里，全世界借助辅助生殖技术出生的婴儿人数达 500 万左右，在发达国家占新生儿总人数的 1%，然而各类辅助生殖技术的成功率常不到 40%。目前我国每年 20 余万患者借助辅助生殖技术生育出 6 万余名婴儿。然而，辅助生殖技术是否会将质量低下配子的遗传本底传给子代？操作过程对胚胎造成的各种损伤是否会给子代带来出生缺陷风险及其他各类风险？由于没有深入机制研究和前瞻性队列观察，结论尚不一致，亟待阐明。

中国有近 14 亿人口，人口基数庞大，出生缺陷和胎源性疾病不仅关乎个体生存质量和家庭和谐，更关乎整体人口质量和社会负担。此外，伴随着我国经济在过去 30 多年间的快速发展，我国已经进入了老龄化社会。日益庞大的生殖障碍和发育缺陷人群将逐渐成为我国的一个严重社会问题。如果不尽早着手研究、发现和积极干预日益严峻的该类疾病，我国将出现越来越多的"想生而不能生，能生而不能优生"的情况，这种趋势一旦形成，将会对我国的人口结构、社会医疗和养老资源分配、国民经济的持续健康发展、国防及国家竞争力造成严重的甚至灾难性的持久影响。

因此，为积极应对日益增长的生殖健康需求，提升我国优生优育领域的国际影响力，彰显我国独特的生殖健康资源和成果，建立全国性的生殖健康协作工程迫在眉睫。作为人口和健康领域最重要、最迫切的前瞻性重大科学问题之一，超大型国家出生队列的建立和应用将是我国在该领域引领国际前沿的重要基石，将是我国在该领域最根本的核心竞争力，将为我国的人口素质提升打开通向未来的门户。

一、研究背景

西方发达国家早在 20 世纪就开展了大规模前瞻性出生队列研究，目前全球已有美国、挪威、丹麦和日本四国组建了人数在 10 万左右的出生队列。现有大样本出生队列中，北欧各国的出生队列虽具有较大规模，但其分散度、内容一致性和延续性均存在问题，且多不考虑父方的遗传和表观遗传改变。

此外，在各国组建队列十余年间，一个新问题越来越突出：部分低频疾病由于样本数量有限，从中找到发病规律、危险因素变得困难，或者说服力不足。因此，全球都在期待一个超大样本、长时间、持续性和集合多学科研究内容的出生队列。我国作为世界人口大国之一，具备最佳的人群资源，而出生队列的建立和研究却远远滞后。因此，包含庞大人口数量、维持长时间观察随访、具备丰富疾病类型的中国超大型出生队列亟待建立。该队列的建成将迅速缩小我国与世界发达国家生殖健康水平之间的差距，增强我国在世界上相关领域中的话语权，直至引领国际前沿。

我国优生优育领域的研究工作者，经过多年积累，在国家多类项目的共同支持下，取得了一系列令人瞩目的成绩和突破性的进展。殊为可惜的是，对于一些我国独特的或具备优势的生殖健康资源，如大样本的自然出生人群，利用率极为低下，且缺乏标准统一、具备优势规模的全国性协作研究。同时，人群研究、机制探索和临床应用三者之间也常常衔接不畅。和中国日益上升的国际地位尤其不相称的是，在美国、英国、日本、澳大利亚、加拿大、丹麦、挪威、德国、法国、新加坡等国均已建设国家出生队列的情况下，我国仍无正在组织实施的全国性的国家出生队列，仍无准确的全国性生殖相关疾病的权威数据，仍无战略性的生殖生物样本库和信息资源库，仅有的研究多局限于横断面或阶段性成果，缺乏对生殖健康全貌的深入认识和探讨。

近年来，受到各类不同来源资金的资助，我国已有多个地区（江苏、上海、安徽、湖北、北京、广东、甘肃等）陆续开展了具有一定规模的出生队列建设工作，部分队列在设计上和世界前沿接轨，在规模上不断扩张（最多已达2万人）；并在国际权威期刊发表大量论著。我国的出生队列工作者在近年来积极协作，努力统一标准，形成合力，一旦国家出生队列启动，将可迅速聚集我国相关领域的精英，建立国家出生队列规范并实施，可在较短时间内达到国际领先水平。同时，该队列能吸收全世界出生队列研究管理经验、暴露评价、结局效应等方面取得的成果，发挥后来优势，并凸显我国在社会快速发展时期独特的环境暴露，具有重要的现实意义和价值。而以社区为基础、家庭为单位、孕前开始的大型出生队列，可达到全球出生队列研究设计的最高水平，其他国家难以复制。研究本身顺应了当前社区卫生、婚前免费医学检查、出生缺陷筛查等国家民生工程的实施要求，以此为基础，我国学者如果能够协作建立该出生队列，可确定不良生殖结局（早期流产、滞留性流产、反复流产、死胎死产、早产、胎儿生长受限）、出生缺陷、儿童发育障碍、子代成年期疾病的生命早期环境暴露及基因环境交互作用，产出独树一帜的创新型研究成果。借此契机，多学科协作，联合攻关，重点确定生命早期暴露的多种健康效应和机制，研制预测预警生物标志物，进行预防性干预，不仅可为我国的优生优育、人口素质提高、构建和谐社会等做出重大贡献，更可在这一前沿研究领域中产生里程碑式的研究成果，引领全球的前沿方向。基于以上理由，国家出生队列研究重点专项应成为人口和健康领域最优先支持的方向之一。

二、主要科学问题及主要研究内容

国家出生队列将是一项前瞻性、延续性的重大队列研究计划，是我国人口健康领域的骨干工程。其募集对象是准备妊娠的夫妇及其出生后的子代。队列将跟踪收集孕前、孕早、孕中、孕晚及分娩时的信息并采集相关生物样本，子代儿童将次序采集第1个月、6个月、1岁、2岁、3岁、5岁、7岁、9岁、11岁、13岁、15岁直至青春期18岁的信息和生物样本，总计变量数将超200亿条，总计样本数量将超3000万管。队列在充分考虑空间多样性（环境、经济、区域、城乡、民族等分布因素）的基础上，随机选取20个城市或乡村为研究基站（覆盖我国具有不同经济发展水平、社会文化背景以及暴露谱和疾病谱的城市和农村地区），每个基站含1~3所生产医院，以及以生产医院为中心，辐射状随机选取的10~20个社区为基本单位，总计纳入50万人组成全球首个超大型出生队列。纳入队列的夫妇将在指定社区和生产医院完成问卷调查和生物样本采集，并陆续提供生殖结局资料和儿童健康资料，同时引入国际先进的管理理念和技术手段，采用自动化的信息采集系统和生物储存管理系统，坚持标准化操作规范，建立全国性的生殖生物样本库和数据资源库。该队列观察的结局包括不孕不育、流产、妊娠期疾病、死胎、胎儿生长受限、出生缺陷，以及子代儿童期、青春期的各类常见疾病，如儿童肥胖、性早熟、喘息或哮喘、肺部发育异常、智力发育迟缓、癫痫、自闭症、多动症、糖尿病、心血管疾病等。基于其50万的超大规模，即使是针对一些发病频率较低疾病（如罕见出生缺陷），也能达到较高的研究效能。

该队列的建立和应用将为我国的生殖发育相关研究提供强有力的数据信息、生物样本支撑和疾病线索；完善、细化我国出生缺陷的诊断标准及病因归类，实现相关疾病的分子分型和个性化诊疗，为建立健全出生缺陷筛查技术奠定基础；阐明多种不良生殖结局和胚胎源性疾病的一系列病因和潜在机制；减少环境因素造成的不良出生结局，降低出生缺陷率；并可开展系列预防和干预措施，为我国的生殖健康研究引领国际前沿打下坚实基础。

三、预期目标

该项目的实施将建成一个国际领先的超大样本前瞻性中国国家出生队列，形成具有中国特点的国际前沿工程。建立的各类信息和研究成果将服务于我国广大的医学、生物学研究和应用转化。

项目实施过程中预计将取得超过百项发明专利和软件著作权，建成包括国家标准、行业标准等各级各项规范超过千条。实施过程中还将形成3类11项平台：①资源类（国家出生队列样本库、国家出生队列信息库、模式动物实验平台）；②技术类（暴露分析平台、基因组学平台、蛋白质组学平台、代谢组学平台、生物信息和大数据平台、影像采集和分析平台）；③应用类（出生队列转化医学平台、辅助生殖技术研究平台）。

项目将形成巨大的连锁价值，引领我国的环境科学、基础医学（生殖生物学、发育生物学）、临床医学（妇产科学、儿科学等）、预防医学（环境卫生学、毒理学、妇幼保健、儿少卫生等）达到国际前沿，并引领新的方向。同时，可依托开展广泛的国内外合作、临床前实验和探索性科研，具有重大的战略价值。

第二节 猪、猴发育特性与相关人类重大疾病

动物模型是研究基础生物学理论与人类疾病发生机理的理想平台，同时也是探索人类重大疾病预防与治疗手段不可或缺的研究材料。生物医学的重大突破几乎都是来源于对动物模型研究的突破。虽然利用小鼠等动物模型可以基本了解人类发育以及疾病发生的机制问题，但是对于人类发育以及重要疾病发病机制的阐述则必须依赖于进化地位更高的实验动物，特别是神经系统、代谢系统、生理结构和生殖发育过程更接近人类的猪和非人灵长类动物。据报道我国新药研发Ⅰ、Ⅱ、Ⅲ期临床试验失败率高达95%以上，选用小鼠、大鼠或犬科动物作为试验动物是失败的主要原因。经研究的化合物中，有71%在猕猴与人之间有较好的近似性，狗为19%，而大鼠仅有14%。因此系统研究猪、猴发育特性并依此建立人类重要疾病的大动物模型的应用价值将远超过其他种属的实验动物，将为研究人类发育过程、生殖发育疾病的机制以及疾病的早期筛查和治疗提供重要的理论依据，为国家人口的生殖健康提供保障。

近几年来，由于基因组学、干细胞生物学、转基因和基因修饰技术的快速发展，我国科学家在猪、猴发育特性研究与新型人类重大疾病大动物模型的建立领域取得了一批重要的研究成果。我国科学家成功运用 TALEN 和 CRISPR/Cas9 技术，在全世界首次实现了猕猴、食蟹猴和猪的靶向基因修饰[76,77,448,634,636]，使我国在猪、猴等大动物基因修饰领域处于国际领先水平，成为人类疾病模型研究向前发展的里程碑。在已有的基础上把握当前国际趋势和研究前沿，占领科学制高点，成为本项目开展的客观需求，具有良好的产业化前景和国家战略意义。

主要研究内容和预期目标

以猪、猴早期发育为基础，从解答干细胞及发育生物学领域重大基础科学问题及建立更加优化的动物模型出发，围绕 naïve 状态大动物干细胞获得、胚层分化机理研究、新型基因修饰技术研发、人类重大疾病新型动物模型建立等方面开展研究。

naïve 状态大动物干细胞建立及多能性研究。建立多株猪及猕猴 naïve 状态干细胞系，寻找与全能性紧密关联的标志物；利用 CRISPR/Cas9 或 TALEN 等技术，敲除特定的组织器官发育的关键性基因，将 naïve 状态猴多能性干细胞注射入基因敲除的早期胚胎，构建嵌合体胚胎，评价 naïve 状态猴多能性干细胞对组织器官构建的贡献，对其中的关键性技术取得重要的突破；将多能性干细胞构建的组织器官移植到器官去除的其他动物体内，评价移植器官的功能和存活。

猪、猴早期胚层分化机理研究。阐明大动物特别是灵长类胚层诱导和分化的分子机制，重点关注外胚层、中胚层和内胚层新的分子标记的发现；从基因组学、转录组学、表观遗传学（DNA 甲基化、染色体修饰等）、蛋白质组学、代谢组学等多角度，同时运用当前新兴技术，特别是单细胞测序技术等阐述早期胚层特化的规律与特征；构建早期胚层决定的全息调控网络，最终发现早期胚层决定的重要信号通路和基因家族。

原始生殖细胞的发生和分化。利用猪、猴等动物和细胞模型，研究原始生殖细胞形成、增殖、减数分裂启动及配子形成的基因调控网络并筛选其中的关键基因；利用细胞模型结合筛选到的关键基因最终形成具有功能的雌雄配子，并在模型动物中开展功能试验，为不孕不育治疗提供新策略、新方法。

新型基因修饰技术的研发。研发高效、快速的新型基因修饰技术，在保证安全性的前提下实现大动物的基因定点快速敲入和敲除，为猪、猴动物模型的批量化生产提供技术支持。

基因组精确修饰人类重要疾病的猪、猴动物模型研发与建立。利用基因编辑技术建立数种重大疾病，如帕金森病、Rett综合征、肌萎缩侧索硬化（ALS）和杜氏肌肉营养不良症（DMD）等大动物模型，深入理解其中1～2种疾病的发病机制，力争在致病基因的分子调控、早期致病的生物标记、药物的筛选和治疗，特别是干细胞治疗方面都有重大突破，引领相关领域的发展。

第三节　母源因子的作用及其机制

合子基因激活（zygotic gene activation）之前，基因转录活性处于沉默状态，早期胚胎发育主要受到母源因子调控，这些调控早期胚胎发育的母源蛋白质和RNA通常被称为母源影响因子或母源因子[652]。母源因子不仅主导早期胚胎发育中的母源向合子转变（maternal to zygotic transition，MZT）过程，还决定早期细胞谱系命运及躯体轴系形成等重要事件[84,653]。母源因子功能异常往往导致早期胚胎发育障碍或停滞，并最终造成雌性不孕或出生缺陷等生殖相关疾病的发生[654]。此外，卵母细胞中调控受精卵重编程的关键分子有望解决体细胞重编程效率低的问题[655]。母源因子的作用及其机制研究不仅可能揭示长期困扰发育和生殖领域的关键科学问题，促进分子水平上认识生命起始过程；还可为女性生殖相关疾病发病机理提供基础理论；同时，卵母细胞和早期胚胎中特异性表达母源因子可能是女性无副作用避孕药物的研发靶点；此外，调控受精卵重编程的母源因子还可能促进干细胞和再生医学研究领域的发展。因此，母源因子的作用机制研究具有重要理论意义和广泛应用价值。

一、研究背景

在低等生物，诸如果蝇和线虫，母源因子被广泛研究，这些研究明显促进了早期胚胎发育基础理论的建立。通过大规模遗传突变技术，研究人员发现了大量母源因子，建立了母源因子决定早期细胞谱系命运和躯体轴系形成的胚胎发育生物学基本理论[84,85]。由于受到试验材料和研究技术的限制，母源因子在高等生物，诸如脊椎动物，特别是与人类关系最密切的哺乳动物中，研究相对非常有限。越来越多的证据显示，在鱼和两栖类的早期胚胎发育过程中仍然遵守母源因子决定早期细胞谱系命运的基本理论[87,653]，可能由于目前有限的研究,哺乳动物早期胚胎发育中这一理论可能是个例外。

早在20世纪20年代,研究人员就报道了椎实螺(*Limnaea*)的螺旋方向受母源调控[82]。80年代初,通过近饱和果蝇基因诱变并结合基因定位的方法,动物中第一个母源因子Dorsal被鉴定[83];到90年代初,建立了果蝇早期细胞谱系命运和躯体轴系形成主要由母源因子决定的基础理论[84]。由于在早期胚胎发育分子调控方面的突出贡献,Nüsslein-Volhard等获得1995年诺贝尔生理学或医学奖[656]。母源因子很快在线虫中被发现[657~659],而母源因子决定早期胚胎发育的基本理论很快在线虫中得到验证,因此将此理论推广到了无脊椎动物[85]。然而,无脊椎动物和脊椎动物早期胚胎发育存在显著的差异,母源因子是否决定早期胚胎细胞命运和躯体轴系还需要在脊椎动物,特别是跟人类关系最近的哺乳动物中加以论证。

由于遗传突变筛选的困难,母源因子调控脊椎动物胚胎轴系形成和早期胚胎细胞谱系形成的研究明显滞后。以两栖类胚胎作为早期胚胎轴系形成和早期胚胎细胞谱系命运模型具有很长的研究历史,通过胚胎组织移植实验和部分胚胎缺失实验,研究人员很早就发现调控脊椎动物胚胎轴系形成和早期胚胎细胞谱系形成的因子可能存在于卵母细胞中[660],但是特异性功能母源RNA的鉴定非常困难。显然,利用反义寡核苷酸敲降卵母细胞中母源mRNA和系统突变脊椎动物,可促进相关方面的研究[86,88,661]。于1998年通过反义寡核苷酸敲降技术,证明母源VegT是爪蟾胚层形成所必需的[662];利用筛选斑马鱼基因突变体,于1999年发现母源因子Nebel。此后,通过mRNA敲降和突变体筛选等技术鉴定了一些脊椎动物母源因子诸如Wnt11a、Tob1和Buc(Bucky ball)等[40,663,664],逐渐明确了脊椎动物中同样存在母源因子决定早期胚胎细胞命运和调控躯体轴系的形成[87,653]。因此,母源因子决定早期胚胎细胞命运和躯体轴系的理论适用于两栖类和鱼类等体外发育的脊椎动物。

基因敲除小鼠技术显著促进了哺乳动物母源调控的研究。应用基因敲除小鼠,研究人员证明了母源因子MATER和HSF1在哺乳动物中的存在[89,665],随后母源DNMT1和ZAR1等哺乳动物母源调控因子相继被发现[139,666]。通过筛选双亲人类的继发性葡萄胎(FBHM)疾病发生原因时,发现了人类母源因子NLRP7和KHDC3L的存在[667,668]。已有研究发现,哺乳动物中MATER与多个母源因子相互作用,形成母源蛋白复合体SCMC并维持该复合体的稳定性[90,669]。SCMC在人类中保守存在[670],而且研究发现SCMC组分基因的突变可能与多种女性生育障碍疾病相关[206,668,671]。尽管目前已经鉴定的哺乳动物母源因子达到 30 多个，但是母源因子是否决定哺乳动物早期胚胎细胞命运和躯体轴系还没有得到论证，而且母源因子如何调控哺乳动物早期胚胎发育大多还不清楚。

近年来，转基因和基因敲除技术、核酸和蛋白质水平高通量检测技术的迅速发展和广泛应用，为母源因子的作用和机制研究提供了新的机遇，而且近期相关研究领域呈现明显加快的趋势。例如，通过多种物种 RNA 测序发现，多达 40%～75%编码蛋白的 mRNA 表达于动物卵母细胞中，母源 RNA 降解的模式逐渐清晰[98]；利用定量蛋白质谱分析技术在小鼠卵母细胞中鉴定了 2000 多种母源蛋白[672]；采用 DNA 甲基化测序，在碱基水平上提供了早期胚胎中 DNA 修饰的变化图谱[29,48,119]；利用各种模式动物基因突变技术，开始揭示母源向合子转变过程的关键母源因子[28,133,134,673]。以上研究结果促进了对动物早期胚胎发育过程中分子调控的认识，为母源因子研究提供了大量的候选基因和研究方向。

值得一提的是，近年我国在早期胚胎发育和母源调控研究领域发展迅速。很多从事早期胚胎发育和母源调控研究的科研人员从海外回国以后，在中国科学院、北京大学、清华大学和同济大学等国内一流科研机构和高校建立了自己的实验室，并在相关方面取得了优异成绩。例如，发现了母源 TET3 是哺乳动物小鼠早期胚胎发育过程中基因组 DNA 去甲基化至关重要的调控因子[28]；鉴定了 2000 多种哺乳动物母源蛋白质[672]；建立了人类和多种模式动物早期胚胎 DNA 甲基化动态变化图谱[29,48,119]。此外，还鉴定和解析了一系列的母源因子（如 Tob1、xNorrin 和 TLE6 等）的功能和作用机制[40,669,674]。这些原创性的科研工作在国际上产生了广泛的影响。

二、主要科学问题

该方向的关键科学问题就是解析早期胚胎发育过程中的母源向合子转变的分子调节机制。尽管早期胚胎发育的母源调控研究已经取得了显著的进展，但是目前对母源因子的功能和作用机制远远没有认识清楚，领域内的一些基本科学问题还没有得到明确阐述，母源向合子转变仍然是发育和生殖生物学未解的关键科学问题。例如，大量存在的母源 RNA 和蛋白质的生物学意义是什么？母源 RNA 和蛋白质降解的功能和调控机制是什么？合子基因组启动的核心因素（抑制因子降解还是活性因子增加）是什么？母源因子决定早期细胞谱系命运和体轴形成在哺乳动物中是否保守？如果存在，关键母源因子如何调控早期胚胎细胞谱系命运和躯体轴系？DNA 去甲基化的机制及其在早期胚胎发育中的功能是什么？早期胚胎是否还存在其他形式的核酸或核酸修饰？母源因子如何调控早期胚胎中组蛋白修饰的变化及其生理学功能？这一系列科学问题的解答有待于系统研究母源因子的功能机制和揭示关键母源因子如何调控早期胚胎母源向合子转变。

三、主要研究内容

利用模式生物系统筛选功能性母源因子，研究母源因子的表达调控机制、在卵子和胚胎中的分布模式及其调控早期胚胎发育的分子机制；筛选母源功能性 RNA 结合蛋白并研究其作用机制，揭示母源 RNA 降解的分子机制；鉴定调控表观遗传修饰的母源因子，阐明其在卵子和早期胚胎染色质结构变化和基因表达中的作用和机制；研究蛋白质降解途径在受精卵和早期胚胎发育中的功能和机制，阐明母源蛋白质降解的分子机制；研究调控合子基因组启动的母源因子，揭示合子基因组启动分子机制；筛选人类卵母细胞和早期胚胎特异表达的母源影响因子，研究相关分子的作用机制，为女性无副作用避孕药物的研发提供分子靶点。

四、预期目标

胚胎发育从母源向合子转变的分子调控机制是发育和生殖生物学研究领域长期悬而未决的关键科学问题。不孕不育和出生缺陷等生殖相关疾病的发生机理以及新型无副作用避孕药物的研发是关系到我国生殖健康的重大需求。通过本项目的实施，期望发现调控母源 RNA 和蛋白质降解、染色质结构以及合子基因组启动的关键分子，揭示母源向合子转变及早期胚胎发育的分子调节机制，建立早期胚胎发育分子调控网络，为人类不孕不育和出生缺陷等疾病的发病机理提供理论基础，并提出相关疾病的预防和治疗策略，同时为女性无副作用避孕药物研发提供分子靶点。

第四节 胚胎发育及胚源性疾病

胚胎发育研究关注的是生物个体如何由单细胞发育成为由多种组织、多种器官组成的高度复杂的生物体，个体如何维持或改变组织和器官的结构与功能，如何代代相传繁衍不息等重大科学问题。生命个体是生命的承载体，是生命活动的平台。发育与生殖研究不仅催生了生命科学的许多重大理论，也实现了一些重大技术的突破，促进了生命科学和医学的革命性进步。胚胎发育异常不仅是导致不孕不育和出生缺陷的重要原因，也可导致儿童期和成年期疾病的发生。因此，深入系统地研究胚胎发育的调控机制及相关疾病的致病机制，不仅可以丰富甚至创新胚胎发育理论，而且还有重要的临床转化价值。

一、研究背景

早在1989年就有学者研究发现，新生胎儿的体重与成年期的血压和心血管疾病的发病率呈现负相关，由此引领了一个新的研究领域——宫内发育的微环境与成年健康之间的关联[675,676]。在1944～1945年冬天，荷兰饥荒期间怀孕出生的孩子DNA甲基化修饰与正常出生孩子相比有明显的变化，并且这些饥荒期间出生的人群在成年期表现出葡萄糖不耐受、肥胖、冠状动脉疾病等[677]。越来越多的证据也证实，早产儿远期具有较高的神经、智力发育缺陷风险，子痫前期妊娠而出生的后代在远期罹患心血管疾病、高血压、糖尿病的风险显著升高。这些疾病的发生与遗传因素没有直接的相关性，在基因组DNA的序列上没有发生改变，而是发生表观遗传水平的修饰等改变[678]。受孕母体的健康程度影响妊娠进程中宫内微环境的变化，由此决定了胎儿能否正常发育。母体的宫内环境不仅受到了遗传因素的影响，还受到了如饮食、生活方式以及环境内分泌干扰物等许多非遗传因素的调节。宫内环境的变化可通过干扰胎儿的早期发育影响儿童期及成人期疾病的发生，如哮喘、神经发育障碍、智力发育迟缓、自闭症、多动症以及肥胖症等儿童期疾病的发生均与环境因素相关；成人的心血管病、糖尿病、肿瘤、精神性疾病、骨质疏松等疾病也能追溯到胎儿时期的发育异常。然而，造成这种现象的病理机制尚不清楚。进一步揭示母胎互作微环境的分子基础，不仅对妊娠期重大疾病的防治有积极作用，还能从源头上预防和干预诸多重大成年疾病，这符合当前我国在人口健康战略上的需求。该方向相关研究的开展对于提高我国出生人口素质，减轻社会经济负担具有重要意义。因此，深入揭示胚胎发育的过程和宫内环境对成人慢性疾病的发生影响机制，可以从源头上预防和干预诸多重大成年疾病，这体现了当前我国在人口健康战略上的重大需求。

随着最近十几年表观遗传学的迅速发展以及一系列环境遗传性状的发现，人们对环境遗传有了一个全新的认识。环境遗传的作用之一就是将父母经历的环境信息传给子代，从而使自己的后代更能适应周围的环境。研究表明，生活在毒素污染地区的居民，即使在脱离污染环境后，他们的后代在数代内仍表现出对毒素的敏感性。例如，母亲在妊娠期间受到双酚 A（BPA）影响时，胚胎基因组印记基因 DNA 甲基化水平受到明显影响，而且 BPA 导致的 DNA 甲基化修饰的改变可能与代谢异常、癌症等疾病的发生有关[679]。营养也是影响表观遗传学修饰的另一个重要因素。研究表明，在母亲妊娠期间改变蛋白摄入量、降低叶酸等微量营养摄入量、限制饮食量等都会影响胎儿发育和后代健康，这可能和异常的表观遗传学修饰有关[229]。

对于一个新的生命体而言，建立配子和受精后胚胎中正确的表观遗传学修饰是十分重要的。其建立的过程是表观遗传学中三个层次之间相互作用的过程：DNA 甲基化、组蛋白修饰和非编码 RNA[680]。在新个体中，表观修饰是在早期胚胎发育中建立的。如果表观遗传在这个过程中没有被正确地建立，那么后来的发育也将受到影响。母系和父系基因之间表观遗传方面的差异在调控基因表达和胚胎发育的时序上有很大的差异，这种差异是在配子形成过程中建立的。虽然遗传学能够部分解释发病原因，但大多数代谢性疾病并不是由遗传突变引起的，而是和体内外环境变化有密切关系。因此，表观遗传学突变可能是导致代谢性疾病发生的重要原因之一。环境、营养、代谢等变化对后代健康的影响，可能是通过生殖细胞的表观遗传学突变一代一代向下传递的。然而，对这种表观遗传突变在脱离原来环境以后的稳定性，目前了解得很少。

当前，我国学龄儿童中，高血压、肥胖、高胰岛素血症、糖耐量异常、血脂异常等一系列代谢异常的疾病的发病率较高。妊娠期间母亲遭遇环境污染或营养缺陷、胎儿在宫内遭遇不良环境、出生低体重及巨大儿等是儿童代谢综合征的重要风险因素。这一人口素质问题迫切需要采取有效的干预措施。

在整个妊娠过程中，环境引起的表观遗传学修饰变化可能会遗传给子代。环境变化不仅影响亲代表观遗传修饰的重建，而且改变了的表观遗传学修饰能够在后代间遗传和引起后代易患代谢性疾病。最典型的例子就是 Avy 小鼠，该小鼠毛色控制基因的表达受调控区 DNA 甲基化修饰的影响。因此，Avy 小鼠毛色随着表达调控区 DNA 甲基化水平的变化而变化，而且能够通过生殖细胞将这种变化遗传给后代[681,682]。当小鼠受到己烯雌酚、烯菌酮等环境因子影响时，所生后代发生疾病的风险升高，而且能够在后代间遗传，这可能和表观遗传修饰变化有关[683,684]。2010 年环境遗传学有了突破性的进展。研究表明，食用低蛋白食物小鼠的后代，肝脏对蛋白合成的能力加强，表现为相关基因的表达水平升高，而且其表观修饰也随之发生变化。高脂肪饮食小鼠的后代，胰岛素的合成能力大大降低，大约只能产生正常情况下一半的胰岛素。这就表明父母的饮食习惯在一定程度上影响着后代的代谢水平。因为父母的饮食习惯并不会造成卵子或精子的 DNA 发生基因突变,而是表观修饰使 DNA 发生后天性的改变。这些表观修饰可以调控基因的表达,从而将遗传信息传给后代。在对果蝇的研究中发现,改变果蝇果糖供给时,后代表现出肥胖等代谢异常现象,研究发现这些代谢异常现象是由表观遗传修饰变化导致的[685]。可见,亲代肥胖不仅影响自身表观遗传学修饰的建立,也对后代表观遗传修饰的建立有不利影响。

环境因素可以在不改变 DNA 序列的情况下影响后代健康。生殖细胞的表观遗传突变造成的后代健康问题及其稳定性研究,是一个新的研究方向,相关研究刚刚起步,是生命科学的研究热点,也是揭示环境影响人类健康及跨代传递新机制的重要方向。我国科学家对高脂饲料诱导的肥胖小鼠研究发现,妊娠前肥胖改变了卵子 *leptin* 等基因启动子区 DNA 甲基化水平,肥胖小鼠生的 F1 代小鼠精子和肝脏部分基因 DNA 甲基化水平也有明显变化。肥胖父亲所生孩子的 DNA 甲基化状态与非肥胖父亲所生孩子相比也有显著的变化。研究表明,肥胖父母所生孩子容易出现代谢性疾病,如肥胖、糖尿病等[686]。在环境诱导的前期糖尿病的雄性小鼠模型中的研究发现,父本的前期糖尿病症状影响了其后代的表观遗传修饰,从而增加了后代患糖尿病的可能性,而且这种表型和表观遗传上的影响能保持数代。如果父本小鼠具有前期糖尿病的症状,其后代也会出现葡萄糖耐受不良和胰岛素抵抗。前期糖尿病小鼠的后代与对照相比,胰岛中的基因表达模式发生了很大的改变,一系列涉及葡萄糖代谢和胰岛素信号通路的基因表达被影响。随后分析胰岛的表观基因组,发现胞嘧啶甲基化发生了大量的改变,其中有很多基因涉及胰岛素信号通路。最后发现前期糖尿病会改变小鼠精子的甲基化组,而某些改变可以在一定程度上传递给后代[25]。Siklenka 等的研究也表明,精子中携带的少量组蛋白修饰也可携带一定的遗传信息,利用转基因小鼠模型改变精子中组蛋白 H3K4me2 的修饰,发现转基因小鼠的后代中,野生型的小鼠也表现出跨代遗传的发育缺陷,这种缺陷的形成与后代精子中的组蛋白修饰和携带的 RNA 改变有关[687]。这也提示环境因素造成的表观遗传信息改变可以跨代影响后代的发育和健康,并且这种表观信息的改变是发生在 DNA 甲基化修饰或组蛋白修饰的水平。更多的胚源疾病和跨代遗传的机制还需要建立合适的动物模型进行深入的研究。随着大规模测序技术的进步,人体内的微生物群落的基因组信息被深入研究,这些微生物群落是高度复杂和动态变化的,也有证据提示妊娠母体内的微生物群落对后代的健康有影响。研究发现,利用细菌的脂多糖（LPS）刺激妊娠小鼠，其后代中 IFNγ 的分泌特异性升高，可能与降低后代的过敏反应有关[688]。在人类中的研究也提示出生前抗生素的使用与后代发生过敏反应有一定的关联[689]。对妊娠母亲使用益生菌发现，益生菌不仅仅能在母体的肠道系统中生存，也可以在胎儿的肠道中存在。而在妊娠过程中，母体的肠道菌群与母体的体重、体重变化、代谢状况等息息相关，而这又会进一步影响到胎儿的发育[690]。妊娠期间给予母体甲基化供体的营养补充，后代中会表现出对肠道癌症的敏感性，肠道黏膜的转录组和基因组甲基化也发生改变。总之，体内的微生物群落与表观遗传信息的相互作用过程中存在很多未知的因素，会影响胎儿发育的健康，甚至调控成年期疾病的发生。

综上所述，只有将生命孕育过程作为一个有机的整体进行系统性和深入性的研究，才能进一步阐释生育维持和后代健康的分子基础和调控机制，揭示生命孕育的奥秘。其重要意义主要体现在：①对提高人类生殖健康水平具有重要的指导作用；②实现"关口前移"，从源头上预防和干预诸多重大成年疾病具有重要的战略意义；③对治疗和改善非遗传因素引起的代谢性疾病具有重要的指导意义；④为畜牧生产和繁殖育种提供理论基础；⑤对社会经济发展和学科发展也有重要的作用。

二、主要科学问题

胚胎发育方向的研究主要解决的科学问题有：胚胎图式形成的分子调控机制；胚胎发育中的细胞编程与重编程机制；哺乳动物胚胎着床和胎盘发育的分子机制；哺乳动物母-胎免疫耐受的细胞与分子机制；胚源性异常的发生机制；遗传及环境因素对动物胚胎发育的影响；妊娠维持与分娩发动的分子机制。

三、主要研究内容

胚胎图式形成的分子调控机制方面，重点研究胚胎极性建立的分子机制、母源因子对胚胎图式形成的调控机制、胚层诱导和分化的分子调控机理、代谢和环境因素对胚胎图式形成的影响等。

胚胎发育中的细胞编程与重编程机制方面，重点研究受精过程的分子事件及关键调控分子筛选、早期胚胎染色体倍性调节的分子机理、早期胚胎细胞维持全能性的分子调控机制、胚胎早期发育的表观遗传调控网络的建立、早期胚胎细胞命运决定与功能分化的分子机理、早期胚胎内促进体细胞去分化的关键分子筛选及调控机制研究。

哺乳动物胚胎着床和胎盘发育的分子机制方面，重点研究早期胚胎发育形成功能性囊胚的分子基础、子宫容受性建立的转录调控网络、滋养层细胞发育分化与胎盘屏障建立的分子机制、母胎互作及妊娠适应性的分子基础、分娩发动的调控机理。

哺乳动物母-胎免疫耐受的细胞与分子机制方面，重点研究胚胎发育过程中母体对胚胎抗原的免疫耐受机制、胎儿成分对母体免疫系统的调控作用、习惯性流产的免疫学机制、免疫因素介导的病理妊娠的发病机制和干预策略。

胚源性异常的发生机制方面，重点研究胚源性异常动物模型的建立、遗传或环境因素影响胚胎发育中细胞编程与重编程的分子机制、胚胎发育中细胞编程与重编程异常导致胚源性异常的机制、胚胎发育中不良因素暴露所致异常的传代效应的表观遗传机制。

遗传及环境因素对动物胚胎发育的影响方面，重点是建立完善统一的胚胎质量评估体系、利用大规模的人群队列研究分析环境干扰物或药物对胚胎发育的影响、研究环境干扰物或药物作用于早期胚胎的生物标记、研究环境与基因在胚胎早期发育过程中的交互作用机制、研究疾病发生过程中遗传缺陷与环境因素的交互作用对胚胎发育的影响及作用机制、研究胚胎发育异常如受精障碍或卵裂障碍的遗传致病基因、研究异常内分泌环境对胚胎发育的影响及其作用靶点、研究不同胚胎体外培养体系对胚胎质量的影响。

妊娠维持与分娩发动的分子机制方面，重点鉴定调控妊娠维持的功能决定性基因、研究胎儿夭折的遗传性病因及机制、建立脑和心脏等器官先天性严重发育缺陷的突变谱、研究胎儿丘脑-垂体-肾上腺激素分泌的动态变化、研究母体子宫和丘脑等对胎儿激素的应答机制。

四、预期目标

深入了解胚胎发育机制，加强对胚胎-子宫对话的本质认知，为指导妊娠相关疾病的治疗提供重要依据，并从源头上预防和干预诸多重大成年疾病，为有效降低出生非健康胎儿比例提供理论基础。

第五节　组织器官的稳态维持

如第三章第三节所述，组织稳态是指成体组织通过细胞自我更新和相互影响而形成的结构与功能的稳定状态，这种稳态受到多种细胞机制和分子机制的调控，其调控异常将导致肿瘤、器官早衰等疾病。因此，深入研究维持组织器官稳态的细胞和分子机制不仅具有重要的科学意义，也具有重要的临床指导意义。

一、研究背景

高等脊椎动物和哺乳动物每种器官的细胞自然更新的能力和机制各不相同，小肠和皮肤的自我更新和再生能力较强，其细胞来源主要是位于小肠隐窝基底部 Lgr5 阳性干细胞和毛囊底部干细胞的增殖与分化[247,305,306]，Wnt 信号途径在皮肤和毛囊干细胞的稳态调节中起到重要的作用[307]。与皮肤和小肠绒毛再生相比，肺和肝细胞的更新速率要低一些，这就为长时间器官前体细胞命运追踪和稳态维持研究提供了良好的模型。其中 Hh 信号途径对维持肺部干细胞的静止状态和受损再生修复发挥了重要的作用[308]。与肺相比较，维持肝脏正常机能和再生的细胞来源到目前为止还存在争论。利用小鼠模型发现，不同的受损模型中参与肝脏稳态和再生修复的来源主要有两种，目前绝大多数科学家认为成熟的肝细胞参与肝脏的自我更新和再生修复[309~312]，然而当绝大多数的肝细胞都受损和增殖受到抑制时，胆管细胞会转化为成熟的肝细胞并发挥稳态作用，这和对斑马鱼研究的结果相一致[336,337]。尽管到目前为止对器官细胞自我更新的机制研究比较多，但是还有很多问题有待解决。

肝脏是一个具有较强损伤修复能力的器官，但是在受到慢性损伤后，肝脏将不能进行再生并最终形成纤维化的疤痕。从斑马鱼到高等哺乳动物（如人类）的进化过程中，参与肝脏再生修复的细胞和分子机制较为保守，因此利用斑马鱼和小鼠来研究人类的肝脏修复过程是比较理想的，而且已经成为当前的主要研究方式。当肝脏受到急性或者反复的损伤时（病毒感染或者毒性药物损伤），肝脏能够进行有效的再生修复[691~693]，这个过程需要免疫细胞（如巨噬细胞、T 细胞和嗜酸性粒细胞）参与协调修复[694,695]。同时科学家发现，慢性损伤后肝脏内源性的前体细胞受到巨噬细胞分泌的 Wnt 信号和成纤维细胞分泌的 Notch 信号的双向调节，并向肝脏和胆管方向分化[318]。尽管在不同物种的不同组织之间的损伤修复机制各异，免疫细胞在整个组织修复过程中都扮演了重要的角色，如急性肾受损修复[319]、骨骼肌肉受损修复[320]、心肌梗死修复[321]等。

再生是人类器官受损后的组织、结构和功能修复的一个过程。处于进化顶端的人类组织器官的再生能力非常低，然而一些低等生物（如蝾螈、水螅、涡虫）及一些低等脊椎动物（如两栖类和硬骨鱼类）具有较强的再生能力。包括人类在内的哺乳动物体内不同的器官具有不同的再生能力，其中包括具有较强再生能力的皮肤和血液，再生能力一般的有肝脏、骨骼肌肉和骨骼，再生能力较低的有神经组织、心脏、肾脏和四肢等。如果神经、心脏和肢体受损后，人类将不能进行自我修复，因此将给社会带来巨大的经济损失和社会负担，由此可见对器官再生的研究将具有巨大的科学和临床意义。到目前为止，对于器官再生的研究主要集中于两方面：其一是利用干细胞的全能性为基础的治疗，比如人工诱导多能干细胞产生功能性的肝脏细胞，然后移植到受损原位进行治疗[64,250]，尽管目前有一定的实验效果，但是其治疗效果及危险性因素还需要进一步研究完善；其二是利用模式生物来研究特定器官原位再生的相关细胞和分子机制，这促成了目前比较热门的转化医学研究。该方法将克服高等哺乳动物不能再生的障碍来探究器官内源性再生的能力。哺乳动物如小鼠等出生七天后心脏受损严重后不能进行再生，但模式脊椎动物斑马鱼全生命周期中都能够进行心脏再生[328]。目前科学家利用斑马鱼心脏再生模型，已经知道参与心脏再生的细胞来自成熟心肌细胞的去分化[329]，同时发现Notch、RA、NF-kB、Jun/Stat、H_2O_2、缺氧等[330~335]通路对心脏再生起了重要的作用。

　　动物成年个体的许多组织器官中存在多能性细胞。例如，骨髓中存在造血干细胞，它们可以分化产生各种类型的血细胞，因而在临床上已广泛通过将正常人的骨髓移植到有造血功能障碍的患者中达到治疗目的。研究发现，造血干细胞在体外还可以分化为神经、肝、肾等功能细胞，这些细胞移植到体内能够发挥相应的功能[696]。再如，已发现成年人的海马齿状回和室管膜下区存在神经干细胞，将这些干细胞分离出来后在体外培养，经诱导后可分化为星形胶质细胞、少突胶质细胞和神经元[293]，为临床治疗神经系统疾病展现了很大的潜力。

　　成体多能细胞的增殖分化涉及许多细胞因子的协同作用。例如，当发生缺血性脑卒中时，受损组织会分泌粒细胞集落刺激因子、干细胞因子等趋化因子，诱使血液循环中的间充质干细胞定向聚集于受损组织，定向分化为血管内皮细胞，并促进神经纤维生长及神经突生长[294,295]。成体多能细胞所处的微环境对于其存活、增殖和分化等也发挥着重要的作用。例如，脑室下区富含细胞黏合素-C、胶原-1、软骨素硫酸盐蛋白多糖、整合素等，它们调节神经干细胞的增殖和迁移过程[296]。骨髓中造血干细胞的动员和归巢行为，受到多种因子和信号通路的调控[697]。

二、主要科学问题及研究内容

成熟组织器官细胞自我更新的来源鉴定；器官不同细胞间相互作用对细胞自我更新和稳态维持的调控作用；细胞自我更新的关键诱导信号的鉴定及其胞内响应机制；组织器官细胞自我更新过程中的细胞行为；细胞自我更新与器官稳态维持的遗传和表观遗传调控机制；器官功能细胞自我更新能力的衰竭机制。组织器官再生修复动物模型的建立和再生修复过程的实时动态观察；免疫细胞在组织器官再生修复中的功能；组织器官损伤修复中关键功能细胞的鉴定；组织器官再生的细胞来源及其在再生过程中的细胞行为；组织器官再生中的细胞去分化与转分化；组织器官再生修复的遗传与表观遗传调控机制；再生器官的结构功能重构与大小控制；外源性细胞在组织器官再生中的作用及其机制；重要器官在不同物种中细胞分裂能力差异的形成机制；进化影响器官再生能力的关键因素。重要器官成体多能细胞的鉴定及其在成熟器官中的精确定位；器官成体多能细胞分子标记的鉴定；器官成体多能细胞在发育早期的前体细胞定位；成体多能细胞发育过程的实时示踪；成体多能细胞的胚胎来源及干性维持的调控机制；成体多能细胞在重要器官稳态维持及再生中的功能；器官功能细胞自我更新或器官损伤信号导致的成体多能细胞微环境变化；成体多能细胞对微环境变化的响应及激活机制；成体多能细胞被激活后增殖和分化的遗传和表观遗传调控机制；微环境对成体多能细胞可塑性的调控机制；成体多能细胞体外定向分化体系的建立和应用。

三、预期目标

在该领域的预期目标为：鉴定组织器官细胞自我更新和再生的细胞来源；鉴定在组织器官稳态维持和再生修复中发挥重要功能的成体多能细胞，并获得其分子标记；揭示器官损伤导致的微环境变化及成体多能细胞的激活和响应机制；阐明关键功能细胞在组织器官细胞自我更新、损伤修复和再生过程中的细胞行为；明确免疫细胞和炎症因子参与组织损伤修复的具体作用机制；理解成体多能细胞的发育过程及其干性维持机制；阐释组织器官再生过程中发生的细胞去分化与转分化及其分子调控机制；建立和初步应用成体多能细胞的体外定向分化体系；深入理解器官稳态维持、损伤修复与再生过程中的遗传和表观遗传调控机制；明确进化影响器官再生能力的关键因素。

第六节 人造组织器官

疾病、创伤、衰老等原因所引起的组织、器官的缺损或功能障碍，是人类健康所面临的主要危害之一，也是导致人类死亡的最主要原因。如何克服自体或异体组织、器官移植中存在的"以创伤修复创伤"、供体来源不足等缺陷，从根本上解决组织、器官缺损修复和功能重建等问题，已成为现代医学发展所要解决的关键问题。组织工程技术为解决这一问题提供了新的策略，它的基本原理是以少量种子细胞经体外扩增后，与生物材料结合，修复较大的组织或器官缺损，重建组织结构及生理功能。

组织工程主要研究组织和器官的再造和再生。组织工程的提出、建立和发展，为最终实现组织与器官在结构、形态与功能上的全面重建与再生，开辟了新途径，标志着医学将走出组织器官移植的范畴，步入制造组织和器官的时代。组织工程将成为包括生命科学在内的多学科的强大发展动力，并作为相关学科与产业链形成和发展的枢纽，形成以组织工程产业化开发为中心的生物科技产业链[698]。

目前，我国人口数量已超过13亿，各种由于组织器官的缺损和功能障碍造成的疾病，如心血管疾病、肝脏疾病、神经退行性疾病、糖尿病、自身免疫疾病等日益危害广大人民的健康及生命。器官移植是20世纪医学发展中最引人瞩目的成果之一，很多组织器官缺损和功能障碍造成的疾病可以通过器官移植解决。截至2009年年底，全球已有150余万人接受了器官移植手术，每年还以2万余例的数量在递增，仅欧洲和美国每年就约有6万人在等候器官移植，大约有1/5的患者在等待器官的过程中死亡，因此供移植器官的缺乏就成为一个严重的问题。在我国供临床移植的器官来源更是严重缺乏，每年需要通过器官移植获得治疗的患者至少有10万人。目前，我国人体器官移植总量居世界第二位，国际上能够开展的人体器官移植手术在我国几乎都能够开展。由于捐献器官数量有限，器官紧缺已成为我国器官移植发展的瓶颈问题。因此，以组织器官的替代、修复、重建和再生为主要内容的组织工程研究可以解决供体短缺的问题，具有巨大的社会需求；同时也是建设小康社会、提高人民健康水平、提升生活质量的有力保障和重要指标。

一、研究背景

组织工程技术的发展已经经历了30余年的历程。在此期间，各国都已投入巨资进行研究。综合起来，在以下几个方面取得了较大的进展：①组织或器官工程的科学设想得到充分证实。组织工程的概念提出以来，国际上进行了广泛的研究，从最初在免疫功能缺陷的裸鼠体内构建小体积组织，发展至在免疫功能完全的大动物体内进行较大的组织修复。修复范围涵盖骨、皮肤、软骨、角膜、血管、神经等几乎所有的组织。这些研究充分证明，依照组织工程技术的基本原理与方法，完全能够实现组织的体外再造与体内再生[699]。②多学科交叉的技术路线基本明确。组织工程学是一门多领域交叉学科，研究领域已经从最初的种子细胞、生物材料与临床医学，逐步拓展至干细胞诱导分化、组织器官发育、生物力学、计算机技术、三维打印技术、影像学技术和生物反应器技术等领域。多领域的交叉和渗透将极大地推动组织工程学的发展。③临床应用取得突破。组织工程的科学目标是构建具有生命力的组织和器官，从形态、结构和功能上对组织、器官缺损和功能障碍进行永久性地置换和替代。30余年全球范围的深入研究与巨大投入，已经推动组织工程从最初的科学设想，进入到临床治疗阶段。在主要由单一细胞组成的结构性组织缺损方面，如皮肤、骨、软骨、角膜等，临床应用已经显示了良好的人体内组织再生的治疗效果。临床应用表明，组织工程技术再造的组织，不但可以修复创伤性组织缺损，而且在修复病理性组织缺损如糖尿病引起的下肢皮肤溃疡、激素导致的股骨头坏死等方面，显示了良好的治疗效果。这些成果进一步拓展了组织工程技术的临床应用范围[700]。④组织工程产业雏形初步形成。近年来，由于组织工程领域的快速扩张和广阔的前景，吸引了全球组织工程企业投入巨资，公司数量从几十家迅猛增长到220余家。其中不乏强生、诺华、欧莱雅等大公司，产品范围涉及骨、软骨、皮肤等。全球每年花费在器官替代中的医疗费用为3500亿美元（占全球医疗支出的8%），其中对组织工程皮肤的市场需求高达180亿美元，关节置换产品市场需求高达250亿美元。据预测，组织工程相关产品在今后20年的潜在市场额为5000亿美元/年，显示了巨大的市场应用前景。⑤器官再造曙光初现。更加令人振奋的是，组织工程技术在器官再生临床应用方面也取得了突破。1999年，美国Wake Forest再生医学研究所的Atala医生进行了世界首例组织工程膀胱移植术，此后又进行了7例患者的膀胱再造，经过长达数年的追踪，得到了长期随访的阳性结果[701]。而真正意义上的全器官移植，则是在巴塞罗那大学医学院实施的全球第一例活体组织工程气管的移植手术[702]。整个过程及术后没有使用任何免疫抑制剂，但获得了令人难以想象的成功。患者甚至可以在手术后10天就出院回家照顾自己的孩子。最近几年，应用组织工程技术再造心脏[703]、肺[704]、肝脏[705]等整体器官的研究,在鼠体内也取得了突破。再造器官不但具有正常器官的组织结构,而且能够具备完全的器官功能。因此,应用组织工程技术进行器官再造,已经初步显示了巨大的应用前景。

组织工程的发展将从根本上解决组织、器官缺损或功能障碍等临床医学面临的瓶颈问题,已成为科学界特别是生命科学领域所要积极努力探索的国际性前沿课题。我国是一个人口大国,各种原因造成的组织、器官缺损或功能障碍患者的数量位居世界之首。因此,组织工程研究对提高人民健康水平、加快医疗事业发展、满足社会经济发展重大需求等均具有重要的意义。

二、主要科学问题与研究内容

组织或器官发育的关键是调控机制研究。哺乳动物(包括人类在内)机体主要由细胞和细胞外基质组成,在本质上涉及细胞和细胞外基质的命运决定及其在四维时空的布局和作用关系。在组织器官发育过程中,发育细胞进行分化并分泌特定的细胞外基质。不断更新和增长的、具有复杂而有序三维结构的细胞外基质,又反过来支持和指导细胞的命运决定。细胞和细胞外基质的有序互动,直接支持和决定了组织器官的发生、三维发育和形成。组织工程的核心是建立由细胞和生物材料构成的三维空间复合体。因此,组织工程组织或器官在体外构建、体内形成过程,与组织或器官的发育、修复与再生具有很大的相似性。组织工程的相关研究也发现了初步的证据,如牙龈上皮细胞与牙本质细胞共培养后可自行形成牙齿样的结构,植入体内之后这两种细胞通过相互作用重复了牙齿发育的基本过程。因此,对组织或器官发育关键机制的研究,将为组织构建工作提供重要的指导。调控发育关键分子的鉴别,也会促进组织或器官的再造向再生水平的提升。

细胞-生物材料相互作用机制。不同的组织在正常发育过程中都经历了由前体细胞向终末细胞的分化,在细胞形态结构上、基因表达时序上都有其各自的变化规律,而这些规律的调控主要是由细胞所处的局部组织微环境所决定的。这些局部微环境不仅包括各种不同的细胞因子、组织特异性细胞外基质以及邻近细胞间的相互作用,同时还包含因组织所处生理部位不同而所经受的各种物理学刺激(如力、光线、渗透压等)。总体上讲,体内组织特异性微环境不但决定了组织局部干细胞的分化命运,同时也维持了成熟细胞的分化状态。在应用组织工程技术再造组织或器官过程中,生物支架材料不但为接种的细胞提供了生长所必需的三维空间,而且生物材料的表面形貌、力学强度、分泌离子等都对细胞分化、组织形成发挥重要的调控作用。此外,材料植入后，机体对材料的响应，如炎症反应、免疫分子的激活等，也影响着组织器官的再生。实现对材料的组成、表面微观结构、表面生物活性等精细结构或表面特性的精确控制，系统性分析与研究生物材料和种子细胞间的相互作用，阐明生物材料的精细结构或表面特性影响细胞分化、增殖、组织形成等生物过程的作用机制，将有助于研制具有特定表面活性与空间结构及特定组织诱导活性的智能性生物材料。研究特定生物材料体内植入后，机体的炎症与免疫反应对组织形成的影响，将改善再造组织植入后的体内微环境，促进组织再生。聚氨基酸类材料体内植入后炎症反应小、组织相容性良好，克服了现有高分子合成材料体内降解产物导致炎症反应的问题。但需要进一步研究聚氨基酸类材料的支架制备、材料与细胞的相互作用及具有复杂三维结构的支架形成技术。

干细胞免疫耐受机制的研究。目前，自体成体干细胞是组织工程技术应用的主要种子细胞来源。虽然显示了良好的组织形成效果，但自体成体干细胞的应用仅局限于个体化治疗模式，限制了组织工程技术临床的规模化治疗。实现干细胞的体内植入后的免疫耐受，是组织工程走向规模化治疗的关键。探索同种异体干细胞作为通用型种子细胞应用的可行性，将是解决组织工程种子细胞来源问题的重要途径。因此，需要深入研究干细胞的免疫调控机制，如与不同淋巴细胞亚群之间的相互作用规律与机制；由于组织工程所应用的都是由干细胞分化后的细胞，因此需要研究分化细胞的免疫调控机制，实现诱导分化细胞的免疫耐受。

器官组织工程。目前，器官功能障碍与功能衰竭已经成为现代社会导致死亡的主要原因。组织工程技术的发展已经证明，应用组织工程技术可以再造器官，并重建受损器官的体内功能。由于器官的结构和功能非常复杂，组织工程器官的研究难度也非常大。其复杂性与难度在于：①器官的细胞构成种类复杂，不同种类细胞间的相互作用可影响主要功能细胞正常生物学功能的发挥，组织构建时需要多种种子细胞的共同培养与参与；②器官的解剖与组织学结构更为复杂，生物材料不但应适应多种不同细胞生长的要求，生物支架"模板"制备也应更加精细、复杂以对应器官复杂的解剖与组织学结构，三维结构的构筑应为细胞的相互作用提供充足的空间；③正常器官在体内存活有赖于大量的供血与复杂的神经支配，在多数正常器官组织中细胞与提供养分的血流仅相隔1～2个细胞间距，体内、体外组织构建无法达到如此充足的血液供应，因此在器官组织工程构建的血管和神经化问题更加重要；④器官的组织容量多、体积大，目前维持工程化组织的存活主要依靠组织液或养分的弥散方式，而体外氧弥散至组织内的最大距离为 200 微米，目前的组织构建方式难以使氧、生长因子、激素等营养物质有效到达深部组织内，因此养分的有效运输方式是器官组织构建尤其是体外构建时应充分考虑的问题；⑤组织工程器官的体内植入，在植入部位、血管吻合、与相邻器官的相互作用等方面，均应保证组织工程器官在体内正常生理功能的执行，对器官组织工程再造具有较高的外科要求；⑥器官组织工程研究的另一困难之处在于，器官的损伤或功能衰竭多是局部或系统性病理因素持续作用的结果，组织工程器官替代受损器官并发挥正常生理功能，必须与纠正病理性致病因素相结合。

三、预期目标

通过系统、深入地探讨组织、器官的发育机制，尤其是关键调控因子在发育过程中的时空表达规律，确定和解析特定发育阶段细胞在三维空间结构中的分化、迁移与分布的三维调控作用和机理；建立组织器官发育过程中，干（前体）细胞与细胞外基质相互作用的动态路线图；为未来系统细致地解析组织器官发育的三维时空调控机理打下坚实的基础。在此研究基础上，通过关键调控分子的时空三维重现，指导组织工程技术构建组织或器官，实现组织器官重建的精细调节。

系统地研究不同材料对种子细胞（包括干细胞）的迁移、黏附、增殖、分化及组织形成与成熟过程的影响，阐明特定材料对种子细胞分化、增殖、组织形成等的影响与作用机制，以此为基础，优化材料制备工艺与加工技术，研制出具有主动调控组织形成、精准指导组织修复的新型智能性生物材料。

阐明处于不同分化阶段的干细胞对免疫细胞的调控机制，通过机制研究实现干细胞分化后的免疫耐受。以此为基础，应用同种异体来源的干细胞，进行组织工程组织的构建，实现同种异体组织工程组织体内植入后的免疫耐受与组织器官修复。

通过对器官发育关键调控机制的阐明、智能型三维生物支架的制备、接种细胞定向分化的精细调控等研究，以及学科交叉与合作，实现 1~2 个重要器官（如肝脏、肾）的三维重建与体内回植，实现器官的组织工程重建与功能恢复。

第七节 生殖细胞减数分裂的调控

减数分裂仅发生在生殖细胞中,细胞进行减数分裂前,通过多次有丝分裂实现细胞数目的增加,从而保证生物体有足够配子形成。因而,有丝分裂向减数分裂的转变,也就成了配子发生的第一个关键步骤,减数分裂起始的本质也就是有丝分裂向减数分裂的转换。减数分裂是一个复杂同时又高度有序的程序性过程,在进行到一定的程度以后就不可逆转地自动进行下去。减数分裂不仅是保障亲本遗传物质正确传递给子代的必要步骤,也为基因的重组及由此产生新的基因提供了重要的驱动力。

一、主要科学问题

生殖细胞的减数分裂如何启动。减数分裂启动是配子发生的开始阶段,对于生殖细胞减数分裂后续过程的正常实现至关重要。但减数分裂的启动受哪些因子调控以及如何调控,至今尚不清楚。减数分裂启动过程中,生殖干细胞如何终止其干性和有丝分裂并实现向减数分裂的转换,是由生殖细胞自身所控制,还是通过体细胞的支持或分泌等功能改变来影响?有哪些遗传或表观遗传因子,如何调控了减数分裂的启动,其异常又是通过改变哪些分子间的何种相互作用而导致?对这些问题的回答,将有助于构建减数分裂启动的分子调控网络,也为对减数分裂启动异常所致不育症的研究提供理论指导。

减数分裂进程如何被调控。减数分裂由减数分裂Ⅰ和Ⅱ组成,其中减数分裂Ⅰ前期最为特殊和复杂,由细线期、偶线期、粗线期和双线期组成,此外,只有减数分裂Ⅰ前期正常进行,才能保证减数分裂Ⅰ中期和后期的正常进行。伴随减数分裂Ⅰ的进行,同源染色体经历了一系列的变化,包括同源染色体的识别、配对、联会、重组和分离,而染色体的这一系列细胞学变化的分子基础则是 DNA 双链断裂的产生和修复。但至于减数分裂同源染色体的细胞学行为和 DNA 双链断裂、修复以及与减数分裂进程是通过何种信号通路联系起来的,尚不得而知。特别是在这些过程中,到底有哪些基因或蛋白质参与,它们如何调控减数分裂过程中 DNA 断裂、修复和重组按时依序发生与同源染色体的细胞学行为相互协调以及生殖细胞的命运(死亡、减数分裂停滞或完成减数分裂)决定?此外,减数分裂不仅受到生殖细胞本身遗传和表观遗传的调控,还受到邻近的细胞、组织以及微环境的影响,那么哪些细胞以及微环境中的哪些成分能够以及如何调控减数分裂？这些问题的深入研究将有助于构建减数分裂的分子调控网络，也为实现减数分裂异常所致不育症的分子诊断提供候选分子。

减数分裂异常导致人类不育的分子基础和机制。减数分裂是配子发生的必需过程，减数分裂异常则会导致配子发生阻滞或配子质量低下，进而诱发不育。那么，减数分裂如何影响生殖细胞质量？导致人类配子发生障碍引发不育的减数分裂异常主要有哪些类型？导致这些减数分裂异常的遗传和表观遗传改变的是什么？这些遗传和表观遗传改变通过何种机制干扰人类减数分裂并进而导致配子发生障碍？它们是直接导致生殖细胞减数分裂异常还是通过改变体细胞的支持或分泌功能而影响减数分裂？这些遗传和表观遗传因子如何维持了减数分裂的正常进行？对这些问题的回答不仅能查明人类不育的病因和阐明人类减数分裂异常的发生机制，也将有助于阐明减数分裂的调控原理，为相关生殖疾病的分子诊断、对症治疗和人工辅助生殖胚胎的遗传筛查提供候选分子。

二、主要研究内容

减数分裂启动的调控。减数分裂起始就是有丝分裂向减数分裂的转换，研究有丝分裂向减数分裂的转换受哪些因子调控及如何调控，则是解密减数分裂如何起始的关键。因此，为揭示减数分裂启动的调控机制，有必要开展以下研究：鉴别并分离有丝分裂向减数分裂转换的中间态细胞；绘制有丝分裂向减数分裂转换过程中RNA、蛋白质与染色质修饰的动态变化以及参与其调控的酶系图谱，确定有丝分裂向减数分裂转换的关键信号分子；以新发现的分子及其相关表观修饰为基础和出发点，研究有丝分裂向减数分裂转换过程中的遗传与表观遗传变化规律；并以构成生精细胞发育微环境的支持细胞为研究对象，发掘在减数分裂启动过程中发挥关键作用的微环境因子，确定启动减数分裂的分子开关。

减数分裂染色体的行为及其相关机制。减数分裂同源染色体的配对、联会、重组和分离以及DNA的双链断裂、修复是减数分裂的核心事件，确保了遗传物质在生物世代间的稳定传递和变异，使物种得以繁衍。为了阐明减数分裂中染色体的行为及其调控机制，亟待发现维持减数分裂正常进行的遗传或表观遗传因子等，这些因子可能来自生殖细胞，也可能来自生殖细胞周围的体细胞等；对发现的减数分裂因子，将根据其表达情况和预测的功能，分别制备基因敲除或过表达动物模型，检测其生殖能力；在细胞水平，利用生殖活细胞工作站追踪观察减数分裂的动态过程以及染色体的配对、联会和重组；在分子水平，检测减数分裂进程、同源染色体配对、联会和重组过程中关键分子的表达、定位及功能改变；利用生物化学、分子生物学、遗传学等技术，通过对不同信号通路基因表达和分子间相互作用的分析，揭示减数分裂因子调节 DNA 断裂、修复和同源染色体识别、配对、联会、重组和分离的分子机制。

减数分裂与卵母细胞质量。研究表明，决定人类生殖成功的关键因素是生殖细胞的质量，而减数分裂异常则是卵子质量低下的主要原因。从人类卵子质量低下的患者出发，并结合小鼠遗传学模型，利用先进的组学（基因组、转录组、蛋白质组和代谢组）技术，以及遗传学、生物信息学和分子生物学等研究手段，深入系统地研究减数分裂过程中内源和外源因素决定卵子质量的机制，在此基础上，探讨导致卵子质量低下的分子基础并筛选可用于评判卵子质量的标志分子。

减数分裂异常导致人类不育的分子基础。迄今，大量基因被证实在小鼠减数分裂中发挥至关重要的作用[706]，但必须指出的是，针对这些小鼠减数分裂的必需基因，很少能够在不育患者中找到其突变[707]。这提示欲研究解决人类减数分裂异常导致不育的问题，还必须从患者（而不是动物）出发，根据患者减数分裂异常的类型，对患者进行分类，并在此基础上对各类患者分别进行基因组、表观组和转录组等分析，才可能发现导致人类减数分裂异常进而诱发不育的变异。因此，为阐明减数分裂异常导致人类不育的分子基础和机理，从根本上解决减数分裂异常导致人类不育等问题，需从人类患者出发，充分利用我国不育患者数量多、种类丰富的资源优势，建立人类生殖障碍病例资源库，通过睾丸组织病理学分析和生精细胞遗传学分析，发现具有细胞分裂进程，同源染色体识别、配对、联会、重组或分离等减数分裂异常的精子发生障碍患者，通过基因组、外显子组和转录组等分析，发现导致各种减数分裂异常的潜在突变，再分别从整体（小鼠等）、细胞、亚细胞直至分子水平研究确认决定减数分裂进程，以及同源染色体识别、配对、联会、重组和分离等一系列减数分裂核心事件发生的关键调控因子，阐释其功能及作用机制；汇集减数分裂障碍致病突变和减数分裂关键因子，通过小鼠水平的遗传验证，绘制减数分裂分子谱系与调控网络。

人类减数分裂研究模型的建立。为在体内从功能上确认人类减数分裂异常的致病突变、探讨发病机制，合适的人类减数分裂研究模型显得尤为重要，如构建由减数分裂不同阶段特异表达基因的启动子驱动的荧光蛋白表达报告系统，以便将减数分裂生殖细胞从培养系统中分离出来并进行活细胞跟踪观察；制备携带男性不育候选致病突变的小鼠模型和细胞模型，研究其精子发生和细胞分裂等，阐释其导致精子发生异常进而诱发不育的分子机制等。

三、预期目标

阐明有丝分裂向减数分裂转换的调控原理，提出国际公认的减数分裂启动调控新理论；从新的角度阐释减数分裂进程和同源染色体配对、联会、重组和分离等的调控原理，完成人类减数分裂调控分子网络图谱的绘制；建立人类不育症病因分子诊断的技术体系并推广应用；进一步完善生殖细胞体外减数分裂和体细胞减数分裂的技术体系，获得高质量的人类功能配子，实现不育症患者生殖力重建；确立我国在减数分裂研究和人类不育症诊治领域的领先地位。

第八节 生殖障碍的发生机制

不孕不育受多基因与环境因素的调控，因而具体的发病机制十分复杂，至今绝大部分的病因仍不清楚，对于不孕不育的防治缺乏重要的理论基础。精子发生障碍是男性不育症的主要原因，它导致男性的无精子症、少精子症、弱精子症和畸形精子症。由于对于人类精子发生障碍的分子机制所知甚少，迄今还缺少有效的药物来治疗精子发生障碍。相关机制的研究和新技术的探索将有助于解决男性不育患者面临的生殖健康问题，符合我国的发展战略需求，具有重大的社会需求。在女性不孕症的主要表现形式中，卵子发生和排卵异常对于患者影响最为严重，多囊卵巢综合征和原发性卵巢功能不全（POI）是导致卵子发生和排卵障碍的重要疾病。多囊卵巢综合征和原发性卵巢功能不全不仅导致患者生育能力明显降低或丧失，其合并症和中远期并发症也严重危害女性的身心健康、生活质量、家庭稳定及社会和谐。多囊卵巢综合征在育龄期女性中的发病率为6%~10%，是导致女性月经不调最常见的疾病，约占60%。原发性卵巢功能不全表现为卵泡异常性减少或缺乏，发病率为1%~5%，是一种临床高度异质、病因混杂性疾病，无有效治疗方法，并发症有提前衰老、骨质疏松和冠心病等。多囊卵巢综合征和原发性卵巢功能不全的病因及发病机制尚不清楚，而且无有效的临床治疗手段。因此，分子遗传学发病机制的研究，对新型预防措施制定、诊断和治疗技术的建立具有重要科学意义。

除了不孕不育之外，妊娠期发生的多种重大疾病也使家庭成员蒙受无子之苦（妊娠失败），或在巨大期望下承受丧子之痛（流产、死胎及致残），更使罹患疾病（如妊娠高血压疾病、妊娠糖尿病、早产等）的妊娠妇女承受巨大的身体和精神痛苦，同时出生后代的近期和远期健康也受到威胁。正如已有的科学证据表明的那样，多种重大成年疾病（如糖尿病、高血压和心血管疾病等）的发生均与妊娠期胚胎在子宫内遭遇的不良环境密切相关。近年来，随着国际上生殖健康问题的凸显，妊娠疾病也逐渐吸引了更多研究者和临床工作者的目光，其有效诊疗措施的研发对于家庭和社会的稳定、提高出生人口素质具有积极意义。我国现在正处在一个新的历史转折点，使我国从一个人口大国变为一个人力资本的强国是我国未来发展的必由之路。提高出生人口素质是成为人力资本强国的基础，也是我国实现伟大复兴的基础。因此，妊娠疾病的科学干预不仅对女性生殖健康具有重要意义，还是从源头上预防诸多重大成年疾病，提高出生人口素质的核心环节，体现了当前我国在人口健康战略上面临的迫切需求。

一、研究背景

精子发生障碍与男性不育。我国研究人员利用大量临床样本，主要通过基因组学和蛋白质组学等手段，发现了许多与人类精子发生和成熟相关的SNP[12,437~439,442]、基因突变[440~443]、蛋白修饰位点[444,708]；系统构建了精子发生相关的蛋白功能网络[445,446]，针对部分蛋白功能开展了深入的分子机制研究[421,447]。但由于伦理限制，很难在人体上通过基因编辑等技术研究与人类精子发生障碍可能关联的SNP、基因突变和蛋白修饰位点的真正功能，迄今还需要依赖动物模型，尤其是非人类灵长类动物模型开展相关研究。除遗传因素外，环境因素也对人类精子发生和成熟有显著的影响。我国科学家已对600余种环境内分泌干扰物的雄性生殖毒性进行了筛检[450]，发现对其中30余种环境内分泌干扰物的暴露可显著影响人类精子的生成[451,452]。值得一提的是，我国科学家已实现在体外将干细胞诱导分化为单倍体精子细胞[455,456]，为临床治疗男性精子发生障碍提供了新的思路。

卵子发生障碍与女性不孕。排卵障碍疾病作为严重影响女性生殖健康的疾病，多年来一直是生殖健康研究领域的研究热点。多囊卵巢综合征和原发性卵巢功能不全具有明显的家族性遗传的特点。先前学者虽然对多囊卵巢综合征的70多个候选基因进行了关联分析[709~712]，然而，这些分析多研究某一个或几个基因的某些 SNP，涉及样本量偏少，研究效力尚不足以确定这些基因的致病性[713]。2011 年，我国科学家通过全基因组关联分析（GWAS）首次发现了多囊卵巢综合征的全基因组 SNP 关联位点，这是目前国际上样本量最大、可靠性最高的一次多囊卵巢综合征关联分析[10]。这些关联基因如何参与多囊卵巢综合征的发病？我们需要对这些基因进行深入的功能研究，探索其在排卵障碍中的作用；并进一步扩大样本量，建立足够大的资源库；利用更多的样本发掘潜在的易感位点，尽可能全面地构建多囊卵巢综合征的易感基因网络。在原发性卵巢功能不全的研究方面，目前国际上的报道都存在样本量偏小、研究对象分类不明确的局限性，国际上也尚无对原发性卵巢功能不全患者进行 GWAS 和 CNV 分析的研究报道。我国科学家已经完成了 400 例中国特发性原发性卵巢功能不全病例的全基因组扫描，发现了相关区域 8q22.3 和 CNV 位点 Xq27、候选基因 *ASFMR1*。我们需要在前期研究的基础上，结合生物信息学，寻找各种患病风险及相关性状关联因子，定位功能致病位点，实现遗传病因学研究的重大突破；建立风险预测模型，为原发性卵巢功能不全早期预防及新型药物的筛选提供理论依据和生物靶标，从而革新原发性卵巢功能不全的防治策略，将既往对卵巢功能衰竭的终末状态的维持治疗转变为风险预测和早期预警，使遗传信息与临床表型成功对接，进而为将来实现优化的个体化诊断、治疗奠定坚实的基础，使 GWAS 研究的临床价值最大化。在基础研究领域，科研人员对卵泡正常发育和排卵过程的神经内分泌、卵巢局部因子信号通路进行了系统深入的探索，多种分子和多条信号通路在卵子发生和排卵中的功能被阐明，其与排卵障碍疾病的关联也正在被阐明。

妊娠相关疾病。重要的妊娠相关疾病主要包括早产（发病率 5%～15%）、子痫前期（发病率 7%～10%）、妊娠糖尿病（发病率 1%～5%）以及自发流产（发病率 15%）等。近年来，在我国由于剖宫产率居高不下和二孩政策的逐渐放开，前置胎盘、胎盘植入等凶险妊娠的发生率逐渐攀高，使凶险性分娩和产后大出血等临床问题愈发凸显。目前对这些疾病的发生机制认识还相当有限，因而也缺乏对疾病进行科学有效的早期预测和干预策略，相关的临床与基础相结合的深入研究亟待加强。上述妊娠疾病后代远期不仅罹患心血管疾病、高血压、糖尿病的风险显著升高，还具有较高的神经、智力发育缺陷风险[714～716]。我国科学家发现，内源性大麻素 anandamide 信号通路参与调节早期胚胎发育和囊胚激活过程[717]，Wnt 信号通路是调节囊胚激活的一个关键因素[718]，高通量分析绘制了囊胚激活调节的信号网络图谱[719]。利用小鼠模型和人类临床标本证明子宫内膜上皮细胞 ENaC 在胚胎植入启动过程中的重要作用,阐述了流产或辅助生殖成功率低下的一个重要原因[17];发现了子宫蜕膜化反应的关键调节基因——肝受体类似物 *Lrh-1*,并发现了该基因在调节蜕膜细胞-滋养层细胞对话中的作用[720];发现妊娠早期母体子宫 β2 肾上腺素受体的异常激活会导致子宫平滑肌异常收缩,进而导致胚胎宫内定位紊乱,并引发妊娠流产,提示肾上腺素类药物对改善母体紧张焦虑与后续妊娠流产及妊娠综合征具有潜在的临床应用前景[721];发现了人滋养层细胞通过分泌胸腺基质淋巴细胞生成素(TSLP)训导蜕膜树突状细胞(dDCs),诱导 dCD4+ T 细胞形成有利于妊娠的母-胎界面免疫耐受微环境[722];发现妊娠过程中,蜕膜 CD56^{bright}CD27+ NK 细胞通过分泌 IFN 等细胞因子抑制炎性 Th17 细胞,进而维系母-胎界面免疫耐受和成功妊娠,对于深入理解免疫耐受的机理有重要意义[723];揭示了 Wnt 信号通路受体 Fzd5 与 Gcm1 之间的正反馈调节是绒毛膜尿囊分支所必需的,为进一步阐释胎盘发育过程中血管发生和重建的机制及其在妊娠疾病中的作用机理提供了新的实验证据[277]。此外,我国的基础研究单元与多中心临床机构的通力合作,通过前瞻性队列的大样本研究,鉴定到多个特异而准确地预测重度先兆子痫的标志分子;发现多个 miRNA 分子的表达失调参与先兆子痫相关的胎盘发育障碍[724~727]。

二、主要科学问题和主要研究内容

(一)精子发生障碍与男性不育

(1)主要科学问题:以精子发生障碍与男性不育为主线,从解答基础性、前沿性重要科学问题出发,结合人类生殖健康和临床需求,注重系统设计、开放创新、共享资源、集成技术、重点突破,加强精子发生障碍与男性不育的基础、临床、预防三位一体研究,预期在重大理论和关键技术上有突破和创新,为临床男性不育的诊断和治疗开拓新的途径。

(2)主要研究内容:①人类精子发生障碍的分子机制。以猴为主要模式动物,结合其他小型模式动物,系统研究环境和遗传等因素对精子发生、精子成熟、精卵受精等影响的分子调控机制及其与男性不育的发病机制。②人类精子发生障碍的临床治疗新技术。在已有的基础上,不断扩大和优化各种类型小鼠精子发生障碍治疗方法,并建立猴精子发生障碍的治疗方法,对出生的子代进行安全性评估,逐步过渡到临床治疗男性精子发生障碍。

(二) 卵子发生障碍与女性不孕

(1) 主要科学问题：针对严重影响女性身心健康的排卵障碍疾病，面对提高女性生殖健康的重大需求，围绕临床该类疾病复杂机制尚不清晰而影响诊疗路径实施的重要问题，解答本质的、具有前瞻性的基础科学问题，同时为临床女性不孕的诊疗开辟崭新领域。

(2) 主要研究内容：①建立排卵障碍疾病资源库，进行多囊卵巢综合征和原发性卵巢功能不全等排卵障碍疾病相关基因的筛查，并开展相关基因功能研究；②利用体外培养体系和模式动物研究平台，探讨神经内分泌和卵巢局部因子在卵泡发育和排卵中的调控作用，并阐明其紊乱导致排卵障碍的具体机制。通过上述临床与基础研究的有机结合，为排卵障碍疾病的早期预警和干预措施的建立提供重要科学依据。

(三) 妊娠相关疾病

(1) 主要科学问题：妊娠关键事件调控网络与重要妊娠疾病的分子关联是什么？决定妊娠建立与维持的关键事件包括早期胚胎发育、胚胎植入、子宫内膜分化、胎盘发育、母体妊娠适应性调节等，将着眼于这些关键生理环节的调节机制及其协调网络，阐述胚胎着床如何程序性地决定后续胎儿-胎盘的发育乃至决定妊娠结局，探讨相关调节障碍如何导致各种妊娠疾病，从而阐明妊娠疾病的分子来源，从中鉴定疾病早期诊断、预测和干预的靶点。

(2) 主要研究内容：①确定基于胚胎植入能力的妊娠建立评价指标，阐明人类8细胞期胚胎和囊胚分泌图谱与妊娠结局的关联性、人类胚胎囊胚内细胞团和滋养层细胞的分化命运决定以及父源、母源调控关键分子在早期胚胎发育过程中的调节机制；②建立基于子宫接受态分子标记的妊娠结局评估体系，阐明不同生理和病理状态下子宫不同类型细胞的动态表达分子图谱、正常和反复植入失败者子宫标记分子差异、发展子宫接受态预测的芯片，科学评估妊娠建立成功与否；③基于胚胎-子宫对话环节阐释复发流产等妊娠疾病的发生机制，拟通过建立人类囊胚植入的体外模型，探讨胚源信号如何调控子宫功能、研究子宫内膜-蜕膜转化的分子调控网络及其保护胎儿的免疫调控机制、阐明复发流产胚胎-子宫对话发生障碍的分子基础；④探讨基于胎盘发育和功能调节环节的子痫前期、早产、宫内发育迟缓等妊娠疾病的发病机制，主要研究胎盘滋养层细胞命运决定失衡在妊娠疾病发生中的作用机制、胎盘-子宫-血管协同互作维持胚胎-胎盘-母体循环的机制，阐释相关调控失败导致妊娠疾病的分子基础，最终建立妊娠重大疾病的新型模型，研发疾病的干预策略；⑤建立基于妊娠适应性调节环节探讨多种妊娠疾病的干预策略，解析妊娠过程中胎盘和胎儿与母体多系统、多器官相互作用和精确协调的生理机制、精确定义人类生理和病理妊娠特征及妊娠适应调节的分子印迹、研发妊娠重大疾病的分子预测或诊断试剂盒。

三、预期目标

通过以上研究，拟系统阐明精卵的发生机制以及妊娠选择过程中母-胎对话多个关键环节的调控机制，更全面、深入地探寻重要的精卵发生相关疾病及妊娠疾病的发病机制，在重大理论和关键技术上有突破和创新，为临床女性不孕、男性不育和妊娠相关重要疾病的诊断和治疗开拓新的途径。为提高女性生殖健康水平、从源头上预防多种重大疾病、全面提高人口素质提供坚实的科学依据和崭新的干预策略。

第九节 植物发育可塑性

与动物不同，植物的胚胎发育颇为简单，主要是建立茎尖和根尖两个生长点，其形态建成则完全是依赖胚胎后发育完成。因为植物无法移动的生活方式，它必须面对周围复杂的环境，通过不断地调整自己的器官发生、发育、开花和休眠来适应这些变化。因此，对于植物来讲，生存的压力决定了植物在进化过程中选择了胚胎后形态建成的发育方式，使其具有更大的可塑性来应对环境的变化。首先，植物发育可塑性表现在植物的地上茎尖分生组织和地下根尖分生组织部分，它们不仅分别产生了所有的地上器官茎、叶、花和地下的根系，而且茎尖分生组织会根据内外环境信号来改变植物的器官发生，也能够在适当时机实现由营养生长到生殖生长的转变，决定产生高度复杂的花器官，并决定植物何时停止器官的分化，进入成熟生长和休眠。其次，植物器官形态建成发育的一个较大的时空范围内，器官的发生和发育以及大小的决定是高等植物生活史中最重要的一个阶段。不同类型的器官如根、茎、叶和花等发生、发育是在不同环境信号的影响下，通过复杂而精细的调控而逐步完成的，这种发育模式使得植物在复杂的环境变化中具有更强的可塑性。植物也可以根据环境变化不断地在已经分化的组织中重新建立新的生长点，继而发育形成分枝和根系并实现各种形式的无性繁殖。这些发育的可塑性不仅使植物具有更强的生命力，而且也使植物适应环境并直接关系到物种生命的延续。更为重要的是，植物器官发生和器官大小、分枝、开花以及种子的发育也与农业生产获得产品、提高产量直接相关。因此植物重要器官形态建成的调控机制以及与环境互作是植物发育过程中最根本的问题。再次，植物发育可塑性的本身是因为植物体细胞也具有很强的可塑性。植物中绝大多数已分化的体细胞在离体和活体条件下，能够很容易地获得干细胞的功能，并通过生长点重建完成体细胞胚胎发生直到完整植株的形态建成等一系列过程。一直以来，作物品种设计是作物育种最重要的目标。如何通过合理的株型设计提高作物光合作用效率、合理分配光合作用产物等难题归根到底是植物形态建成的控制问题。在植物中，器官发生、开花结实和种子的发育、作物分蘖和根系形成等发育性状直接决定了粮食作物的产量和经济作物的价值。目前作物育种所追求的"理想株型"和高产、优质抗逆从根本上是植物发育可塑性的问题。因此，从根本上揭示植物发育可塑性和作物重要农艺性状形成的分子基础，可以为粮食和经济作物的合理株型设计和品种改良提供支撑，同时可以为保证我国的粮食安全和国民经济的可持续发展奠定科学和技术基础。

一、研究背景

随着近年来植物功能基因研究的深入，以拟南芥和水稻作为双子叶和单子叶模式材料，在植物器官的形态建成、器官发育和种子大小控制的分子控制方面取得了一系列重要进展。而我国在水稻株型调控的分子机理以及水稻高产相关株型分子设计的研究已经进入世界前列[728]。相继克隆了一些决定株型的关键基因或主效数量性状基因座，如分蘖数目控制基因 *MOC1*，分蘖角度控制基因 *LA1*、*TAC1*、*PROG1*，穗大小控制基因 *CKX2*、*SP1*，直立穗基因 *DEP1*，籽粒大小控制基因 *GW2*，粒籽充实基因 *GIF1* 等[729~731]。这些重要基因的克隆为人们认识水稻株型的形成机理及其对产量的影响具有重要的理论价值。随着研究深入，植物发育生物学的研究重点也逐渐从关注形态建成为主转向探讨发育可塑性的控制。近年来植物发育生物学的研究热点也开始转向发育可塑性的根本机制[732]。在植物茎尖、根尖生长点干细胞的维持与分化机制的研究中取得了长足的进展，建立生长点的核心调控网络[733,734]，发现植物激素和多肽作为生长点重要微环境信号调控生长点的分子机制[470,473]。也开始探索植物器官发生和大小决定的可塑性控制[735]。鉴于植物细胞命运的决定是植物发育可塑性的根本，因此植物发育生物学的研究也趋向探讨植物细胞命运和细胞分化的信号控制方面。而这些工作将揭示植物发育可塑性的根本所在,更深层次地探索发育可塑性的调控机制,为我国粮食作物和经济作物的分子育种提供基础。

二、主要科学问题

围绕植物发育可塑性的根本问题,聚焦植物生长点控制与环境信号互作的分子以及侧生生长点建立调控机制,研究器官发生和大小决定的调控机制,探索细胞命运决定和组织分化的分子基础。

三、主要研究内容

植物生长点的维持、重建及其环境调控:茎尖、根尖生长点干细胞中心的维持和分化机制与信号,环境信号与生长点干细胞信号的互作;新的茎尖、根尖生长点的建立及其调控。植物器官发生和器官大小的决定:器官决定和发生、数目控制,器官形态和大小的决定,特种经济植物器官(块根、块茎)的发生和发育调控。植物细胞命运决定和再生的分子基础:植物体细胞命运决定及组织分化调控,植物可重复再生的分子基础。

四、研究目标

从分子水平解析生长点维持、分化和新生长点建立的分子网络,解析环境信号对生长点可塑性调控的分子基础;解析新器官发生的分子机制及信号调控,揭示器官大小决定中细胞分裂分化以及细胞大小的协同机制;发现植物细胞命运决定的信号以及决定组织分化和再生的分子调控网络。

第十节 植物生殖隔离、生殖障碍的形成和演化机制

生殖隔离是指由于各方面的原因,亲缘关系接近的类群在自然条件下不能交配,或者即使交配也不能产生后代和不能产生可育性后代的现象[736]。生殖隔离在生物界普遍存在,是物种分化的重要原因,也是维持种系相对独立性的重要机制。对导致生殖隔离产生、维持和演化机制的研究,既是科学发展的需要,又具有潜在的应用前景。传粉、受精和胚胎发育等过程既是植

物进行有性生殖的重要过程，也是容易导致生殖隔离产生的阶段。被子植物之所以成为陆地生态系统的主宰，并为人类和其他生物提供富含营养的粮食、蔬菜和水果，与其演化出复杂的繁殖结构（如花和闭合的心皮）和生殖过程（如双受精现象）密不可分。作为植物界最进化、最高级的有性生殖形式，双受精是导致被子植物繁盛的重要原因。植物的双受精过程受到诸多重要环节的精细调控，如传粉、花粉与柱头之间的互作、花粉之间的竞争、花粉管的生长、雌雄配子体之间的互作、配子体与孢子体之间的互作等。如果这些环节发生异常，植物的生殖效率和适应性必将受到影响。此外，对植物受精和生殖隔离分子机制的研究还能够为作物育种提供理论指导。在粮食压力日趋增加的今天，主要栽培作物遗传多样性的降低已经导致了增产和稳产潜力的下降。通过分子设计打破作物品系及作物与野生近缘种间的生殖障碍、充分利用杂交优势是提高作物产量和品质的有效途径。总之，对植物受精和生殖隔离分子机理的研究不仅能够揭示生命科学领域的基本理论问题，而且具有重要的实践意义和应用前景。

一、研究背景

双受精是植物有性生殖过程中特有的现象。花粉成熟之后，通过各种途径传送到雌蕊的柱头上，吸收水分同时释放花粉壁蛋白。经花粉壁蛋白与柱头表面溢出物或亲水的蛋白质表膜的相互识别，决定雄性花粉被雌蕊"接受"或"拒绝"。如果是亲和性的花粉，花粉粒从柱头分泌物中吸收水分、膨胀，内壁从萌发孔向外突出形成细长的花粉管，内含物流入管内。花粉管不断伸长，经花柱进入子房，最后直达胚囊，释放出两个精子，分别与卵和极核结合，最后分别发育成胚和胚乳，完成双受精过程。近几十年来，随着分子生物学突飞猛进的发展，人们已经鉴定出了多种影响上述过程的因子和蛋白。例如，在孢原细胞发生过程中起关键作用的 SPOROCYTELESS/NOZZLE（SPL/NZL）蛋白[536~539]、调控卵细胞与中央细胞之间通信的 *GAMETE CELL DEFECTIVE 1*（*GCD1*）基因[543]，以及参与雄配子体发育的各种转录调控因子、微管结合蛋白、周期蛋白激酶和质膜融合蛋白等。除了受精前的传粉过程和双受精过程本身影响植物的生殖效率之外，受精后胚胎和胚乳的形成和发育对于植物繁衍后代也是至关重要的。任何影响上述过程的因素都有可能导致植物种内或是种间的生殖隔离。从遗传进化的观点看，隔离机制在物种形成和生物多样性的维持方面扮演了主要的角色[737]。例如，在传粉前，开花时间的差异以及一些吸引传粉动物的性状（包括花的形状、颜色、气味以及花蜜的组分等）的不同都可能导致植物之间的花粉无法交流,从而形成生殖障碍。到目前为止,在模式植物拟南芥、金鱼草和水稻中,人们已经鉴定了许多与此相关的基因,如参与开花时间调节的 SOC1 基因等[738~740]、参与花器官形态建成的 MADS-box 基因等[741],以及影响花色形成的花青素代谢途径[742]和调控花部对称性的基因[743]。植物受精前,花粉落到柱头上之后,二者是否能够识别是花粉管能否萌发的关键。由于花粉-柱头之间的互作是影响植物受精过程的关键环节之一,因此,对该过程分子基础的研究已成为当前的热点之一,尤其受关注的是在花粉附着于柱头、花粉管生长和花粉管引导以及自交不亲和反应过程中起作用的调节因子[744]。目前,已经清楚的是,单倍体的花粉从二倍体的柱头组织接收到各种分子信号,包括离子、小分子、小肽和糖蛋白,从而诱导花粉的萌发和花粉管的伸长[745]。花粉管在花柱道中的伸长既受向化性的作用,也受机械性的引导。助细胞分泌的多肽如 LURE 和 Zea mays Egg Apparatus1（ZmEA1）等,是特异性地吸引花粉管向胚珠生长的关键因子[549,746]。一些位于内质网上的蛋白质和糖基化磷脂酰肌醇锚定蛋白（glycosylphosphatidylinositol anchored protein）对花粉管向子房生长具有引导作用[747]。CrRLK1L-1 亚家族的受体激酶 FERONIA（FER）通路通过产生活性氧和调节细胞质钙离子浓度的方式在花粉管终止生长的过程中起关键作用[748]。助细胞中的乙烯信号转导和中央细胞中的 FERTILIZATION INDEPENDENT SEED POLYCOMB COMPLEX2（FIS-PRC2）复合体则参与决定一个胚珠仅接受一个花粉管[749,750]。虽然花粉-柱头的识别对种间生殖隔离的形成十分关键,但是目前相关的研究还较少。人们仅仅分离了一些在自交不亲和反应过程中起作用的蛋白,发现 LURE 和 ZmEA1 蛋白在十字花科植物和玉米中起到了抑制异种花粉管伸长的作用[550,746]。花粉管到达胚囊后破裂释放出精子,这个阶段标志着花粉与花柱之间配子体-孢子体相互作用的结束,精细胞与卵细胞及精细胞与极核之间配子体-配子体相互作用的开始。例如,已有研究表明,在玉米胚囊中特异表达的一种防御素类半胱氨酸多肽 ZmES4 参与调控花粉管生长停滞和破裂并释放精细胞的过程[557]。在受精后,也有众多的调节机制影响后续的胚胎和胚乳发育及最终种子的形成和种子的生活力。在拟南芥中,研究者已经分离和鉴定了一些影响胚胎形成和发育的重要基因,如 MONOPTWERO（MP/ARF5）/FAC、WUSCHEL-LIKEHOMEOBOX（WOX）和 WRKY2 等[582,751];与胚乳发育相关的基因有 TITAN、Dek1 和 FIS 等[585]。相关的受精后生殖隔离实例也有诸多报道,如牛舌樱草（Primula elatior）与硕萼报春

(*Primula veris* subsp. *macrocalyx*）杂交，虽然能够形成合子，但胚发育不完全，从而无法形成成熟的种子。此外，一些相关的基因也已经被揭示，例如，在拟南芥中，ADMETOS（ADM）基因表达量的增加导致种子发育停滞而无法萌发[752]；抗性基因 NR-LRR 之间的相互作用导致自身免疫反应，进而会引起 F1 代孱弱的表型[753]；水稻 Sa 位点两个相邻基因的互作能够导致粳籼稻杂交自带的雄配子不育[754]。总之，植物的有性生殖过程是非常复杂的，受到多个环节的精细调节；而植物生殖隔离的机制也是多样的，可以发生在植物有性生殖的各个阶段，尽管受精前后似乎更为重要。因此，要揭示植物受精和生殖隔离的分子机制，为作物分子育种和品质改良提供理论指导，我们还需要开展更为深入的研究工作。

二、主要科学问题

围绕植物受精前后的关键过程，聚焦传粉、花粉识别、受精和胚胎或胚乳发育等几个方面，研究外界环境和花部性状对传粉过程的影响和导致生殖隔离的机制；解析花粉-柱头互作和花粉竞争的调控机制，揭示自交或异交亲和性的调控网络，阐明受精过程中一些关键事件（如花粉管生长、配子体和孢子体互作、雌雄配子互作等）的分子基础；研究胚胎、胚乳发育及二者互作的调控机制，揭示合子前和合子后生殖隔离的原因和机制，为实现物种间的远缘杂交和培育新品种奠定理论基础。

三、主要研究内容

植物开花、传粉及花粉识别与生殖隔离：花期和花粉活力导致生殖隔离的分子机制；花色、花展示和花部结构导致生殖隔离的分子机制；花粉-柱头互作及自交或异交亲和性导致生殖隔离的分子机制；花粉竞争导致生殖隔离的分子机制。

植物受精与生殖隔离：花粉管生长缺陷导致生殖隔离的分子基础；雌、雄配子体不亲和导致生殖隔离的分子基础；受精卵生长缺陷导致生殖隔离的分子基础；受精极核生长缺陷导致生殖隔离的分子基础。

植物胚胎、胚乳和子代发育与生殖隔离：胚胎发育缺陷导致生殖隔离的分子基础；胚乳发育缺陷导致生殖隔离的分子基础；子代生长缺陷导致生殖隔离的分子基础；子代不育导致生殖隔离的分子基础。

四、研究目标

全面揭示植物传粉、受精和胚胎发育的分子机制，分离和鉴定一批调控植物传粉、花粉-花柱互作、花粉管萌发、精-卵识别、胚胎发育等重要过程的关键基因；阐明植物合子前和合子后生殖隔离的遗传和表观遗传学基础，为作物分子模块育种提供理论依据和设计方案；建立一支国际水平的植物生殖隔离研究人才队伍。

第十一节 植物中物质长距离运输

裸子和被子植物在陆地全面成功的最主要原因是维管系统的建立，维管组织参与植物体内物质的运输并维持植物直立生长，是植物适应陆生生活的产物。维管组织中的导管或管胞运输水分和无机盐，筛管或筛胞运输光合作用所产生的糖和氨基酸等有机物质。而对植物生长发育起重要功能的很多物质（包括激素、小 RNA、多肽、转录因子等）也可以通过维管束系统长距离传送。有效的糖运输是作物产量形成的关键，水分和无机盐运输对作物的生长、发育，以及对干旱、盐碱、高温、低温的抵御能力的建立尤其关键，而激素、小 RNA、多肽和转录因子等的长距离传送不仅调控植物的生长发育，而且也影响着植物对环境胁迫的响应与防御。面对我国日益严峻的粮食安全、环境污染、水质富营养化、地下水位的下降等农业生产问题，从发育生物学角度研究植物体内的长距离物质运输的分子机理，从分子水平探索导管分子的形成、分化、细胞伸长、细胞壁局部加厚和细胞程序化死亡的调控，研究筛管和伴胞的协同分化、胞间连丝和筛板的形成、细胞核退化、筛管中物质的运输方向的调控等，阐明植物体内有机物、水分，以及无机盐、激素、小RNA、多肽和转录因子等物质的长距离运送效率的形成机制及其对植物的生长发育、环境胁迫响应的调控机制，不仅是生命科学领域的重大理论问题，也对农业、林业、园艺等高产高效新品种培育具有重要的应用价值。

一、研究背景

植物的维管系统包括木质部和韧皮部组织，不同植物的维管束的排列有一定的固定模式，是分类学的重要指标。植物体内的长距离物质运输主要通过位于木质部的导管系统和位于韧皮部的筛管系统这两个系统来完成[755]，导管和筛管是这两个系统中起主要功能的组织。导管和筛管都是由原形成层或形成层细胞分化而来：(原)形成层向外产生筛管，向内产生导管[756]，它们在植物的生长点部位就已经开始分化，一般情况下筛管的分化要比导管稍早一些。导管是由伸长的呈环纹、螺纹、梯纹、网纹或孔纹等不同次生壁加厚的导管分子构成，成熟的导管分子为死细胞，相邻两个导管分子之间的细胞壁被部分开通形成穿孔板，使得水分及无机盐能够通过叶片的蒸腾和导管本身的毛细管效应长距离运输，这种物质运输的距离甚至可以长达数百米。导管的分化主要受生长素的诱导，生长素的合成与极性运输决定了导管分子的分化地点、时间及方向[757,758]，小分子多肽如 CLE41/CLE44 及其受体也参与导管分化调控[759]。此外，胞内分泌与细胞壁物质的囊泡定向运输也与导管的分化密切相关[747]。目前对于导管分化的研究主要是利用筛选突变体或者利用转录组学技术，结合分子遗传学的研究方法已经解析控制导管分化的关键基因。此外，拟南芥和百日菊（*Zinnia elegans*）的体外导管分化实验系统也被广泛应用于分离导管分化调控基因，已成功地用于阐明控制导管分化的关键转录因子包括 VND6 和 VND7 的功能[760,761]。筛管是由单向伸长的筛管分子和与之相邻的伴胞细胞构成，成熟的筛管细胞尽管是活细胞，但是其细胞核已经退化，其基因表达所需要的 mRNA 主要是由伴胞细胞提供。筛管细胞与伴胞之间、与光合作用活跃的叶肉细胞之间均有丰富的胞间连丝联接。光合作用产生的有机物主要以蔗糖的形式长距离运输，到达目标细胞的蔗糖会被裂解产生葡萄糖和果糖，用于淀粉和其他代谢物合成或提供能量。这一从源到库的物质运输使营养物质最终以淀粉、蛋白质或者脂肪酸的形式在种子及其他营养储存器官中大量累积。筛管的分化似乎主要受细胞分裂素的调控，例如细胞分裂素受体基因 *WOL* 的突变导致筛管的分化受阻[762]，APL 转录因子的功能与筛管的分化密切相关[763]。在水稻颖果的维管束附近有细胞壁 Invertase 和 NF-YB1 的表达，前者将葡萄糖裂解成单糖以运输进入胚乳[764]，后者调控三个蔗糖转运蛋白的表达控制蔗糖直接进入胚乳[765]。过去几年植物维管组织的发育研究已经成为植物发育生物学最热门的领域之一，国际植物维管生物学大会自 2007 年启动以来，每三年举办一次，截至 2016 年已经召开了四届。国内这一领域的研究主要集中在中国科学院、北京大学、中国农业科学院、华中农业大学和上海交通大学等单位。

二、主要科学问题

探索导管和筛管分化调控的分子机理，研究决定维管组织分化的信号分子及所涉及的信号转导通路；探索决定在特定位置形成导管和筛管分子的位置信号，解析不同物种间导管与筛管分化差异的分子基础和进化模式，解析由形成层细胞分别分化形成导管和筛管的机制和信号网络；探索提高农作物糖分、水分和无机盐运输效率的可能途径，为提高作物产量、水分和养分运输和利用效率提供新的解决方案。

三、主要研究内容

研究形成层细胞分别分化形成导管和筛管的机制和调控网络；阐明维管组织分化的信号分子和所涉及的信号转导通路；探索决定在特定位置形成导管和筛管分子的位置信号及导管和筛管分化调控的分子机理，阐析不同物种间导管与筛管分化差异的分子基础和进化模式；研究植物的有机物、水分，以及无机盐、激素、小 RNA、多肽和转录因子等化合物的长距离运送效率的形成机制，分析长距离运送对植物生长发育、环境胁迫响应的调控机制。

四、预期目标

分离一系列调控导管和筛管分化的关键信号分子和调控基因，在分子水平上阐述植物导管和筛管的分化机理；建立植物维管组织形成和分化的调控网络，为作物的产量和抗逆性（干旱、盐碱）提高提供新的解决方案；建立一支国际水平的维管束研究人才队伍。

第十二节 公共资源平台与数据库

随着我国发育与生殖领域的蓬勃发展，特别是诸如小鼠、斑马鱼、果蝇及线虫等模式动物研究队伍的体量已经接近或超过欧美国家同行的水平，目前虽然众多实验室间已建立了相互借鉴、协同发展的合作关系，但一些共性问题依然阻碍了本领域的总体发展。

模式动植物的基因功能缺失品系、基因过表达品系、谱系标记品系在发育与生殖研究中发挥了不可或缺的作用。尽管我国已创建和引进了大量的模式动植物遗传资源，但主要分散在各个实验室，存在信息不透明、标准化差、分享困难等问题。此外，现有的资源还很有限，需要不断创建新的资源，才能满足发育与生殖研究的需要。建立和完善模式动植物的资源库，将为发育与生殖研究、发育与出生缺陷、发育与生殖疾病治疗、新药开发等领域提供重要的研究平台，并产生极其重要的影响。

动植物发育与生殖涉及几十种组织器官，数百种不同类型细胞在结构、代谢、分子活性等方面动态变化，现有的相关基础数据很零散，制约了开展前沿性、高水平的研究。因此，特别有必要整合现有的基础数据，并批量获得新的数据，建立共享的数据库、技术平台及共享资源库，从而持续促进发育与生殖研究，也将对生命科学其他领域，甚至非生命科学领域（如环境保护）的研究起到重要的推动作用。

此外，传统药物开发主要以分子和细胞为靶向，基于这种药物筛选模式的候选化合物在模式动物水平和临床实验过程中具有超过99%的淘汰率。线虫、果蝇和斑马鱼等模式动物具有胚胎体积小、后代数量大、易于繁殖、世代周期短和易于观察等特性，在药物开发和筛选过程中具有独特优势。而目前，我国能够充分运用模式动物这些独特特点的小分子药物筛选平台仍然缺失，这极大地限制了我国相关研究领域的发展。

主要研究内容和预期目标

模式动植物表型及DNA修饰、基因表达等数据的整合与扩充：根据已有发育与生殖相关模式动植物的特性，在发育各个阶段及各个方面搜集整合目前国内各个相关实验室的数据，并逐步创建染色质高级结构、表观遗传和基因表达特征图谱的数据库，同时搜集和构建标准化的模式动植物表型数据库，为领域内研究团队提供重要的信息共享平台及共享数据库。

模式动物早期发育数据库的建立和完善：随着谱系示踪技术的发展和完善，动植物早期胚胎及组织器官发育的研究越来越多地依赖于谱系示踪技术。目前虽然谱系示踪技术的研究已经广泛应用于早期胚胎发育以及组织器官的研究，但是仍然处于零散状态，缺少相应的公共共享数据库。谱系示踪技术数据库的建立将为国内及国际胚胎早期及组织器官发育的研究团队提供重要的相关信息，避免重复研究，同时数据库的建立不仅仅对基础研究具有重要的意义，对于相关疾病的临床研究也具有很重要的现实意义。

整合发育相关数据、建立基础数据共享平台：目前的相关数据零散，多为信息孤岛，国家应建立统一的基础数据共享平台，给予稳定的经费支持，集成和扩充相关数据。此外，目前我国生物医学相关资料高度依赖于美国国立生物技术信息中心（NCBI）数据库及PubMed数据库，信息安全受制于人，建议我国应建立自己的相应文献数据库，以保障研究工作的顺利开展，避免在特殊情况下被信息封锁、严重制约我国科研的发展。

建立全国性模式动植物资源平台：发育生物学依赖于模式生物，而许多模式生物（例如果蝇）需要活体保存，因此需要大力发展、完善并整合现有的果蝇、斑马鱼和小鼠等模式动物资源性平台，做到信息开放、资源开放、有效共享。

创建发育研究的模式动植物新品系平台：大力发展各种基因遗传操作技术，并利用这些技术对有利于发育与生殖研究的新物种和品系进行改造，并建立相应的、能够开放共享的资源库。同时这些技术也可以充分利用到对于线虫、果蝇、斑马鱼和小鼠等模式动物相应研究模型的创建中。

建立基于个体的小分子药物筛选平台：充分发挥线虫、果蝇和斑马鱼等微小模式动物胚胎体积小、后代数量大、易于繁殖、世代周期短和易于观察等优势，通过对已有的小分子化合物库进行筛选并整合高通量微小模式动物分选、分配系统，结合具有一定通量的基于整体水平表型观察的分析平台，实现针对发育、生殖及疾病模型的药物开发，为临床研究提供坚实的基础。

第五章
发育生物学学科发展的政策性建议

我国在发育与生殖领域的研究已取得了一些重要成果，但总体而言仍存在差距和瓶颈问题，需在现有基础上提高整体研究水平，同时培育更高层次的人才，取得具有转化前景的实际应用研究成果，更好地为人口健康服务。

必须要在准确把握国际学科发展前沿，充分分析发展趋势、学科特点和现状的基础上，面向国家人口素质和人口健康重大战略需求，凝练发育与生殖领域重要研究方向，明确各分支学科发展的战略目标、整体布局，并在科研政策、机制创新、人才队伍、条件平台、国际交流等方面制定有力的保障措施。在国内发育与生殖相关领域研究人员的共同努力下，逐步形成以首席科学家领衔和中青年学术骨干组成的研究核心团队，并建立具有国际吸引力的研究中心和转化中心。

第一节 增加经费投入

随着生育年龄的提高，食品结构的改变，生态环境的恶化，生活和工作方式的改变，发育生殖的问题越来越突出。国家亟须从根本上保障经费投入的力度，以有效促进发育生殖研究领域的逐渐发展和成果产出。地方政府也应根据自身特点和经济发展水平，通过设立地方基金项目给予资助，形成具有特色和针对性的研究和转化应用策略，促进研究成果的有效转化和应用，如京津地区、江浙沪地区、深广地区等；通过地方政府资助，设立基础研究和转化应用中心，重点关注发育与生殖领域中基础研究的临床应用转化，针对影响我国人口健康素质的重大疾病（如生殖发育障碍、肥胖和糖尿病等代谢性疾病及免疫稳态失衡相关疾病等）建立新的治疗策略，有效提高人群健康水平。而对经济相对落后的地方，则建议以合作的形式参与到一些重大项目的研究中，结合地方小额资助，带动整体研究水平的提升和提高民众认识。

第二节 合理经费评审

对研究项目的经费评审，建议采取逐级评审制度予以保障经费的切实落实和应用的合理有效。①项目立项之前，组织基础研究和临床研究的专家评审团，对项目实施的可行性和与之配套的经费需求进行研讨，制定不同层次的研究项目的经费下拨数量和比例等，做到不虚高也不缺少。②项目立项之初，各个项目组制定经费预算表，通过组织研究领域专家和审计部门配合，对经费预算进行切合实际的严格把关，杜绝不合理经费使用；同时预算要符合科学研究的实际情况，不做无谓的细化。③项目进行中，每年各个项目实施单位聘请审计人员，并邀请外单位相关专业研究人员联合进行审计，对经费使用中不合理的地方早发现、早整改，并将整改意见进行公示，起到警示和规范作用；项目中期考核中对经费的使用情况予以严格把关，对存在的问题督促整改。④因年度经费时常到位晚，对预算执行率要放宽，同时加大人员经费比例和适用范围。⑤项目结题时，实施严格的审计制度，结合领域专家鉴定讨论研究成果，对经费的使用情况予以公示，其中不合理的地方予以严格控制，要求退还并建立档案管理，在下次项目申请之前结合档案记录，予以重点考量，有效保障研究项目落实到诚实、守信并具有合理经费使用能力的研究团队中。

第三节 给予优秀项目的连续支持

科学研究项目应具有持续性发展的空间，并将成果不断转化应用。对一些优秀项目建立连续支持的体制，可切实有效提高研究水准和推动转化进程。

在每个项目结题时，管理部门组织相关领域基础研究和临床研究专家，联合同行专家进行综合评审，评选优秀项目（通过对项目实施情况、项目取得成果及未来发展空间等方面进行评价）；评选出的优秀项目研究团队再对其未来继续研究方向进行申报和答辩，差额决定连续支持的研究团队（主要从经费预算、未来研究目标、可能取得的研究成果和可持续发展等方面进行考量）。通过给予优秀项目的连续支持，实现原有基础上的飞跃和提升，最终落实到转化和应用方面。

第四节　项目遴选机制

对于项目的遴选，目前我国采用的遴选机制基本可以保障各个层次研究项目应有的质量。就重大的科学研究项目而言，从组织撰写研究指南、制定研究总体设计和研究方向，到各个研究团队自由申报；从首席科学家的牵头到学术交叉的骨干团队成员共同合作；从申报单位初步审核申报，报送地方把关，到国家层面组织领域专家和大同行组成的专家团对项目进行评审；从一审确立大致立项的研究团队，到二审更仔细全面遴选，保障研究团队质量和可预计发展前景等。层层把关，力求对项目的质量和实施的可行性予以监督，对提高我国相关领域的研究水平提供切实保障。因生殖发育专家组的成员是由一批仍在相关领域工作的发育生殖专家组成，建议建立相应的机制，对他们进行支持（如允许申请或参与项目，或另立机制进行支持）。对于地方性的研究项目，建议遴选时可酌情优先支持一些发展相对较慢的单位，使研究领域覆盖面更广，影响力更大，从而有利于领域的整体协调发展。

第五节　项目评估机制

目前，项目的评估多采取"中期评估，中期整改到项目结题总结"的形式。该形式整体可以继续延用，但对项目群的评估可以有所改进。目前的评估多是单个项目，单独组织专家进行评估，对我国在该领域的整体研究水平的认识可能不到位，存在片面现象。建议同领域、相同层次的研究项目同时进行平行的总体评估，总结材料汇编在一起并进行答辩，使整体研究现状和取得的成果一目了然，通过各个研究团队的横向比较，总体把握研究水平、未来发展方向以及其中存在的问题和不足，有利于聚焦科学问题、挖掘科研瓶颈和探索发展前景。此外，可以开拓开放式评估体系，如聘请海外专家进行项目评估，减少因"关系"问题而产生的评估偏颇；在项目申报、项目总结答辩等场合，可以提供一个公示的平台，使更多人知晓并开放给更多人员参与，一方面对其公正性有帮助，另一方面也给予大家更多的学习交流机会，对营造更好的研究氛围，提高人员的科研素质也非常有利；评估时也可以增加非领域专家，结合财务审计专家，对项目除专业学术以外的内容进行指导，使项目运行更为规范，也可以碰撞出更多的科研和转化应用火花，做到"不为项目而项目"，升华项目的科学内涵和应用价值。

参考文献

[1] Xia J H, Liu C Y, Tang B S, et al. Mutations in the gene encoding gap junction protein beta-3 associated with autosomal dominant hearing impairment. Nat Genet, 1998, 20: 370-373.

[2] Zhang X, Zhao J, Li C, et al. DSPP mutation in dentinogenesis imperfecta shields type II. Nat Genet, 2001, 27: 151-152.

[3] Gao B, Guo J, She C, et al. Mutations in IHH, encoding Indian hedgehog, cause brachydactyly type A-1. Nat Genet, 2001, 28: 386-388.

[4] Xiao S, Yu C, Chou X, et al. Dentinogenesis imperfecta 1 with or without progressive hearing loss is associated with distinct mutations in DSPP. Nat Genet, 2001, 27: 201-204.

[5] Bu L, Jin Y, Shi Y, et al. Mutant DNA-binding domain of HSF4 is associated with autosomal dominant lamellar and Marner cataract. Nat Genet, 2002, 31: 276-278.

[6] Wen Y, Liu Y, Xu Y, et al. Loss-of-function mutations of an inhibitory upstream ORF in the human hairless transcript cause Marie Unna hereditary hypotrichosis. Nat Genet, 2009, 41: 228-233.

[7] Wang B, Yang W, Wen W, et al. Gamma-secretase gene mutations in familial acne inversa. Science, 2010, 330: 1065.

[8] Wu N, Ming X, Xiao J, et al. TBX6 null variants and a common hypomorphic allele in congenital scoliosis. The New England Journal of Medicine, 2015, 372: 341-350.

[9] Shi Y, Zhao H, Cao Y, et al. Genome-wide association study identifies eight new risk loci for polycystic ovary syndrome. Nat Genet, 2012, 44: 1020-1025.

[10] Chen Z J, Zhao H, He L, et al. Genome-wide association study identifies susceptibility loci for polycystic ovary syndrome on chromosome 2p16.3, 2p21 and 9q33.3. Nat Genet, 2011, 43: 55-59.

[11] Hu Z B, Xia Y K, Guo X J, et al. A genome-wide association study in Chinese men identifies three risk loci for non-obstructive azoospermia. Nat Genet, 2011, 44: 183-186.

[12] Hu Z, Li Z, Yu J, et al. Association analysis identifies new risk loci for non-obstructive azoospermia in Chinese men. Nat Commun, 2014, 5: 3857.

[13] Huang H L, Lv C, Zhao Y C, et al. Mutant ZP1 in familial infertility. The New

England Journal of Medicine, 2014, 370: 1220-1226.

[14] Feng R, Sang Q, Kuang Y, et al. Mutations in TUBB8 and human oocyte meiotic arrest. The New England Journal of Medicine, 2016, 374: 223-232.

[15] Wang T, Sha H, Ji D, et al. Polar body genome transfer for preventing the transmission of inherited mitochondrial diseases. Cell, 2014, 157: 1591-1604.

[16] Yu C, Zhang Y L, Pan W W, et al. CRL4 complex regulates mammalian oocyte survival and reprogramming by activation of TET proteins. Science, 2013, 342: 1518-1521.

[17] Ruan Y C, Guo J H, Liu X, et al. Activation of the epithelial Na^+ channel triggers prostaglandin E_2 release and production required for embryo implantation. Nat Med, 2012, 18: 1112-1117.

[18] Chen Z J, Shi Y, Sun Y, et al. Fresh versus frozen embryos for infertility in the polycystic ovary syndrome. The New England Journal of Medicine, 2016, 375: 523-533.

[19] Li W, Shuai L, Wan H, et al. Androgenetic haploid embryonic stem cells produce live transgenic mice. Nature, 2012, 490: 407-411.

[20] Yang H, Wang H, Shivalila C S, et al. One-step generation of mice carrying reporter and conditional alleles by CRISPR/Cas-mediated genome engineering. Cell, 2013, 154: 1370-1379.

[21] Li Z, Wan H, Feng G, et al. Birth of fertile bimaternal offspring following intracytoplasmic injection of parthenogenetic haploid embryonic stem cells. Cell Res, 2016, 26: 135-138.

[22] Zhong C, Xie Z, Yin Q, et al. Parthenogenetic haploid embryonic stem cells efficiently support mouse generation by oocyte injection. Cell Res, 2016, 26: 131-134.

[23] Zhou Q, Wang M, Yuan Y, et al. Complete meiosis from embryonic stem cell-derived germ cells *in vitro*. Cell Stem Cell, 2016, 18: 330-340.

[24] Lin J, Shi L, Zhang M, et al. Defects in trophoblast cell lineage account for the impaired in vivo development of cloned embryos generated by somatic nuclear transfer. Cell Stem Cell, 2011, 8: 371-375.

[25] Wei Y, Yang C R, Wei Y P, et al. Paternally induced transgenerational inheritance of susceptibility to diabetes in mammals. Proc Natl Acad Sci USA, 2014, 111: 1873-1878.

[26] Chen Q, Yan M, Cao Z, et al. Sperm tsRNAs contribute to intergenerational inheritance of an acquired metabolic disorder. Science, 2016, 351: 397-400.

[27] He Y F, Li B Z, Li Z, et al. Tet-mediated formation of 5-carboxylcytosine and its excision by TDG in mammalian DNA. Science, 2011, 333: 1303-1307.

[28] Gu T P, Guo F, Yang H, et al. The role of Tet3 DNA dioxygenase in epigenetic reprogramming by oocytes. Nature, 2011, 477: 606-610.

[29] Guo F, Li X, Liang D, et al. Active and passive demethylation of male and female pronuclear DNA in the mammalian zygote. Cell Stem Cell, 2014, 15: 447-459.

[30] Wang L, Zhang J, Duan J, et al. Programming and inheritance of parental DNA methylomes in mammals. Cell, 2014, 157: 979-991.

[31] Zhang W, Xia W, Wang Q, et al. Isoform switch of TET1 regulates DNA demethylation and mouse development. Mol Cell, 2016, 64: 1062-1073.

[32] Liu X, Wang C, Liu W, et al. Distinct features of H3K4me3 and H3K27me3 chromatin domains in pre-implantation embryos. Nature, 2016, 537: 558-562.

[33] Zhang B, Zheng H, Huang B, et al. Allelic reprogramming of the histone modification H3K4me3 in early mammalian development. Nature, 2016, 537: 553-557.

[34] Zheng H, Huang B, Zhang B, et al. Resetting epigenetic memory by reprogramming of histone modifications in mammals. Mol Cell, 2016, 63: 1066-1079.

[35] Ke Y, Xu Y, Chen X, et al. 3D chromatin structures of mature gametes and structural reprogramming during mammalian embryogenesis. Cell, 2017, 170: 367-381, e320.

[36] Du Z, Zheng H, Huang B, et al. Allelic reprogramming of 3D chromatin architecture during early mammalian development. Nature, 2017, 547: 232-235.

[37] Zhang G, Huang H, Liu D, et al. N6-methyladenine DNA modification in *Drosophila*. Cell, 2015, 161: 893-906.

[38] Luo G Z, Wang F, Weng X, et al. Characterization of eukaryotic DNA N^6-methyladenine by a highly sensitive restriction enzyme-assisted sequencing. Nat Commun, 2016, 7: 11301.

[39] Zhang L, Zhou H, Su Y, et al. Zebrafish Dpr2 inhibits mesoderm induction by promoting degradation of nodal receptors. Science, 2004, 306: 114-117.

[40] Xiong B, Rui Y, Zhang M, et al. Tob1 controls dorsal development of zebrafish embryos by antagonizing maternal beta-catenin transcriptional activity. Dev Cell, 2006, 11: 225-238.

[41] Rui Y, Xu Z, Xiong B, et al. A beta-catenin-independent dorsalization pathway activated by Axin/JNK signaling and antagonized by Aida. Dev Cell, 2007, 13: 268-282.

[42] Jia S, Dai F, Wu D, et al. Protein phosphatase 4 cooperates with Smads to promote BMP signaling in dorsoventral patterning of zebrafish embryos. Dev Cell, 2012, 22: 1065-1078.

[43] Liu X, Xiong C, Jia S, et al. Araf kinase antagonizes Nodal-Smad2 activity in

mesendoderm development by directly phosphorylating the Smad2 linker region. Nat Commun, 2013, 4: 1728.

[44] Xue Y, Zheng X, Huang L, et al. Organizer-derived Bmp2 is required for the formation of a correct Bmp activity gradient during embryonic development. Nat Commun, 2014, 5: 3766.

[45] Liu Z T, Ning G Z, Xu R R, et al. Fscn1 is required for the trafficking of TGF-β family type I receptors during endoderm formation. Nat Commun, 2016, 7: 12603.

[46] Yan L, Yang M, Guo H, et al. Single-cell RNA-Seq profiling of human preimplantation embryos and embryonic stem cells. Nature structural & molecular biology, 2013, 20: 1131-1139.

[47] Hou Y, Fan W, Yan L, et al. Genome analyses of single human oocytes. Cell, 2013, 155: 1492-1506.

[48] Guo H, Zhu P, Yan L, et al. The DNA methylation landscape of human early embryos. Nature, 2014, 511: 606-610.

[49] Cao J, Shen Y, Zhu L, et al. MiR-129-3p controls cilia assembly by regulating CP110 and actin dynamics. Nature cell biology, 2012, 14: 697-706.

[50] Zhao H, Zhu L, Zhu Y, et al. The Cep63 paralogue Deup1 enables massive *de novo* centriole biogenesis for vertebrate multiciliogenesis. Nature cell biology, 2013, 15: 1434-1444.

[51] Tian X, Hu T, Zhang H, et al. Vessel formation. *De novo* formation of a distinct coronary vascular population in neonatal heart. Science, 2014, 345: 90-94.

[52] Zhang H, Pu W, Tian X, et al. Genetic lineage tracing identifies endocardial origin of liver vasculature. Nat Genet, 2016, 48: 537-543.

[53] Li F, Lan Y, Wang Y, et al. Endothelial Smad4 maintains cerebrovascular integrity by activating N-cadherin through cooperation with Notch. Dev Cell, 2011, 20: 291-302.

[54] Chen Q, Jiang L, Li C, et al. Haemodynamics-driven developmental pruning of brain vasculature in zebrafish. PLoS Biology, 2012, 10: e1001374.

[55] Li Z, Lan Y, He W, et al. Mouse embryonic head as a site for hematopoietic stem cell development. Cell Stem Cell, 2012, 11: 663-675.

[56] Hou P, Li Y, Zhang X, et al. Pluripotent stem cells induced from mouse somatic cells by small-molecule compounds. Science, 2013, 341: 651-654.

[57] Shu J, Wu C, Wu Y, et al. Induction of pluripotency in mouse somatic cells with lineage specifiers. Cell, 2013, 153: 963-975.

[58] Le R, Kou Z, Jiang Y, et al. Enhanced telomere rejuvenation in pluripotent cells reprogrammed via nuclear transfer relative to induced pluripotent stem cells. Cell Stem Cell, 2014, 14: 27-39.

[59] Chen J, Liu H, Liu J, et al. H3K9 methylation is a barrier during somatic cell reprogramming into iPSCs. Nat Genet, 2013, 45: 34-42.

[60] Gao Y, Chen J, Li K, et al. Replacement of Oct4 by Tet1 during iPSC induction reveals an important role of DNA methylation and hydroxymethylation in reprogramming. Cell Stem Cell, 2013, 12: 453-469.

[61] Wang T, Chen K, Zeng X, et al. The histone demethylases Jhdm1a/1b enhance somatic cell reprogramming in a vitamin-c-dependent manner. Cell Stem Cell, 2011, 9: 575-587.

[62] Li Z, Fei T, Zhang J, et al. BMP4 signaling acts via dual-specificity phosphatase 9 to control ERK activity in mouse embryonic stem cells. Cell Stem Cell, 2012, 10: 171-182.

[63] Li X, Zhu L, Yang A, et al. Calcineurin-NFAT signaling critically regulates early lineage specification in mouse embryonic stem cells and embryos. Cell Stem Cell, 2011, 8: 46-58.

[64] Huang P, He Z, Ji S, et al. Induction of functional hepatocyte-like cells from mouse fibroblasts by defined factors. Nature, 2011, 475: 386-389.

[65] Yu B, He Z Y, You P, et al. Reprogramming fibroblasts into bipotential hepatic stem cells by defined factors. Cell Stem Cell, 2013, 13: 328-340.

[66] Huang P, Zhang L, Gao Y, et al. Direct reprogramming of human fibroblasts to functional and expandable hepatocytes. Cell Stem Cell, 2014, 14: 370-384.

[67] Ma L, Hu B, Liu Y, et al. Human embryonic stem cell-derived GABA neurons correct locomotion deficits in quinolinic acid-lesioned mice. Cell Stem Cell, 2012, 10: 455-464.

[68] Wang S, Wu K, Yuan Q, et al. Control of grain size, shape and quality by OsSPL16 in rice. Nat Genet, 2012, 44: 950-954.

[69] Lu F, Cui X, Zhang S, et al. Arabidopsis REF6 is a histone H3 lysine 27 demethylase. Nat Genet, 2011, 43: 715-719.

[70] Yang J, Zhao X, Cheng K, et al. A killer-protector system regulates both hybrid sterility and segregation distortion in rice. Science, 2012, 337: 1336-1340.

[71] Luo D, Xu H, Liu Z, et al. A detrimental mitochondrial-nuclear interaction causes cytoplasmic male sterility in rice. Nat Genet, 2013, 45: 573-577.

[72] Ma Y, Dai X, Xu Y, et al. COLD1 confers chilling tolerance in rice. Cell, 2015, 160: 1209-1221.

[73] Li X M, Chao D Y, Wu Y, et al. Natural alleles of a proteasome alpha2 subunit gene contribute to thermotolerance and adaptation of African rice. Nat Genet, 2015, 47: 827-833.

[74] Wang T, Liang L, Xue Y, et al. A receptor heteromer mediates the male perception

of female attractants in plants. Nature, 2016, 531: 241-244.

[75] Shen B, Zhang W, Zhang J, et al. Efficient genome modification by CRISPR-Cas9 nickase with minimal off-target effects. Nature Methods, 2014, 11: 399-402.

[76] Liu H, Chen Y, Niu Y, et al. TALEN-mediated gene mutagenesis in rhesus and cynomolgus monkeys. Cell Stem Cell, 2014, 14: 323-328.

[77] Niu Y, Shen B, Cui Y, et al. Generation of gene-modified cynomolgus monkey via Cas9/RNA-mediated gene targeting in one-cell embryos. Cell, 2014, 156: 836-843.

[78] Liu Z, Li X, Zhang J T, et al. Autism-like behaviours and germline transmission in transgenic monkeys overexpressing MeCP2. Nature, 2016, 530: 98-102.

[79] Zu Y, Tong X, Wang Z, et al. TALEN-mediated precise genome modification by homologous recombination in zebrafish. Nature Methods, 2013, 10: 329-331.

[80] Cheng Z, Yi P, Wang X, et al. Conditional targeted genome editing using somatically expressed TALENs in *C. elegans*. Nature Biotechnology, 2013, 31: 934-937.

[81] Li L, Lu X, Dean J. The maternal to zygotic transition in mammals. Molecular Aspects of Medicine, 2013, 34: 919-938.

[82] Sturtevant A H. Inheritance of direction of coilling in limnaea. Science, 1923, 58: 269-270.

[83] Nusslein-Volhard C, Wieschaus E. Mutations affecting segment number and polarity in *Drosophila*. Nature, 1980, 287: 795-801.

[84] St Johnston D, Nusslein-Volhard C. The origin of pattern and polarity in the *Drosophila* embryo. Cell, 1992, 68: 201-219.

[85] Bowerman B. Maternal control of pattern formation in early *Caenorhabditis elegans* embryos. Curr Top Dev Biol, 1998, 39: 73-117.

[86] Dosch R, Wagner D S, Mintzer K A, et al. Maternal control of vertebrate development before the midblastula transition: Mutants from the zebrafish I. Dev Cell, 2004, 6: 771-780.

[87] Heasman J. Maternal determinants of embryonic cell fate. Seminars in Cell & Developmental Biology, 2006, 17: 93-98.

[88] Wagner D S, Dosch R, Mintzer K A, et al. Maternal control of development at the midblastula transition and beyond: Mutants from the zebrafish II. Dev Cell, 2004, 6: 781-790.

[89] Tong Z B, Gold L, Pfeifer K E, et al. Mater, a maternal effect gene required for early embryonic development in mice. Nat Genet, 2000, 26: 267-268.

[90] Li L, Baibakov B, Dean J. A subcortical maternal complex essential for preimplantation mouse embryogenesis. Dev Cell, 2008, 15: 416-425.

[91] Jodar M, Selvaraju S, Sendler E, et al. The presence, role and clinical use of

spermatozoal RNAs. Human Reproduction Update, 2013, 19: 604-624.

[92] Liu W M, Pang R T, Chiu P C, et al. Sperm-borne microRNA-34c is required for the first cleavage division in mouse. Proceedings of the National Academy of Sciences of the United States of America, 2012, 109: 490-494.

[93] Peng H, Shi J, Zhang Y, et al. A novel class of tRNA-derived small RNAs extremely enriched in mature mouse sperm. Cell Res, 2012, 22: 1609-1612.

[94] Sendler E, Johnson G D, Mao S, et al. Stability, delivery and functions of human sperm RNAs at fertilization. Nucleic Acids Research, 2013, 41: 4104-4117.

[95] Yuan S, Tang C, Zhang Y, et al. mir-34b/c and mir-449a/b/c are required for spermatogenesis, but not for the first cleavage division in mice. Biology Open, 2015, 4: 212-223.

[96] Stoeckius M, Grun D, Rajewsky N. Paternal RNA contributions in the *Caenorhabditis elegans* zygote. The EMBO journal, 2014, 33: 1740-1750.

[97] Schier A F. The maternal-zygotic transition: Death and birth of RNAs. Science, 2007, 316: 406-407.

[98] Lee M T, Bonneau A R, Giraldez A J. Zygotic genome activation during the maternal-to-zygotic transition. Annual Review of Cell and Developmental Biology, 2014, 30: 581-613.

[99] Tadros W, Goldman A L, Babak T, et al. SMAUG is a major regulator of maternal mRNA destabilization in *drosophila* and its translation is activated by the PAN GU kinase. Dev Cell, 2007, 12: 143-155.

[100] Rouget C, Papin C, Boureux A, et al. Maternal mRNA deadenylation and decay by the piRNA pathway in the early *drosophila* embryo. Nature, 2010, 467: 1128-1132.

[101] Giraldez A J, Mishima Y, Rihel J, et al. Zebrafish miR-430 promotes deadenylation and clearance of maternal mRNAs. Science, 2006, 312: 75-79.

[102] Bazzini A A, Lee M T, Giraldez A J. Ribosome profiling shows that miR-430 reduces translation before causing mRNA decay in zebrafish. Science, 2012, 336: 233-237.

[103] Giraldez A J. MicroRNAs, the cell's Nepenthe: Clearing the past during the maternal-to-zygotic transition and cellular reprogramming. Curr Opin Genet Dev, 2010, 20: 369-375.

[104] Stitzel M L, Seydoux G. Regulation of the oocyte-to-zygote transition. Science, 2007, 316: 407-408.

[105] Bowerman B, Kurz T. Degrade to create: Developmental requirements for ubiquitin-mediated proteolysis during early *C. elegans* embryogenesis. Development, 2006, 133: 773-784.

[106] DeRenzo C, Seydoux G. A clean start: degradation of maternal proteins at the oocyte-to-embryo transition. Trends in Cell Biology, 2004, 14: 420-426.

[107] Tsukamoto S, Kuma A, Murakami M, et al. Autophagy is essential for preimplantation development of mouse embryos. Science, 2008, 321: 117-120.

[108] Golbus M S, Calarco P G, Epstein C J. The effects of inhibitors of RNA synthesis (alpha-amanitin and actinomycin D) on preimplantation mouse embryogenesis. The Journal of Experimental Zoology, 1973, 186: 207-216.

[109] Warner C M, Versteegh L R. In vivo and *in vitro* effect of alpha-amanitin on preimplantation mouse embryo RNA polymerase. Nature, 1974, 248: 678-680.

[110] Newport J, Kirschner M. A major developmental transition in early *Xenopus* embryos: I. Characterization and timing of cellular changes at the midblastula stage. Cell, 1982, 30: 675-686.

[111] Newport J, Kirschner M. A major developmental transition in early *Xenopus* embryos: II. Control of the onset of transcription. Cell, 1982, 30: 687-696.

[112] Kane D A, Hammerschmidt M, Mullins M C, et al. The zebrafish epiboly mutants. Development, 1996, 123: 47-55.

[113] Aanes H, Winata C L, Lin C H, et al. Zebrafish mRNA sequencing deciphers novelties in transcriptome dynamics during maternal to zygotic transition. Genome Research, 2011, 21: 1328-1338.

[114] Hamatani T, Carter M G, Sharov A A, et al. Dynamics of global gene expression changes during mouse preimplantation development. Dev Cell, 2004, 6: 117-131.

[115] Tan M H, Au K F, Yablonovitch A L, et al. RNA sequencing reveals a diverse and dynamic repertoire of the *Xenopus* tropicalis transcriptome over development. Genome Res, 2013, 23: 201-216.

[116] Xue Z, Huang K, Cai C, et al. Genetic programs in human and mouse early embryos revealed by single-cell RNA sequencing. Nature, 2013, 500: 593-597.

[117] Vastenhouw N L, Zhang Y, Woods I G, et al. Chromatin signature of embryonic pluripotency is established during genome activation. Nature, 2010, 464: 922-926.

[118] Mayer W, Niveleau A, Walter J, et al. Demethylation of the zygotic paternal genome. Nature, 2000, 403: 501-502.

[119] Jiang L, Zhang J, Wang J J, et al. Sperm, but not oocyte, DNA methylome is inherited by zebrafish early embryos. Cell, 2013, 153: 773-784.

[120] Beaujean N. Histone post-translational modifications in preimplantation mouse embryos and their role in nuclear architecture. Mol Reprod Dev, 2014, 81: 100-112.

[121] Adenot P G, Szollosi M S, Geze M, et al. Dynamics of paternal chromatin changes in live one-cell mouse embryo after natural fertilization. Mol Reprod Dev, 1991, 28:

23-34.

[122] van der Heijden G W, Derijck A A, Ramos L, et al. Transmission of modified nucleosomes from the mouse male germline to the zygote and subsequent remodeling of paternal chromatin. Dev Biol, 2006, 298: 458-469.

[123] Adenot P G, Mercier Y, Renard J P, et al. Differential H4 acetylation of paternal and maternal chromatin precedes DNA replication and differential transcriptional activity in pronuclei of 1-cell mouse embryos. Development, 1997, 124: 4615-4625.

[124] Lepikhov K, Walter J. Differential dynamics of histone H3 methylation at positions K4 and K9 in the mouse zygote. BMC Developmental Biology, 2004, 4: 12.

[125] Santenard A, Ziegler-Birling C, Koch M, et al. Heterochromatin formation in the mouse embryo requires critical residues of the histone variant H3.3. Nature Cell Biology, 2010, 12: 853-862.

[126] Santos F, Peters A H, Otte A P, et al. Dynamic chromatin modifications characterise the first cell cycle in mouse embryos. Dev Biol, 2005, 280: 225-236.

[127] Akiyama T, Suzuki O, Matsuda J, et al. Dynamic replacement of histone H3 variants reprograms epigenetic marks in early mouse embryos. PLoS Genetics, 2011, 7: e1002279.

[128] Torres-Padilla M E, Bannister A J, Hurd P J, et al. Dynamic distribution of the replacement histone variant H3.3 in the mouse oocyte and preimplantation embryos. The International Journal of Developmental Biology, 2006, 50: 455-461.

[129] van der Heijden G W, Dieker J W, Derijck A A, et al. Asymmetry in histone H3 variants and lysine methylation between paternal and maternal chromatin of the early mouse zygote. Mech Dev, 2005, 122: 1008-1022.

[130] Inoue A, Zhang Y. Nucleosome assembly is required for nuclear pore complex assembly in mouse zygotes. Nature Structural & Molecular Biology, 2014, 21: 609-616.

[131] Lin C J, Koh F M, Wong P, et al. Hira-mediated H3.3 incorporation is required for DNA replication and ribosomal RNA transcription in the mouse zygote. Dev Cell, 2014, 30: 268-279.

[132] Perez-Montero S, Carbonell A, Moran T, et al. The embryonic linker histone H1 variant of *Drosophila*, dBigH1, regulates zygotic genome activation. Dev Cell, 2013, 26: 578-590.

[133] Liang H L, Nien C Y, Liu H Y, et al. The zinc-finger protein Zelda is a key activator of the early zygotic genome in *Drosophila*. Nature, 2008, 456: 400-403.

[134] Lee M T, Bonneau A R, Takacs C M, et al. Nanog, Pou5f1 and SoxB1 activate zygotic gene expression during the maternal-to-zygotic transition. Nature, 2013, 503: 360-364.

[135] Bultman S J, Gebuhr T C, Pan H, et al. Maternal BRG1 regulates zygotic genome activation in the mouse. Genes Dev, 2006, 20: 1744-1754.

[136] Christians E, Campion E, Thompson E M, et al. Expression of the HSP 70.1 gene, a landmark of early zygotic activity in the mouse embryo, is restricted to the first burst of transcription. Development, 1995, 121: 113-122.

[137] Ma J, Zeng F, Schultz R M, et al. Basonuclin: A novel mammalian maternal-effect gene. Development, 2006, 133: 2053-2062.

[138] Ramos S B, Stumpo D J, Kennington E A, et al. The CCCH tandem zinc-finger protein Zfp36l2 is crucial for female fertility and early embryonic development. Development, 2004, 131: 4883-4893.

[139] Wu X, Viveiros M M, Eppig J J, et al. Zygote arrest 1 (Zar1) is a novel maternal-effect gene critical for the oocyte-to-embryo transition. Nat Genet, 2003, 33: 187-191.

[140] Kelly C, Chin A J, Leatherman J L, et al. Maternally controlled (beta)-catenin-mediated signaling is required for organizer formation in the zebrafish. Development, 2000, 127: 3899-3911.

[141] Lu F I, Thisse C, Thisse B. Identification and mechanism of regulation of the zebrafish dorsal determinant. Proc Natl Acad Sci U S A, 2011, 108: 15876-15880.

[142] Benazet J D, Zeller R. Vertebrate limb development: Moving from classical morphogen gradients to an integrated 4-dimensional patterning system. Cold Spring Harb Perspect Biol, 2009, 1: a001339.

[143] Schier A F, Talbot W S. Molecular genetics of axis formation in zebrafish. Annu Rev Genet, 2005, 39: 561-613.

[144] De Robertis E M. Spemann's organizer and the self-regulation of embryonic fields. Mech Dev, 2009, 126: 925-941.

[145] Sidi S, Goutel C, Peyrieras N, et al. Maternal induction of ventral fate by zebrafish radar. Proc Natl Acad Sci USA, 2003, 100: 3315-3320.

[146] Reim G, Brand M. Maternal control of vertebrate dorsoventral axis formation and epiboly by the POU domain protein Spg/Pou2/Oct4. Development, 2006, 133: 2757-2770.

[147] Lindeman L C, Andersen I S, Reiner A H, et al. Prepatterning of developmental gene expression by modified histones before zygotic genome activation. Dev Cell, 2011, 21: 993-1004.

[148] Wu D, Chen L, Sun Q, et al. Uracil-DNA glycosylase is involved in DNA demethylation and required for embryonic development in the zebrafish embryo. The Journal of Biological Chemistry, 2014, 289: 15463-15473.

[149] Kicheva A, Briscoe J. Developmental pattern formation in phases. Trends in Cell

Biology, 2015, 25: 579-591.

[150] Affolter M, Basler K. The decapentaplegic morphogen gradient: From pattern formation to growth regulation. Nature Reviews Genetics, 2007, 8: 663-674.

[151] Balasubramanian R, Zhang X. Mechanisms of FGF gradient formation during embryogenesis. Semin Cell Dev Biol, 2016, 53: 94-100.

[152] Bier E, De Robertis E M. Embryo development. BMP gradients: A paradigm for morphogen-mediated developmental patterning. Science, 2015, 348: aaa5838.

[153] Baumann K. Development: Morphogen gradients revisited. Nat Rev Mol Cell Biol, 2014, 15: 75.

[154] Bollenbach T, Heisenberg C P. Gradients are shaping up. Cell, 2015, 161: 431-432.

[155] Tabata T. Genetics of morphogen gradients. Nature Reviews Genetics, 2001, 2: 620-630.

[156] Thisse B, Thisse C. Formation of the vertebrate embryo: Moving beyond the spemann organizer. Seminars in Cell & Developmental Biology, 2015, 42: 94-102.

[157] Yan D, Lin X. Shaping morphogen gradients by proteoglycans. Cold Spring Harb Perspect Biol, 2009, 1: a002493.

[158] Falkenstein K N, Vokes S A. Transcriptional regulation of graded hedgehog signaling. Seminars in Cell & Developmental Biology, 2014, 33: 73-80.

[159] Gallet A. Hedgehog morphogen: From secretion to reception. Trends in Cell Biology, 2011, 21: 238-246.

[160] Hamaratoglu F, Affolter M, Pyrowolakis G. Dpp/BMP signaling in flies: From molecules to biology. Seminars in Cell & Developmental Biology, 2014, 32: 128-136.

[161] Jiang J, Hui C C. Hedgehog signaling in development and cancer. Dev Cell, 2008, 15: 801-812.

[162] Teperino R, Aberger F, Esterbauer H, et al. Canonical and non-canonical hedgehog signalling and the control of metabolism. Seminars in Cell & Developmental Biology, 2014, 33: 81-92.

[163] Zhao Y, Tong C, Jiang J. Hedgehog regulates smoothened activity by inducing a conformational switch. Nature, 2007, 450: 252-258.

[164] Giraldez A J, Copley R R, Cohen S M. HSPG modification by the secreted enzyme notum shapes the wingless morphogen gradient. Dev Cell, 2002, 2: 667-676.

[165] Kim S E, Huang H, Zhao M, et al. Wnt stabilization of beta-catenin reveals principles for morphogen receptor-scaffold assemblies. Science, 2013, 340: 867-870.

[166] Kreuger J, Perez L, Giraldez A J, et al. Opposing activities of dally-like glypican at

high and low levels of wingless morphogen activity. Dev Cell, 2004, 7: 503-512.
[167] Piddini E, Vincent J P. Interpretation of the wingless gradient requires signaling-induced self-inhibition. Cell, 2009, 136: 296-307.
[168] Kornberg T B, Roy S. Communicating by touch—neurons are not alone. Trends in Cell Biology, 2014, 24: 370-376.
[169] Shilo B Z, Haskel-Ittah M, Ben-Zvi D, et al. Creating gradients by morphogen shuttling. Trends in genetics: TIG, 2013, 29: 339-347.
[170] Yan D, Wu Y, Feng Y, et al. The core protein of glypican dally-like determines its biphasic activity in wingless morphogen signaling. Dev Cell, 2009, 17: 470-481.
[171] Fuchs E. The tortoise and the hair: Slow-cycling cells in the stem cell race. Cell, 2009, 137: 811-819.
[172] Lange C, Calegari F. CDKs and cyclins link G_1 length and differentiation of embryonic, neural and hematopoietic stem cells. Cell Cycle (Georgetown, Tex), 2010, 9: 1893-1900.
[173] Li L, Clevers H. Coexistence of quiescent and active adult stem cells in mammals. Science, 2010, 327: 542-545.
[174] Ohnuma S, Harris W A. Neurogenesis and the cell cycle. Neuron, 2003, 40: 199-208.
[175] Sakaue-Sawano A, Kurokawa H, Morimura T, et al. Visualizing spatiotemporal dynamics of multicellular cell-cycle progression. Cell, 2008, 132: 487-498.
[176] Pauklin S, Vallier L. The cell-cycle state of stem cells determines cell fate propensity. Cell, 2013, 155: 135-147.
[177] Roccio M, Schmitter D, Knobloch M, et al. Predicting stem cell fate changes by differential cell cycle progression patterns. Development, 2013, 140: 459-470.
[178] Singh A M, Chappell J, Trost R, et al. Cell-cycle control of developmentally regulated transcription factors accounts for heterogeneity in human pluripotent cells. Stem Cell Reports, 2013, 1: 532-544.
[179] Gonzales K A, Liang H, Lim Y S, et al. Deterministic restriction on pluripotent state dissolution by cell-cycle pathways. Cell, 2015, 162: 564-579.
[180] Vallier L. Cell cycle rules pluripotency. Cell Stem Cell, 2015, 17: 131-132.
[181] Cha J, Sun X, Dey S K. Mechanisms of implantation: Strategies for successful pregnancy. Nat Med, 2012, 18: 1754-1767.
[182] Plant T M, Zeleznik A J. Knobil and Neill's Physiology of Reproduction. 4th ed. San Diego: Academic press, 2015: xliii-xliv.
[183] Zhang S, Lin H, Kong S, et al. Physiological and molecular determinants of embryo implantation. Molecular Aspects of Medicine, 2013, 34: 939-980.
[184] Genbacev O D, Prakobphol A, Foulk R A, et al. Trophoblast L-selectin-mediated

adhesion at the maternal-fetal interface. Science, 2003, 299: 405-408.

[185] Hamatani T, Daikoku T, Wang H, et al. Global gene expression analysis identifies molecular pathways distinguishing blastocyst dormancy and activation. Proc Natl Acad Sci U S A, 2004, 101: 10326-10331.

[186] Lim H J, Dey S K. HB-EGF: A unique mediator of embryo-uterine interactions during implantation. Experimental Cell Research, 2009, 315: 619-626.

[187] Vilella F, Moreno-Moya J M, Balaguer N, et al. Hsa-miR-30d, secreted by the human endometrium, is taken up by the pre-implantation embryo and might modify its transcriptome. Development, 2015, 142: 3210-3221.

[188] Collins M K, Tay C S, Erlebacher A. Dendritic cell entrapment within the pregnant uterus inhibits immune surveillance of the maternal/fetal interface in mice. The Journal of clinical investigation, 2009, 119: 2062-2073.

[189] Nancy P, Tagliani E, Tay C S, et al. Chemokine gene silencing in decidual stromal cells limits T cell access to the maternal-fetal interface. Science, 2012, 336: 1317-1321.

[190] Kieckbusch J, Gaynor L M, Moffett A, et al. MHC-dependent inhibition of uterine NK cells impedes fetal growth and decidual vascular remodelling. Nat Commun, 2014, 5: 3359.

[191] Madeja Z, Yadi H, Apps R, et al. Paternal MHC expression on mouse trophoblast affects uterine vascularization and fetal growth. Proc Natl Acad Sci U S A, 2011, 108: 4012-4017.

[192] Torgersen K L, Curran C A. A systematic approach to the physiologic adaptations of pregnancy. Critical Care Nursing Quarterly, 2006, 29: 2-19.

[193] Huang C, Snider F, Cross J C. Prolactin receptor is required for normal glucose homeostasis and modulation of beta-cell mass during pregnancy. Endocrinology, 2009, 150: 1618-1626.

[194] Shingo T, Gregg C, Enwere E, et al. Pregnancy-stimulated neurogenesis in the adult female forebrain mediated by prolactin. Science, 2003, 299: 117-120.

[195] Hirota Y, Daikoku T, Tranguch S, et al. Uterine-specific p53 deficiency confers premature uterine senescence and promotes preterm birth in mice. The Journal of Clinical Investigation, 2010, 120: 803-815.

[196] Aye I L, Rosario F J, Powell T L, et al. Adiponectin supplementation in pregnant mice prevents the adverse effects of maternal obesity on placental function and fetal growth. Proc Natl Acad Sci U S A, 2015, 112: 12858-12863.

[197] Rai R, Regan L. Recurrent miscarriage. Lancet (London, England), 2006, 368: 601-611.

[198] Bolor H, Mori T, Nishiyama S, et al. Mutations of the SYCP3 gene in women with

recurrent pregnancy loss. American Journal of Human Genetics, 2009, 84: 14-20.

[199] Letourneau A, Santoni F A, Bonilla X, et al. Domains of genome-wide gene expression dysregulation in down's syndrome. Nature, 2014, 508: 345-350.

[200] Mercier E, Lissalde-Lavigne G, Gris J C. JAK2 V617F mutation in unexplained loss of first pregnancy. The New England Journal of Medicine, 2007, 357: 1984-1985.

[201] Su M T, Lin S H, Chen Y C. Genetic association studies of angiogenesis-and vasoconstriction-related genes in women with recurrent pregnancy loss: a systematic review and meta-analysis. Human Reproduction Update, 2011, 17: 803-812.

[202] Hiby S E, Apps R, Sharkey A M, et al. Maternal activating KIRs protect against human reproductive failure mediated by fetal HLA-C2. The Journal of Clinical Investigation, 2010, 120: 4102-4110.

[203] Mochida G H, Ganesh V S, de Michelena M I, et al. CHMP1A encodes an essential regulator of BMI1-INK4A in cerebellar development. Nat Genet, 2012, 44: 1260-1264.

[204] Poirier K, Lebrun N, Broix L, et al. Mutations in TUBG1, DYNC1H1, KIF5C and KIF2A cause malformations of cortical development and microcephaly. Nat Genet, 2013, 45: 639-647.

[205] Martin C A, Ahmad I, Kling seisen A, et al. Mutations in PLK4, encoding a master regulator of centriole biogenesis, cause microcephaly, growth failure and retinopathy. Nat Genet, 2014, 46: 1283-1292.

[206] Alazami A M, Awad S M, Coskun S, et al. TLE6 mutation causes the earliest known human embryonic lethality. Genome Biology, 2015, 16: 240.

[207] Guemez-Gamboa A, Nguyen L N, Yang H, et al. Inactivating mutations in MFSD2A, required for omega-3 fatty acid transport in brain, cause a lethal microcephaly syndrome. Nat Genet, 2015, 47: 809-813.

[208] Crotti L, Tester D J, White W M, et al. Long QT syndrome-associated mutations in intrauterine fetal death. Jama, 2013, 309: 1473-1482.

[209] Vasiljevic A, Poreau B, Bouvier R, et al. Immune dysregulation, polyendocrinopathy, enteropathy, X-linked syndrome and recurrent intrauterine fetal death. Lancet (London, England), 2015, 385: 2120.

[210] Uslu V V, Petretich M, Ruf S, et al. Long-range enhancers regulating Myc expression are required for normal facial morphogenesis. Nat Genet, 2014, 46: 753-758.

[211] Beaty T H, Murray J C, Marazita M L, et al. A genome-wide association study of cleft lip with and without cleft palate identifies risk variants near MAFB and ABCA4. Nat Genet, 2010, 42: 525-529.

[212] Ludwig K U, Mangold E, Herms S, et al. Genome-wide meta-analyses of

nonsyndromic cleft lip with or without cleft palate identify six new risk loci. Nat Genet, 2012, 44: 968-971.

[213] Mangold E, Ludwig K U, Birnbaum S, et al. Genome-wide association study identifies two susceptibility loci for nonsyndromic cleft lip with or without cleft palate. Nat Genet, 2010, 42: 24-26.

[214] Justice C M, Yagnik G, Kim Y, et al. A genome-wide association study identifies susceptibility loci for nonsyndromic sagittal craniosynostosis near BMP2 and within BBS9. Nat Genet, 2012, 44: 1360-1364.

[215] Cordell H J, Bentham J, Topf A, et al. Genome-wide association study of multiple congenital heart disease phenotypes identifies a susceptibility locus for atrial septal defect at chromosome 4p16. Nat Genet, 2013, 45: 822-824.

[216] Hu Z, Shi Y, Mo X, et al. A genome-wide association study identifies two risk loci for congenital heart malformations in Han Chinese populations. Nat Genet, 2013, 45: 818-821.

[217] Geller F, Feenstra B, Carstensen L, et al. Genome-wide association analyses identify variants in developmental genes associated with hypospadias. Nat Genet, 2014, 46: 957-963.

[218] Abrams A J, Hufnagel R B, Rebelo A, et al. Mutations in *SLC25A46*, encoding a UGO1-like protein, cause an optic atrophy spectrum disorder. Nature Genetics, 2015, 47: 926-932.

[219] Santen G W, Aten E, Sun Y, et al. Mutations in SWI/SNF chromatin remodeling complex gene ARID1B cause coffin-siris syndrome. Nat Genet, 2012, 44: 379-380.

[220] Sanna-Cherchi S, Sampogna R V, Papeta N, et al. Mutations in DSTYK and dominant urinary tract malformations. The New England Journal of Medicine, 2013, 369: 621-629.

[221] Li Y, Klena N T, Gabriel G C, et al. Global genetic analysis in mice unveils central role for cilia in congenital heart disease. Nature, 2015, 521: 520-524.

[222] Arboleda V A, Lee H, Parnaik R, et al. Mutations in the PCNA-binding domain of CDKN1C cause IMAGe syndrome. Nat Genet, 2012, 44: 788-792.

[223] Stelzer Y, Sagi I, Yanuka O, et al. The noncoding RNA IPW regulates the imprinted DLK1-DIO3 locus in an induced pluripotent stem cell model of Prader-Willi syndrome. Nat Genet, 2014, 46: 551-557.

[224] Colak D, Zaninovic N, Cohen M S, et al. Promoter-bound trinucleotide repeat mRNA drives epigenetic silencing in fragile X syndrome. Science, 2014, 343: 1002-1005.

[225] Kraft M, Cirstea I C, Voss A K, et al. Disruption of the histone acetyltransferase MYST4 leads to a noonan syndrome-like phenotype and hyperactivated MAPK

signaling in humans and mice. The Journal of Clinical Investigation, 2011, 121: 3479-3491.

[226] Voss A K, Vanyai H K, Collin C, et al. MOZ regulates the *Tbx1* locus, and *Moz* mutation partially phenocopies DiGeorge syndrome. Dev Cell, 2012, 23: 652-663.

[227] Tatton-Brown K, Seal S, Ruark E, et al. Mutations in the DNA methyltransferase gene DNMT3A cause an overgrowth syndrome with intellectual disability. Nat Genet, 2014, 46: 385-388.

[228] Zaidi S, Choi M, Wakimoto H, et al. *De novo* mutations in histone-modifying genes in congenital heart disease. Nature, 2013, 498: 220-223.

[229] Padmanabhan N, Jia D, Geary-Joo C, et al. Mutation in folate metabolism causes epigenetic instability and transgenerational effects on development. Cell, 2013, 155: 81-93.

[230] Lupianez D G, Kraft K, Heinrich V, et al. Disruptions of topological chromatin domains cause pathogenic rewiring of gene-enhancer interactions. Cell, 2015, 161: 1012-1025.

[231] Busch W, Moore B T, Martsberger B, et al. A microfluidic device and computational platform for high-throughput live imaging of gene expression. Nature Methods, 2012, 9: 1101-1106.

[232] Keller P J. Imaging morphogenesis: Technological advances and biological insights. Science, 2013, 340: 1234168.

[233] Du Z, Santella A, He F, et al. The regulatory landscape of lineage differentiation in a metazoan embryo. Dev Cell, 2015, 34: 592-607.

[234] Gros J, Tabin C J. Vertebrate limb bud formation is initiated by localized epithelial-to-mesenchymal transition. Science, 2014, 343: 1253-1256.

[235] Shyer A E, Huycke T R, Lee C, et al. Bending gradients: How the intestinal stem cell gets its home. Cell, 2015, 161: 569-580.

[236] Hadjantonakis K, Solnica-Krezel L. Developmental biology 50 years-investigating the emergence of shape. Introduction. Dev Biol, 2010, 341: 2-4.

[237] Grun D, van Oudenaarden A. Design and analysis of single-cell sequencing experiments. Cell, 2015, 163: 799-810.

[238] Treutlein B, Brownfield D G, Wu A R, et al. Reconstructing lineage hierarchies of the distal lung epithelium using single-cell RNA-seq. Nature, 2014, 509: 371-375.

[239] Dona E, Barry J D, Valentin G, et al. Directional tissue migration through a self-generated chemokine gradient. Nature, 2013, 503: 285-289.

[240] Venkiteswaran G, Lewellis S W, Wang J, et al. Generation and dynamics of an endogenous, self-generated signaling gradient across a migrating tissue. Cell, 2013, 155: 674-687.

[241] Porazinski S, Wang H, Asaoka Y, et al. YAP is essential for tissue tension to ensure vertebrate 3D body shape. Nature, 2015, 521: 217-221.

[242] Yimlamai D, Christodoulou C, Galli G G, et al. Hippo pathway activity influences liver cell fate. Cell, 2014, 157: 1324-1338.

[243] Boj S F, Hwang C I, Baker L A, et al. Organoid models of human and mouse ductal pancreatic cancer. Cell, 2015, 160: 324-338.

[244] Eiraku M, Takata N, Ishibashi H, et al. Self-organizing optic-cup morphogenesis in three-dimensional culture. Nature, 2011, 472: 51-56.

[245] Eiraku M, Watanabe K, Matsuo-Takasaki M, et al. Self-organized formation of polarized cortical tissues from ESCs and its active manipulation by extrinsic signals. Cell Stem Cell, 2008, 3: 519-532.

[246] McCracken K W, Cata E M, Crawford C M, et al. Modelling human development and disease in pluripotent stem-cell-derived gastric organoids. Nature, 2014, 516: 400-404.

[247] Sato T, Vries R G, Snippert H J, et al. Single Lgr5 stem cells build crypt-villus structures *in vitro* without a mesenchymal niche. Nature, 2009, 459: 262-265.

[248] Spence J R, Mayhew C N, Rankin S A, et al. Directed differentiation of human pluripotent stem cells into intestinal tissue *in vitro*. Nature, 2011, 470: 105-109.

[249] Suga H, Kadoshima T, Minaguchi M, et al. Self-formation of functional adenohypophysis in three-dimensional culture. Nature, 2011, 480: 57-62.

[250] Takebe T, Sekine K, Enomura M, et al. Vascularized and functional human liver from an iPSC-derived organ bud transplant. Nature, 2013, 499: 481-484.

[251] van de Wetering M, Francies H E, Francis J M, et al. Prospective derivation of a living organoid biobank of colorectal cancer patients. Cell, 2015, 161: 933-945.

[252] Cotney J, Leng J, Yin J, et al. The evolution of lineage-specific regulatory activities in the human embryonic limb. Cell, 2013, 154: 185-196.

[253] Kafri R, Levy J, Ginzberg M B, et al. Dynamics extracted from fixed cells reveal feedback linking cell growth to cell cycle. Nature, 2013, 494: 480-483.

[254] Son S, Tzur A, Weng Y, et al. Direct observation of mammalian cell growth and size regulation. Nature Methods, 2012, 9: 910-912.

[255] Martin S G, Berthelot-Grosjean M. Polar gradients of the DYRK-family kinase Pom1 couple cell length with the cell cycle. Nature, 2009, 459: 852-856.

[256] Moseley J B, Mayeux A, Paoletti A, et al. A spatial gradient coordinates cell size and mitotic entry in fission yeast. Nature, 2009, 459: 857-860.

[257] Miettinen T P, Pessa H K, Caldez M J, et al. Identification of transcriptional and metabolic programs related to mammalian cell size. Curr Biol, 2014, 24: 598-608.

[258] Rauskolb C, Sun S, Sun G, et al. Cytoskeletal tension inhibits Hippo signaling

through an Ajuba-Warts complex. Cell, 2014, 158: 143-156.

[259] Benham-Pyle B W, Pruitt B L, Nelson W J. Cell adhesion. Mechanical strain induces E-cadherin-dependent Yap1 and beta-catenin activation to drive cell cycle entry. Science, 2015, 348: 1024-1027.

[260] Peng T, Tian Y, Boogerd C J, et al. Coordination of heart and lung co-development by a multipotent cardiopulmonary progenitor. Nature, 2013, 500: 589-592.

[261] Karsenty G, Ferron M. The contribution of bone to whole-organism physiology. Nature, 2012, 481: 314-320.

[262] Oury F, Sumara G, Sumara O, et al. Endocrine regulation of male fertility by the skeleton. Cell, 2011, 144: 796-809.

[263] Saito D, Takase Y, Murai H, et al. The dorsal aorta initiates a molecular cascade that instructs sympatho-adrenal specification. Science, 2012, 336: 1578-1581.

[264] Ramasamy S K, Kusumbe A P, Wang L, et al. Endothelial notch activity promotes angiogenesis and osteogenesis in bone. Nature, 2014, 507: 376-380.

[265] Kusumbe A P, Ramasamy S K, Adams R H. Coupling of angiogenesis and osteogenesis by a specific vessel subtype in bone. Nature, 2014, 507: 323-328.

[266] Shim J, Mukherjee T, Mondal B C, et al. Olfactory control of blood progenitor maintenance. Cell, 2013, 155: 1141-1153.

[267] Mirtschink P, Krishnan J, Grimm F, et al. HIF-driven SF3B1 induces KHK-C to enforce fructolysis and heart disease. Nature, 2015, 522: 444-449.

[268] Schoors S, Bruning U, Missiaen R, et al. Fatty acid carbon is essential for dNTP synthesis in endothelial cells. Nature, 2015, 520: 192-197.

[269] Zhang Y, Fang B, Emmett M J, et al. Gene regulation. Discrete functions of nuclear receptor Rev-erbalpha couple metabolism to the clock. Science, 2015, 348: 1488-1492.

[270] Niwa H, Toyooka Y, Shimosato D, et al. Interaction between Oct3/4 and Cdx2 determines trophectoderm differentiation. Cell, 2005, 123: 917-929.

[271] Chuong E B, Rumi M A, Soares M J, et al. Endogenous retroviruses function as species-specific enhancer elements in the placenta. Nat Genet, 2013, 45: 325-329.

[272] Rhee C, Lee B K, Beck S, et al. Arid3a is essential to execution of the first cell fate decision via direct embryonic and extraembryonic transcriptional regulation. Genes Dev, 2014, 28: 2219-2232.

[273] Rayon T, Menchero S, Nieto A, et al. Notch and Hippo converge on Cdx2 to specify the trophectoderm lineage in the mouse blastocyst. Dev Cell, 2014, 30: 410-422.

[274] Mould A, Morgan M A, Li L, et al. Blimp1/Prdm1 governs terminal differentiation of endovascular trophoblast giant cells and defines multipotent

progenitors in the developing placenta. Genes Dev, 2012, 26: 2063-2074.
[275] Ouseph M M, Li J, Chen H Z, et al. Atypical E2F repressors and activators coordinate placental development. Dev Cell, 2012, 22: 849-862.
[276] Keniry A, Oxley D, Monnier P, et al. The H19 lincRNA is a developmental reservoir of miR-675 that suppresses growth and Igf1r. Nature Cell Biology, 2012, 14: 659-665.
[277] Lu J, Zhang S, Nakano H, et al. A positive feedback loop involving Gcm1 and Fzd5 directs chorionic branching morphogenesis in the placenta. PLoS Biology, 2013, 11: e1001536.
[278] Tang C, Mei L, Pan L, et al. Hedgehog signaling through GLI1 and GLI2 is required for epithelial-mesenchymal transition in human trophoblasts. Biochimica et Biophysica Acta, 2015, 1850: 1438-1448.
[279] Mi S, Lee X, Li X, et al. Syncytin is a captive retroviral envelope protein involved in human placental morphogenesis. Nature, 2000, 403: 785-789.
[280] Renaud S J, Chakraborty D, Mason C W, et al. OVO-like 1 regulates progenitor cell fate in human trophoblast development. Proc Natl Acad Sci U S A, 2015, 112: E6175-6184.
[281] Bonnin A, Goeden N, Chen K, et al. A transient placental source of serotonin for the fetal forebrain. Nature, 2011, 472: 347-350.
[282] Gabel H W, Kinde B, Stroud H, et al. Disruption of DNA-methylation-dependent long gene repression in Rett syndrome. Nature, 2015, 522: 89-93.
[283] Schulkey C E, Regmi S D, Magnan R A, et al. The maternal-age-associated risk of congenital heart disease is modifiable. Nature, 2015, 520: 230-233.
[284] Wu Y, Liang D, Wang Y, et al. Correction of a genetic disease in mouse via use of CRISPR-Cas9. Cell Stem Cell, 2013, 13: 659-662.
[285] Long C, McAnally J R, Shelton J M, et al. Prevention of muscular dystrophy in mice by CRISPR/Cas9-mediated editing of germline DNA. Science, 2014, 345: 1184-1188.
[286] Schwank G, Koo B K, Sasselli V, et al. Functional repair of CFTR by CRISPR/Cas9 in intestinal stem cell organoids of cystic fibrosis patients. Cell Stem Cell, 2013, 13: 653-658.
[287] Barzel A, Paulk N K, Shi Y, et al. Promoterless gene targeting without nucleases ameliorates haemophilia B in mice. Nature, 2015, 517: 360-364.
[288] Tavian M, Biasch K, Sinka L, et al. Embryonic origin of human hematopoiesis. The International Journal of Developmental Biology, 2010, 54: 1061-1065.
[289] Michallet M, Philip T, Philip I, et al. Transplantation with selected autologous peripheral blood CD34$^+$ THY1$^+$ hematopoietic stem cells (HSCs) in multiple

myeloma: Impact of HSC dose on engraftment, safety, and immune reconstitution. Experimental Hematology, 2000, 28: 858-870.

[290] Pittenger M F, Mackay A M, Beck S C, et al. Multilineage potential of adult human mesenchymal stem cells. Science, 1999, 284: 143-147.

[291] Krause D S, Theise N D, Collector M I, et al. Multi-organ, multi-lineage engraftment by a single bone marrow-derived stem cell. Cell, 2001, 105: 369-377.

[292] Ullah I, Subbarao R B, Rho G J. Human mesenchymal stem cells- current trends and future prospective. Bioscience Reports, 2015, 35:.

[293] Bond A M, Ming G L, Song H. Adult mammalian neural stem cells and neurogenesis: Five decades later. Cell Stem Cell, 2015, 17: 385-395.

[294] Hocking A M. The role of chemokines in mesenchymal stem cell homing to wounds. Advances in Wound Care, 2015, 4: 623-630.

[295] Park D H, Eve D J, Borlongan C V, et al. From the basics to application of cell therapy, a steppingstone to the conquest of neurodegeneration: A meeting report. Medical science monitor: international medical journal of experimental and clinical research, 2009, 15: Ra23-31.

[296] Karumbaiah L, Enam S F, Brown A C, et al. Chondroitin sulfate glycosaminoglycan hydrogels create endogenous niches for neural stem cells. Bioconjugate Chemistry, 2015, 26: 2336-2349.

[297] Song H, Stevens C F, Gage F H. Astroglia induce neurogenesis from adult neural stem cells. Nature, 2002, 417: 39-44.

[298] Li L, Candelario K M, Thomas K, et al. Hypoxia inducible factor-1alpha (HIF-1alpha) is required for neural stem cell maintenance and vascular stability in the adult mouse SVZ. The Journal of Neuroscience: The Official Journal of the Society for Neuroscience, 2014, 34: 16713-16719.

[299] Shih C C, Mamelak A, LeBon T, et al. Hematopoietic potential of neural stem cells. Nat Med, 2002, 8: 535-536; Author Reply 536-537.

[300] Jiang Y, Vaessen B, Lenvik T, et al. Multipotent progenitor cells can be isolated from postnatal murine bone marrow, muscle, and brain. Experimental Hematology, 2002, 30: 896-904.

[301] Wang Y, Chen X, Cao W, et al. Plasticity of mesenchymal stem cells in Immunomodulation: Pathological and therapeutic implications. Nature Immunology, 2014, 15: 1009-1016.

[302] Zeng L, Rahrmann E, Hu Q, et al. Multipotent adult progenitor cells from swine bone marrow. Stem Cells, 2006, 24: 2355-2366.

[303] Catacchio I, Berardi S, Reale A, et al. Evidence for bone marrow adult stem cell plasticity: Properties, molecular mechanisms, negative aspects, and clinical

applications of hematopoietic and mesenchymal stem cells transdifferentiation. Stem Cells Int, 2013, 2013: 589139.

[304] Anderson D J, Gage F H, Weissman I L. Can stem cells cross lineage boundaries? Nat Med, 2001, 7: 393-395.

[305] Barker N, Huch M, Kujala P, et al. Lgr5 (+ve) stem cells drive self-renewal in the stomach and build long-lived gastric units in vitro. Cell Stem Cell, 2010, 6: 25-36.

[306] Hsu Y C, Li L, Fuchs E. Emerging interactions between skin stem cells and their niches. Nat Med, 2014, 20: 847-856.

[307] Lien W H, Polak L, Lin M, et al. In vivo transcriptional governance of hair follicle stem cells by canonical Wnt regulators. Nature Cell Biology, 2014, 16: 179-190.

[308] Peng T, Frank D B, Kadzik R S, et al. Hedgehog actively maintains adult lung quiescence and regulates repair and regeneration. Nature, 2015, 526: 578-582.

[309] Font-Burgada J, Shalapour S, Ramaswamy S, et al. Hybrid periportal hepatocytes regenerate the injured liver without giving rise to cancer. Cell, 2015, 162: 766-779.

[310] Schaub J R, Malato Y, Gormond C, et al. Evidence against a stem cell origin of new hepatocytes in a common mouse model of chronic liver injury. Cell Reports, 2014, 8: 933-939.

[311] Wang B, Zhao L, Fish M, et al. Self-renewing diploid Axin2 (+) cells fuel homeostatic renewal of the liver. Nature, 2015, 524: 180-185.

[312] Yanger K, Knigin D, Zong Y, et al. Adult hepatocytes are generated by self-duplication rather than stem cell differentiation. Cell Stem Cell, 2014, 15: 340-349.

[313] Breitkreutz D, Mirancea N, Nischt R. Basement membranes in skin: Unique matrix structures with diverse functions? Histochemistry and Cell Biology, 2009, 132: 1-10.

[314] Eming S A, Krieg T, Davidson J M. Inflammation in wound repair: Molecular and cellular mechanisms. The Journal of Investigative Dermatology, 2007, 127: 514-525.

[315] Takeoka A, Vollenweider I, Courtine G, et al. Muscle spindle feedback directs locomotor recovery and circuit reorganization after spinal cord injury. Cell, 2014, 159: 1626-1639.

[316] Cattin A L, Burden J J, Van Emmenis L, et al. Macrophage-induced blood vessels guide schwann cell-mediated regeneration of peripheral nerves. Cell, 2015, 162: 1127-1139.

[317] Lemos D R, Babaeijandaghi F, Low M, et al. Nilotinib reduces muscle fibrosis in chronic muscle injury by promoting tnf-mediated apoptosis of fibro/adipogenic progenitors. Nat Med, 2015, 21: 786-794.

[318] Boulter L, Govaere O, Bird T G, et al. Macrophage-derived Wnt opposes Notch signaling to specify hepatic progenitor cell fate in chronic liver disease. Nat Med, 2012, 18: 572-579.

[319] Anders H J. Immune system modulation of kidney regeneration—mechanisms and implications. Nat Rev Nephrol, 2014, 10: 347-358.

[320] Tidball J G, Villalta S A. Regulatory interactions between muscle and the immune system during muscle regeneration. American Journal of Physiology Regulatory, Integrative and Comparative Physiology, 2010, 298: R1173-1187.

[321] Taghavie-Moghadam P L, Butcher M J, Galkina E V. The dynamic lives of macrophage and dendritic cell subsets in atherosclerosis. Annals of the New York Academy of Sciences, 2014, 1319: 19-37.

[322] Bosch T C. Why polyps regenerate and we don't: Towards a cellular and molecular framework for hydra regeneration. Dev Biol, 2007, 303: 421-433.

[323] Reddien P W, Sanchez Alvarado A. Fundamentals of planarian regeneration. Annual Review of Cell and Developmental Biology, 2004, 20: 725-757.

[324] Rossi L, Salvetti A, Batistoni R, et al. Planarians, a tale of stem cells. Cellular and Molecular Life Sciences: CMLS, 2008, 65: 16-23.

[325] Mari-Beffa M, Santamaria J A, Murciano C, et al. Zebrafish fins as a model system for skeletal human studies. The Scientific World Journal, 2007, 7: 1114-1127.

[326] Anderson H, French V. Cell division during intercalary regeneration in the cockroach leg. Journal of Embryology and Experimental Morphology, 1985, 90: 57-78.

[327] Porrello E R, Mahmoud A I, Simpson E, et al. Transient regenerative potential of the neonatal mouse heart. Science, 2011, 331: 1078-1080.

[328] Poss K D, Wilson L G, Keating M T. Heart regeneration in zebrafish. Science, 2002, 298: 2188-2190.

[329] Kikuchi K, Holdway J E, Werdich A A, et al. Primary contribution to zebrafish heart regeneration by gata4 (+) cardiomyocytes. Nature, 2010, 464: 601-605.

[330] Fang Y, Gupta V, Karra R, et al. Translational profiling of cardiomyocytes identifies an early Jak1/Stat3 injury response required for zebrafish heart regeneration. Proc Natl Acad Sci U S A, 2013, 110: 13416-13421.

[331] Han P, Zhou X H, Chang N, et al. Hydrogen peroxide primes heart regeneration with a derepression mechanism. Cell Res, 2014, 24: 1091-1107.

[332] Jopling C, Sune G, Faucherre A, et al. Hypoxia induces myocardial regeneration in zebrafish. Circulation, 2012, 126: 3017-3027.

[333] Karra R, Knecht A K, Kikuchi K, et al. Myocardial NF-kB activation is essential for zebrafish heart regeneration. Proc Natl Acad Sci U S A, 2015, 112: 13255-13260.

[334] Kikuchi K, Holdway J E, Major R J, et al. Retinoic acid production by endocardium and epicardium is an injury response essential for zebrafish heart regeneration. Dev Cell, 2011, 20: 397-404.

[335] Zhao L, Borikova A L, Ben-Yair R, et al. Notch signaling regulates cardiomyocyte proliferation during zebrafish heart regeneration. Proc Natl Acad Sci U S A, 2014, 111: 1403-1408.

[336] He J, Lu H, Zou Q, et al. Regeneration of liver after extreme hepatocyte loss occurs mainly via biliary transdifferentiation in zebrafish. Gastroenterology, 2014, 146: 789-800. e788.

[337] Lu W Y, Bird T G, Boulter L, et al. Hepatic progenitor cells of biliary origin with liver repopulation capacity. Nature Cell Biology, 2015, 17: 971-983.

[338] Bull J J, Vogt R C. Temperature-dependent sex determination in turtles. Science, 1979, 206: 1186-1188.

[339] Delmas V, Prevot-Julliard A C, Pieau C, et al. A mechanistic model of temperature-dependent sex determination in a chelonian: The european pond turtle. Functional Ecology, 2008, 22: 84-93.

[340] Guler Y, Short S, Kile P, et al. Integrating field and laboratory evidence for environmental sex determination in the amphipod, echinogammarus marinus. Marine Biology, 2012, 159: 2885-2890.

[341] Sarre S D, Georges A, Quinn A. The ends of a continuum: Genetic and temperature-dependent sex determination in reptiles. Bioessays: News and Reviews in Molecular, Cellular and Developmental Biology, 2004, 26: 639-645.

[342] Shao C, Li Q, Chen S, et al. Epigenetic modification and inheritance in sexual reversal of fish. Genome Res, 2014, 24: 604-615.

[343] Warner R R, Fitch D L, Standish J D. Social control of sex change in the shelf limpet, *Crepidula norrisiarum*: size-specific responses to local group composition. Journal of Experimental Marine Biology and Ecology, 1996, 204: 155-167.

[344] Navarro-Martin L, Vinas J, Ribas L, et al. DNA methylation of the gonadal aromatase (cyp19a) promoter is involved in temperature-dependent sex ratio shifts in the European sea bass. PLoS Genetics, 2011, 7: e1002447.

[345] Kanatsu-Shinohara M, Inoue K, Lee J, et al. Anchorage-independent growth of mouse male germline stem cells *in vitro*. Biol Reprod, 2006, 74: 522-529.

[346] Ikenishi K. Germ plasm in *Caenorhabditis elegans*, *Drosophila* and *Xenopus*. Dev Growth Differ, 1998, 40: 1-10.

[347] Saga Y. Mouse germ cell development during embryogenesis. Curr Opin Genet Dev, 2008, 18: 337-341.

[348] Kumar D L, DeFalco T. Of mice and men: *In vivo* and *in vitro* studies of primordial

germ cell specification. Semin Reprod Med, 2017, 35: 139-146.

[349] Saitou M. Germ cell specification in mice. Curr Opin Genet Dev, 2009, 19: 386-395.

[350] Weber S, Eckert D, Nettersheim D, et al. Critical function of AP-2 gamma/TCFAP2C in mouse embryonic germ cell maintenance. Biol Reprod, 2010, 82: 214-223.

[351] West J A, Viswanathan S R, Yabuuchi A, et al. A role for Lin28 in primordial germ-cell development and germ-cell malignancy. Nature, 2009, 460: 909-913.

[352] Molyneaux K A, Zinszner H, Kunwar P S, et al. The chemokine SDF1/CXCL12 and its receptor CXCR4 regulate mouse germ cell migration and survival. Development, 2003, 130: 4279-4286.

[353] Mahakali Zama A, Hudson F P 3rd, Bedell M A. Analysis of hypomorphic KitlSl mutants suggests different requirements for KITL in proliferation and migration of mouse primordial germ cells. Biol Reprod, 2005, 73: 639-647.

[354] Hajkova P, Jeffries S J, Lee C, et al. Genome-wide reprogramming in the mouse germ line entails the base excision repair pathway. Science, 2010, 329: 78-82.

[355] Popp C, Dean W, Feng S, et al. Genome-wide erasure of DNA methylation in mouse primordial germ cells is affected by aid deficiency. Nature, 2010, 463: 1101-1105.

[356] Seisenberger S, Andrews S, Krueger F, et al. The dynamics of genome-wide DNA methylation reprogramming in mouse primordial germ cells. Mol Cell, 2012, 48: 849-862.

[357] Seki Y, Hayashi K, Itoh K, et al. Extensive and orderly reprogramming of genome-wide chromatin modifications associated with specification and early development of germ cells in mice. Dev Biol, 2005, 278: 440-458.

[358] Seki Y, Yamaji M, Yabuta Y, et al. Cellular dynamics associated with the genome-wide epigenetic reprogramming in migrating primordial germ cells in mice. Development, 2007, 134: 2627-2638.

[359] Toyooka Y, Tsunekawa N, Akasu R, et al. Embryonic stem cells can form germ cells *in vitro*. Proc Natl Acad Sci USA, 2003, 100: 11457-11462.

[360] Geijsen N, Horoschak M, Kim K, et al. Derivation of embryonic germ cells and male gametes from embryonic stem cells. Nature, 2004, 427: 148-154.

[361] Imamura M, Aoi T, Tokumasu A, et al. Induction of primordial germ cells from mouse induced pluripotent stem cells derived from adult hepatocytes. Mol Reprod Dev, 2010, 77: 802-811.

[362] Foiani M, Nadjar-Boger E, Capone R, et al. A meiosis-specific protein kinase, Ime2, is required for the correct timing of DNA replication and for spore formation in

yeast meiosis. Molecular & General Genetics: MGG, 1996, 253: 278-288.

[363] Mitchell A P, Driscoll S E, Smith H E. Positive control of sporulation-specific genes by the IME1 and IME2 products in Saccharomyces cerevisiae. Molecular and Cellular Biology, 1990, 10: 2104-2110.

[364] Smith H E, Mitchell A P. A transcriptional cascade governs entry into meiosis in Saccharomyces cerevisiae. Molecular and Cellular Biology, 1989, 9: 2142-2152.

[365] Honigberg S M, Purnapatre K. Signal pathway integration in the switch from the mitotic cell cycle to meiosis in yeast. Journal of Cell Science, 2003, 116: 2137-2147.

[366] Yamamoto M. Regulation of meiosis in fission yeast. Cell Structure and Function, 1996, 21: 431-436.

[367] Crittenden S L, Eckmann C R, Wang L, et al. Regulation of the mitosis/meiosis decision in the *Caenorhabditis elegans* germline. Philosophical transactions of the Royal Society of London Series B, Biological Sciences, 2003, 358: 1359-1362.

[368] Hansen D, Wilson-Berry L, Dang T, et al. Control of the proliferation versus meiotic development decision in the *C. elegans* germline through regulation of GLD-1 protein accumulation. Development, 2004, 131: 93-104.

[369] Jan E, Motzny C K, Graves L E, et al. The star protein, GLD-1, is a translational regulator of sexual identity in *Caenorhabditis elegans*. The EMBO Journal, 1999, 18: 258-269.

[370] Kadyk L C, Kimble J. Genetic regulation of entry into meiosis in *Caenorhabditis elegans*. Development, 1998, 125: 1803-1813.

[371] Suh N, Jedamzik B, Eckmann C R, et al. The GLD-2 poly (A) polymerase activates gld-1 mRNA in the *Caenorhabditis elegans* germ line. Proc Natl Acad Sci U S A, 2006, 103: 15108-15112.

[372] Bowles J, Koopman P. Retinoic acid, meiosis and germ cell fate in mammals. Development, 2007, 134: 3401-3411.

[373] Koubova J, Menke D B, Zhou Q, et al. Retinoic acid regulates sex-specific timing of meiotic initiation in mice. Proc Natl Acad Sci U S A, 2006, 103: 2474-2479.

[374] Lin Y F, Gill M E, Koubova J, et al. Germ cell-intrinsic and-extrinsic factors govern meiotic initiation in mouse embryos. Science, 2008, 322: 1685-1687.

[375] Kumar S, Chatzi C, Brade T, et al. Sex-specific timing of meiotic initiation is regulated by Cyp26b1 independent of retinoic acid signalling. Nat Commun, 2011, 2: 151.

[376] Baudat F, Manova K, Yuen J P, et al. Chromosome synapsis defects and sexually dimorphic meiotic progression in mice lacking spo11. Mol Cell, 2000, 6: 989-998.

[377] Keeney S, Giroux C N, Kleckner N. Meiosis-specific DNA double-strand breaks are

catalyzed by spo11, a member of a widely conserved protein family. Cell, 1997, 88: 375-384.

[378] Handel M A, Schimenti J C. Genetics of mammalian meiosis: Regulation, dynamics and impact on fertility. Nature Reviews Genetics, 2010, 11: 124-136.

[379] Neale M J, Keeney S. Clarifying the mechanics of DNA strand exchange in meiotic recombination. Nature, 2006, 442: 153-158.

[380] Borner G V, Kleckner N, Hunter N. Crossover/noncrossover differentiation, synaptonemal complex formation, and regulatory surveillance at the leptotene/zygotene transition of meiosis. Cell, 2004, 117: 29-45.

[381] Kuliev A, Zlatopolsky Z, Kirillova I, et al. Meiosis errors in over 20,000 oocytes studied in the practice of preimplantation aneuploidy testing. Reproductive Biomedicine Online, 2011, 22: 2-8.

[382] Bolcun-Filas E, Hall E, Speed R, et al. Mutation of the mouse Syce1 gene disrupts synapsis and suggests a link between synaptonemal complex structural components and DNA repair. PLoS Genetics, 2009, 5: e1000393.

[383] de Vries F A, de Boer E, van den Bosch M, et al. Mouse Sycp1 functions in synaptonemal complex assembly, meiotic recombination, and XY body formation. Genes Dev, 2005, 19: 1376-1389.

[384] Saitou M, Barton S C, Surani M A. A molecular programme for the specification of germ cell fate in mice. Nature, 2002, 418: 293-300.

[385] Zhang H, Risal S, Gorre N, et al. Somatic cells initiate primordial follicle activation and govern the development of dormant oocytes in mice. Curr Biol, 2014, 24: 2501-2508.

[386] Huang L, Wang Z B, Jiang Z Z, et al. Specific disruption of Tsc1 in ovarian granulosa cells promotes ovulation and causes progressive accumulation of corpora lutea. PLoS One, 2013, 8: e54052.

[387] Matson C K, Murphy M W, Sarver A L, et al. Dmrt1 prevents female reprogramming in the postnatal mammalian testis. Nature, 2011, 476: 101-104.

[388] Minkina A, Matson C K, Lindeman R E, et al. Dmrt1 protects male gonadal cells from retinoid-dependent sexual transdifferentiation. Dev Cell, 2014, 29: 511-520.

[389] Kanatsu-Shinohara M, Inoue K, Takashima S, et al. Reconstitution of mouse spermatogonial stem cell niches in culture. Cell Stem Cell, 2012, 11: 567-578.

[390] Raverdeau M, Gely-Pernot A, Feret B, et al. Retinoic acid induces sertoli cell paracrine signals for spermatogonia differentiation but cell autonomously drives spermatocyte meiosis. Proc Natl Acad Sci U S A, 2012, 109: 16582-16587.

[391] Wu R C, Jiang M, Beaudet A L, et al. ARID4A and ARID4B regulate male fertility, a functional link to the AR and RB pathways. Proc Natl Acad Sci U S A,

2013, 110: 4616-4621.

[392] Li M W, Mruk D D, Lee W M, et al. Connexin 43 is critical to maintain the homeostasis of the blood-testis barrier via its effects on tight junction reassembly. Proc Natl Acad Sci U S A, 2010, 107: 17998-18003.

[393] Lie P P, Chan A Y, Mruk D D, et al. Restricted Arp3 expression in the testis prevents blood-testis barrier disruption during junction restructuring at spermatogenesis. Proc Natl Acad Sci U S A, 2010, 107: 11411-11416.

[394] Lie P P, Mruk D D, Mok K W, et al. Focal adhesion kinase-Tyr407 and-Tyr397 exhibit antagonistic effects on blood-testis barrier dynamics in the rat. Proc Natl Acad Sci U S A, 2012, 109: 12562-12567.

[395] Su L, Mruk D D, Lui W Y, et al. P-glycoprotein regulates blood-testis barrier dynamics via its effects on the occludin/zonula occludens 1 (ZO-1) protein complex mediated by focal adhesion kinase (FAK). Proc Natl Acad Sci U S A, 2011, 108: 19623-19628.

[396] Smith B E, Braun R E. Germ cell migration across sertoli cell tight junctions. Science, 2012, 338: 798-802.

[397] Park D, Han C Z, Elliott M R, et al. Continued clearance of apoptotic cells critically depends on the phagocyte Ucp2 protein. Nature, 2011, 477: 220-224.

[398] Archambeault D R, Yao H H. Activin A, a product of fetal leydig cells, is a unique paracrine regulator of Sertoli cell proliferation and fetal testis cord expansion. Proc Natl Acad Sci U S A, 2010, 107: 10526-10531.

[399] Zhang L, Chen M, Wen Q, et al. Reprogramming of Sertoli cells to fetal-like leydig cells by Wt1 ablation. Proc Natl Acad Sci U S A, 2015, 112: 4003-4008.

[400] Pepling M E. Follicular assembly: mechanisms of action. Reproduction, 2012, 143: 139-149.

[401] Zhang H, Liu L, Li X, et al. Life-long in vivo cell-lineage tracing shows that no oogenesis originates from putative germline stem cells in adult mice. Proc Natl Acad Sci U S A, 2014, 111: 17983-17988.

[402] Zuckerman S. The number of oocytes in the mature ovary. Recent Progress in Hormone Research, 1951, 6: 63-109.

[403] Rajkovic A, Pangas S A, Ballow D, et al. Nobox deficiency disrupts early folliculogenesis and oocyte-specific gene expression. Science, 2004, 305: 1157-1159.

[404] Soyal S M, Amleh A, Dean J. Figalpha, a germ cell-specific transcription factor required for ovarian follicle formation. Development, 2000, 127: 4645-4654.

[405] Uda M, Ottolenghi C, Crisponi L, et al. Foxl2 disruption causes mouse ovarian failure by pervasive blockage of follicle development. Human Molecular Genetics,

2004, 13: 1171-1181.

[406] Hayashi K, Ogushi S, Kurimoto K, et al. Offspring from oocytes derived from *in vitro* primordial germ cell-like cells in mice. Science, 2012, 338: 971-975.

[407] John G B, Gallardo T D, Shirley L J, et al. Foxo3 is a PI3K-dependent molecular switch controlling the initiation of oocyte growth. Dev Biol, 2008, 321: 197-204.

[408] Reddy P, Liu L, Adhikari D, et al. Oocyte-specific deletion of PTEN causes premature activation of the primordial follicle pool. Science, 2008, 319: 611-613.

[409] Zhang H, Liu K. Cellular and molecular regulation of the activation of mammalian primordial follicles: Somatic cells initiate follicle activation in adulthood. Human Reproduction Update, 2015, 21: 779-786.

[410] Kawamura K, Cheng Y, Kawamura N, et al. Pre-ovulatory LH/hCG surge decreases C-type natriuretic peptide secretion by ovarian granulosa cells to promote meiotic resumption of pre-ovulatory oocytes. Human Reproduction (Oxford, England), 2011, 26: 3094-3101.

[411] Dekel N, Hillensjo T, Kraicer P F. Maturational effects of gonadotropins on the cumulus-oocyte complex of the rat. Biol Reprod, 1979, 20: 191-197.

[412] Zhang M, Su Y Q, Sugiura K, et al. Granulosa cell ligand NPPC and its receptor NPR2 maintain meiotic arrest in mouse oocytes. Science, 2010, 330: 366-369.

[413] Su Y Q, Sugiura K, Wigglesworth K, et al. Oocyte regulation of metabolic cooperativity between mouse cumulus cells and oocytes: BMP15 and GDF9 control cholesterol biosynthesis in cumulus cells. Development, 2008, 135: 111-121.

[414] Su Y Q, Sugiura K, Sun F, et al. MARF1 regulates essential oogenic processes in mice. Science, 2012, 335: 1496-1499.

[415] Zhao B, Zhang W D, Duan Y L, et al. Filia is an ESC-specific regulator of DNA damage response and safeguards genomic stability. Cell Stem Cell, 2015, 16: 684-698.

[416] Miller D, Brinkworth M, Iles D. Paternal DNA packaging in spermatozoa: More than the sum of its parts? DNA, histones, protamines and epigenetics. Reproduction, 2010, 139: 287-301.

[417] Aitken R J, Kerr L, Bolton V, et al. Analysis of sperm function in globozoospermia: Implications for the mechanism of sperm-zona interaction. Fertility and Sterility, 1990, 54: 701-707.

[418] Martianov I, Brancorsini S, Catena R, et al. Polar nuclear localization of H1T2, a histone H1 variant, required for spermatid elongation and DNA condensation during spermiogenesis. Proc Natl Acad Sci U S A, 2005, 102: 2808-2813.

[419] Catena R, Ronfani L, Sassone-Corsi P, et al. Changes in intranuclear chromatin architecture induce bipolar nuclear localization of histone variant H1T2 in male

haploid spermatids. Dev Biol, 2006, 296: 231-238.

[420] Ito C, Suzuki-Toyota F, Maekawa M, et al. Failure to assemble the peri-nuclear structures in GOPC deficient spermatids as found in round-headed spermatozoa. Archives of Histology and Cytology, 2004, 67: 349-360.

[421] Wang H, Wan H, Li X, et al. Atg7 is required for acrosome biogenesis during spermatogenesis in mice. Cell Res, 2014, 24: 852-869.

[422] Harbuz R, Zouari R, Pierre V, et al. A recurrent deletion of DPY19L2 causes infertility in man by blocking sperm head elongation and acrosome formation. American Journal of Human Genetics, 2011, 88: 351-361.

[423] Xu X, Toselli P A, Russell L D, et al. Globozoospermia in mice lacking the casein kinase II alpha' catalytic subunit. Nat Genet, 1999, 23: 118-121.

[424] Kang-Decker N, Mantchev G T, Juneja S C, et al. Lack of acrosome formation in Hrb-deficient mice. Science, 2001, 294: 1531-1533.

[425] Toshimori K, Ito C. Formation and organization of the mammalian sperm head. Archives of Histology and Cytology, 2003, 66: 383-396.

[426] Kierszenbaum A L, Tres L L. The acrosome-acroplaxome-manchette complex and the shaping of the spermatid head. Archives of Histology and Cytology, 2004, 67: 271-284.

[427] Rivkin E, Cullinan E B, Tres L L, et al. A protein associated with the manchette during rat spermiogenesis is encoded by a gene of the TBP-1-like subfamily with highly conserved ATPase and protease domains. Mol Reprod Dev, 1997, 48: 77-89.

[428] Shao X, Tarnasky H A, Lee J P, et al. Spag4, a novel sperm protein, binds outer dense-fiber protein Odf1 and localizes to microtubules of manchette and axoneme. Dev Biol, 1999, 211: 109-123.

[429] Tres L L, Kierszenbaum A L. Sak57, an acidic keratin initially present in the spermatid manchette before becoming a component of paraaxonemal structures of the developing tail. Mol Reprod Dev, 1996, 44: 395-407.

[430] Akhmanova A, Mausset-Bonnefont A L, van Cappellen W, et al. The microtubule plus-end-tracking protein CLIP-170 associates with the spermatid manchette and is essential for spermatogenesis. Genes Dev, 2005, 19: 2501-2515.

[431] Zhou J, Du Y R, Qin W H, et al. RIM-BP3 is a manchette-associated protein essential for spermiogenesis. Development, 2009, 136: 373-382.

[432] Yuan S, Stratton C J, Bao J, et al. Spata6 is required for normal assembly of the sperm connecting piece and tight head-tail conjunction. Proc Natl Acad Sci U S A, 2015, 112: E430-439.

[433] Tokuhiro K, Isotani A, Yokota S, et al. OAZ-t/OAZ3 is essential for rigid

connection of sperm tails to heads in mouse. PLoS Genetics, 2009, 5: e1000712.

[434] Nelson-DeGrave V L, Wickenheisser J K, Cockrell J E, et al. Valproate potentiates androgen biosynthesis in human ovarian theca cells. Endocrinology, 2004, 145: 799-808.

[435] Rier S E, Turner W E, Martin D C, et al. Serum levels of TCDD and dioxin-like chemicals in rhesus monkeys chronically exposed to dioxin: Correlation of increased serum PCB levels with endometriosis. Toxicological Sciences: An Official Journal of the Society of Toxicology, 2001, 59: 147-159.

[436] Xia Y, Cheng S, Bian Q, et al. Genotoxic effects on spermatozoa of carbaryl-exposed workers. Toxicological Sciences: An Official Journal of the Society of Toxicology, 2005, 85: 615-623.

[437] Hu Z, Xia Y, Guo X, et al. A genome-wide association study in Chinese men identifies three risk loci for non-obstructive azoospermia. Nat Genet, 2011, 44: 183-186.

[438] Ni B, Lin Y, Sun L, et al. Low-frequency germline variants across 6p22. 2-6p21. 33 are associated with non-obstructive azoospermia in Han Chinese men. Human Molecular Genetics, 2015, 24: 5628-5636.

[439] Zhao H, Xu J, Zhang H, et al. A genome-wide association study reveals that variants within the HLA region are associated with risk for nonobstructive azoospermia. American Journal of Human Genetics, 2012, 90: 900-906.

[440] Jiang M, Gao M, Wu C, et al. Lack of testicular seipin causes teratozoospermia syndrome in men. Proc Natl Acad Sci U S A, 2014, 111: 7054-7059.

[441] Lu C, Zhang F, Yang H, et al. Additional genomic duplications in AZFc underlie the b2/b3 deletion-associated risk of spermatogenic impairment in Han Chinese population. Human Molecular Genetics, 2011, 20: 4411-4421.

[442] Lu C, Zhang J, Li Y, et al. The b2/b3 subdeletion shows higher risk of spermatogenic failure and higher frequency of complete AZFc deletion than the gr/gr subdeletion in a Chinese population. Human Molecular Genetics, 2009, 18: 1122-1130.

[443] Wang X N, Li Z S, Ren Y, et al. The wilms tumor gene, Wt1, is critical for mouse spermatogenesis via regulation of sertoli cell polarity and is associated with non-obstructive azoospermia in humans. PLoS Genetics, 2013, 9: e1003645.

[444] Wang J, Qi L, Huang S, et al. Quantitative phosphoproteomics analysis reveals a key role of insulin growth factor 1 receptor (IGF1R) tyrosine kinase in human sperm capacitation. Molecular & Cellular Proteomics: MCP, 2015, 14: 1104-1112.

[445] Gan H, Cai T, Lin X, et al. Integrative proteomic and transcriptomic analyses reveal multiple post-transcriptional regulatory mechanisms of mouse spermatogenesis.

Molecular & Cellular Proteomics: MCP, 2013, 12: 1144-1157.

[446] Zheng B, Zhao D, Zhang P, et al. Quantitative proteomics reveals the essential roles of stromal interaction molecule 1 (STIM1) in the testicular cord formation in mouse testis. Molecular & Cellular Proteomics: MCP, 2015, 14: 2682-2691.

[447] Vourekas A, Zheng K, Fu Q, et al. The RNA helicase MOV10L1 binds piRNA precursors to initiate piRNA processing. Genes Dev, 2015, 29: 617-629.

[448] Chen Y, Cui Y, Shen B, et al. Germline acquisition of Cas9/RNA-mediated gene modifications in monkeys. Cell Res, 2015, 25: 262-265.

[449] Kang Y, Zheng B, Shen B, et al. CRISPR/Cas9-mediated Dax1 knockout in the monkey recapitulates human AHC-HH. Human Molecular Genetics, 2015, 24: 7255-7264.

[450] Du G, Shen O, Sun H, et al. Assessing hormone receptor activities of pyrethroid insecticides and their metabolites in reporter gene assays. Toxicological Sciences: An Official Journal of the Society of Toxicology, 2010, 116: 58-66.

[451] Qin Y, Du G, Chen M, et al. Combined effects of urinary phytoestrogens metabolites and polymorphisms in metabolic enzyme gene on idiopathic male infertility. Archives of Toxicology, 2014, 88: 1527-1536.

[452] Xia Y, Chen M, Zhu P, et al. Urinary phytoestrogen levels related to idiopathic male infertility in Chinese men. Environment International, 2013, 59: 161-167.

[453] Xu B, Chen M, Ji X, et al. Metabolomic profiles delineate the potential role of glycine in gold nanorod-induced disruption of mitochondria and blood-testis barrier factors in TM-4 cells. Nanoscale, 2014, 6: 8265-8273.

[454] Yang S, Ping P, Ma M, et al. Generation of haploid spermatids with fertilization and development capacity from human spermatogonial stem cells of cryptorchid patients. Stem Cell Reports, 2014, 3: 663-675.

[455] Yuan Y, Zhou Q, Wan H, et al. Generation of fertile offspring from kit (w)/kit (wv) mice through differentiation of gene corrected nuclear transfer embryonic stem cells. Cell Res, 2015, 25: 851-863.

[456] Wang J, Zhang W, Jiang H, et al. Mutations in HFM1 in recessive primary ovarian insufficiency. The New England Journal of Medicine, 2014, 370: 972-974.

[457] Yan L Y, Yang M Y, Guo H S, et al. Single-cell RNA-Seq profiling of human preimplantation embryos and embryonic stem cells. Nat Struct Mol Biol, 2013, 20: 1131-1139.

[458] Xue Z G, Huang K, Cai C C, et al. Genetic programs in human and mouse early embryos revealed by single-cell RNA sequencing. Nature, 2013, 500: 593-597.

[459] Hou Y, Fan W, Yan L Y, et al. Genome analyses of single human oocytes. Cell, 2013, 155: 1492-1506.

[460] Zou K, Yuan Z, Yang Z, et al. Production of offspring from a germline stem cell line derived from neonatal ovaries. Nature Cell Biology, 2009, 11: 631-636.

[461] Hayashi K, Ohta H, Kurimoto K, et al. Reconstitution of the mouse germ cell specification pathway in culture by pluripotent stem cells. Cell, 2011, 146: 519-532.

[462] Irie N, Weinberger L, Tang W W, et al. SOX17 is a critical specifier of human primordial germ cell fate. Cell, 2015, 160: 253-268.

[463] Nakaki F, Hayashi K, Ohta H, et al. Induction of mouse germ-cell fate by transcription factors *in vitro*. Nature, 2013, 501: 222-226.

[464] Dawlaty M M, Breiling A, Le T, et al. Combined deficiency of Tet1 and Tet2 causes epigenetic abnormalities but is compatible with postnatal development. Dev Cell, 2013, 24: 310-323.

[465] Hackett J A, Sengupta R, Zylicz J J, et al. Germline DNA demethylation dynamics and imprint erasure through 5-hydroxymethylcytosine. Science, 2013, 339: 448-452.

[466] Payer B, Rosenberg M, Yamaji M, et al. Tsix RNA and the germline factor, PRDM14, link X reactivation and stem cell reprogramming. Mol Cell, 2013, 52: 805-818.

[467] Lawson K A, Dunn N R, Roelen B A, et al. Bmp4 is required for the generation of primordial germ cells in the mouse embryo. Genes Dev, 1999, 13: 424-436.

[468] Ying Y, Liu X M, Marble A, et al. Requirement of Bmp8b for the generation of primordial germ cells in the mouse. Molecular Endocrinology (Baltimore, Md), 2000, 14: 1053-1063.

[469] Gordon S P, Chickarmane V S, Ohno C, et al. Multiple feedback loops through cytokinin signaling control stem cell number within the arabidopsis shoot meristem. Proc Natl Acad Sci U S A, 2009, 106: 16529-16534.

[470] Leibfried A, To J P, Busch W, et al. Wuschel controls meristem function by direct regulation of cytokinin-inducible response regulators. Nature, 2005, 438: 1172-1175.

[471] Ashikari M, Sakakibara H, Lin S, et al. Cytokinin oxidase regulates rice grain production. Science, 2005, 309: 741-745.

[472] Heisler M G, Ohno C, Das P, et al. Patterns of auxin transport and gene expression during primordium development revealed by live imaging of the arabidopsis inflorescence meristem. Curr Biol, 2005, 15: 1899-1911.

[473] Zhao Z, Andersen S U, Ljung K, et al. Hormonal control of the shoot stem-cell niche. Nature, 2010, 465: 1089-1092.

[474] Muller B, Sheen J. Cytokinin and auxin interaction in root stem-cell specification

during early embryogenesis. Nature, 2008, 453: 1094-1097.

[475] Wang Q, Kohlen W, Rossmann S, et al. Auxin depletion from the leaf axil conditions competence for axillary meristem formation in arabidopsis and tomato. Plant Cell, 2014, 26: 2068-2079.

[476] Han M, Park Y, Kim I, et al. Structural basis for the auxin-induced transcriptional regulation by Aux/IAA17. Proc Natl Acad Sci U S A, 2014, 111: 18613-18618.

[477] Tian C, Zhang X, He J, et al. An organ boundary-enriched gene regulatory network uncovers regulatory hierarchies underlying axillary meristem initiation. Molecular Systems Biology, 2014, 10: 755.

[478] Kuchen E E, Fox S, de Reuille P B, et al. Generation of leaf shape through early patterns of growth and tissue polarity. Science, 2012, 335: 1092-1096.

[479] Uyttewaal M, Burian A, Alim K, et al. Mechanical stress acts via katanin to amplify differences in growth rate between adjacent cells in arabidopsis. Cell, 2012, 149: 439-451.

[480] Mahonen A P, Ten Tusscher K, Siligato R, et al. Plethora gradient formation mechanism separates auxin responses. Nature, 2014, 515: 125-129.

[481] Lin H, Wang R, Qian Q, et al. DWARF27, an iron-containing protein required for the biosynthesis of strigolactones, regulates rice tiller bud outgrowth. Plant Cell, 2009, 21: 1512-1525.

[482] Jiang L, Liu X, Xiong G, et al. DWARF 53 acts as a repressor of strigolactone signalling in rice. Nature, 2013, 504: 401-405.

[483] Zhou F, Lin Q, Zhu L, et al. D14-SCF (D3) -dependent degradation of D53 regulates strigolactone signalling. Nature, 2013, 504: 406-410.

[484] Guo S, Xu Y, Liu H, et al. The interaction between osMADS57 and osTB1 modulates rice tillering via DWARF14. Nat Commun, 2013, 4: 1566.

[485] Zhao L H, Zhou X E, Wu Z S, et al. Crystal structures of two phytohormone signal-transducing α/β hydrolases: Karrikin-signaling KAI2 and strigolactone-signaling DWARF14. Cell Res, 2013, 23: 436-439.

[486] Zhao L H, Zhou X E, Yi W, et al. Destabilization of strigolactone receptor DWARF14 by binding of ligand and E3-ligase signaling effector DWARF3. Cell Res, 2015, 25: 1219-1236.

[487] Cui D, Zhao J, Jing Y, et al. The arabidopsis IDD14, IDD15, and IDD16 cooperatively regulate lateral organ morphogenesis and gravitropism by promoting auxin biosynthesis and transport. PLoS Genetics, 2013, 9: e1003759.

[488] He Y, Chung E H, Hubert D A, et al. Specific missense alleles of the arabidopsis jasmonic acid co-receptor coi1 regulate innate immune receptor accumulation and function. PLoS Genetics, 2012, 8: e1003018.

[489] Liu J, Sheng L, Xu Y, et al. WOX11 and 12 are involved in the first-step cell fate transition during *de novo* root organogenesis in *Arabidopsis*. Plant Cell, 2014, 26: 1081-1093.

[490] Zhou W, Wei L, Xu J, et al. *Arabidopsis* tyrosylprotein sulfotransferase acts in the auxin/plethora pathway in regulating postembryonic maintenance of the root stem cell niche. Plant Cell, 2010, 22: 3692-3709.

[491] Xiao J, Xu S, Li C, et al. O-glcNAc-mediated interaction between VER2 and taGRP2 elicits taVRN1 mRNA accumulation during vernalization in winter wheat. Nat Commun, 2014, 5: 4572.

[492] Li Y, Fan C, Xing Y, et al. Natural variation in GS5 plays an important role in regulating grain size and yield in rice. Nat Genet, 2011, 43: 1266-1269.

[493] Wang S, Li S, Liu Q, et al. The OsSPL16-GW7 regulatory module determines grain shape and simultaneously improves rice yield and grain quality. Nat Genet, 2015, 47: 949-954.

[494] Wang Y, Xiong G, Hu J, et al. Copy number variation at the GL7 locus contributes to grain size diversity in rice. Nat Genet, 2015, 47: 944-948.

[495] Chen M, Liu H, Kong J, et al. RopGEF7 regulates PLETHORA-dependent maintenance of the root stem cell niche in *Arabidopsis*. Plant Cell, 2011, 23: 2880-2894.

[496] Sun J, Xu Y, Ye S, et al. Arabidopsis ASA1 is important for jasmonate-mediated regulation of auxin biosynthesis and transport during lateral root formation. Plant Cell, 2009, 21: 1495-1511.

[497] Cai X T, Xu P, Zhao P X, et al. *Arabidopsis* ERF109 mediates cross-talk between jasmonic acid and auxin biosynthesis during lateral root formation. Nat Commun, 2014, 5: 5833.

[498] Qi T, Song S, Ren Q, et al. The jasmonate-ZIM-domain proteins interact with the WD-repeat/bHLH/MYB complexes to regulate jasmonate-mediated anthocyanin accumulation and trichome initiation in *Arabidopsis thaliana*. Plant Cell, 2011, 23: 1795-1814.

[499] Zhai Q, Zhang X, Wu F, et al. Transcriptional mechanism of jasmonate receptor coi1-mediated delay of flowering time in *Arabidopsis*. Plant Cell, 2015, 27: 2814-2828.

[500] Du M, Zhai Q, Deng L, et al. Closely related NAC transcription factors of tomato differentially regulate stomatal closure and reopening during pathogen attack. Plant Cell, 2014, 26: 3167-3184.

[501] Yang D L, Yao J, Mei C S, et al. Plant hormone jasmonate prioritizes defense over growth by interfering with gibberellin signaling cascade. Proc Natl Acad Sci U S A,

2012, 109: E1192-1200.

[502] Zhang G B, Yi H Y, Gong J M. The *Arabidopsis* ethylene/jasmonic acid-NRT signaling module coordinates nitrate reallocation and the trade-off between growth and environmental adaptation. Plant Cell, 2014, 26: 3984-3998.

[503] An F, Zhang X, Zhu Z, et al. Coordinated regulation of apical hook development by gibberellins and ethylene in etiolated *Arabidopsis* seedlings. Cell Res, 2012, 22: 915-927.

[504] Qi T, Wang J, Huang H, et al. Regulation of jasmonate-induced leaf senescence by antagonism between bHLH subgroup IIIe and IIId factors in *Arabidopsis*. Plant Cell, 2015, 27: 1634-1649.

[505] Qi T, Huang H, Song S, et al. Regulation of jasmonate-mediated stamen development and seed production by a bHLH-MYB complex in *Arabidopsis*. Plant Cell, 2015, 27: 1620-1633.

[506] Qiu K, Li Z, Yang Z, et al. EIN3 and ORE1 accelerate degreening during ethylene-mediated leaf senescence by directly activating chlorophyll catabolic genes in *Arabidopsis*. PLoS Genetics, 2015, 11: e1005399.

[507] Shu K, Zhang H, Wang S, et al. ABI4 regulates primary seed dormancy by regulating the biogenesis of abscisic acid and gibberellins in *Arabidopsis*. PLoS Genetics, 2013, 9: e1003577.

[508] Shu K, Chen Q, Wu Y, et al. ABSCISIC ACID-INSENSITIVE 4 negatively regulates flowering through directly promoting *Arabidopsis* flowering LOCUS C transcription. Journal of Experimental Botany, 2016, 67: 195-205.

[509] Huang D, Wang S, Zhang B, et al. A gibberellin-mediated DELLA-NAC signaling cascade regulates cellulose synthesis in rice. Plant Cell, 2015, 27: 1681-1696.

[510] Yin C C, Ma B, Collinge D P, et al. Ethylene responses in rice roots and coleoptiles are differentially regulated by a carotenoid isomerase-mediated abscisic acid pathway. Plant Cell, 2015, 27: 1061-1081.

[511] Ding Y, Li H, Zhang X, et al. OST1 kinase modulates freezing tolerance by enhancing ICE1 stability in *Arabidopsis*. Dev Cell, 2015, 32: 278-289.

[512] Shen H, Zhong X, Zhao F, et al. Overexpression of receptor-like kinase ERECTA improves thermotolerance in rice and tomato. Nature Biotechnology, 2015, 33: 996-1003.

[513] Scheres B. Stem-cell niches: Nursery rhymes across kingdoms. Nat Rev Mol Cell Biol, 2007, 8: 345-354.

[514] Aichinger E, Kornet N, Friedrich T, et al. Plant stem cell niches. Annual Review of Plant Biology, 2012, 63: 615-636.

[515] Sugimoto K, Gordon S P, Meyerowitz E M. Regeneration in plants and animals:

Dedifferentiation, transdifferentiation, or just differentiation? Trends in Cell Biology, 2011, 21: 212-218.

[516] Xu L, Huang H. Genetic and epigenetic controls of plant regeneration. Current Topics in Developmental Biology, 2014, 108: 1-33.

[517] Sussex I M. The scientific roots of modern plant biotechnology. Plant Cell, 2008, 20: 1189-1198.

[518] Kennedy D, Norman C. What don't we know? Science, 2005, 309: 75.

[519] Matsuzaki Y, Ogawa-Ohnishi M, Mori A, et al. Secreted peptide signals required for maintenance of root stem cell niche in *Arabidopsis*. Science, 2010, 329: 1065-1067.

[520] Pi L, Aichinger E, van der Graaff E, et al. Organizer-derived WOX5 signal maintains root columella stem cells through chromatin-mediated repression of CDF4 expression. Dev Cell, 2015, 33: 576-588.

[521] Crawford B C, Sewell J, Golembeski G, et al. Plant development. Genetic control of distal stem cell fate within root and embryonic meristems. Science, 2015, 347: 655-659.

[522] Heyman J, Cools T, Vandenbussche F, et al. ERF115 controls root quiescent center cell division and stem cell replenishment. Science, 2013, 342: 860-863.

[523] Knauer S, Holt A L, Rubio-Somoza I, et al. A protodermal miR394 signal defines a region of stem cell competence in the *Arabidopsis* shoot meristem. Dev Cell, 2013, 24: 125-132.

[524] Zhou Y, Liu X, Engstrom E M, et al. Control of plant stem cell function by conserved interacting transcriptional regulators. Nature, 2015, 517: 377-380.

[525] Cruz-Ramirez A, Diaz-Trivino S, Blilou I, et al. A bistable circuit involving scarecrow-retinoblastoma integrates cues to inform asymmetric stem cell division. Cell, 2012, 150: 1002-1015.

[526] Sugimoto K, Jiao Y, Meyerowitz E M. *Arabidopsis* regeneration from multiple tissues occurs via a root development pathway. Dev Cell, 2010, 18: 463-471.

[527] Iwase A, Mitsuda N, Koyama T, et al. The AP2/ERF transcription factor WIND1 controls cell dedifferentiation in *Arabidopsis*. Curr Biol, 2011, 21: 508-514.

[528] Kareem A, Durgaprasad K, Sugimoto K, et al. Plethora genes control regeneration by a two-step mechanism. Curr Biol, 2015, 25: 1017-1030.

[529] Tian H, Wabnik K, Niu T, et al. WOX5-IAA17 feedback circuit-mediated cellular auxin response is crucial for the patterning of root stem cell niches in *Arabidopsis*. Molecular plant, 2014, 7: 277-289.

[530] Yang L, Zhang J, He J, et al. ABA-mediated ROS in mitochondria regulate root meristem activity by controlling PLETHORA expression in *Arabidopsis*. PLoS

Genetics, 2014, 10: e1004791.

[531] Chen Q, Sun J, Zhai Q, et al. The basic helix-loop-helix transcription factor MYC2 directly represses PLETHORA expression during jasmonate-mediated modulation of the root stem cell niche in *Arabidopsis*. Plant Cell, 2011, 23: 3335-3352.

[532] Ji H, Wang S, Li K, et al. PRL1 modulates root stem cell niche activity and meristem size through WOX5 and PLTS in *Arabidopsis*. The Plant Journal: for Cell and Molecular Biology, 2015, 81: 399-412.

[533] Li W, Liu H, Cheng Z J, et al. DNA methylation and histone modifications regulate *de novo* shoot regeneration in *Arabidopsis* by modulating WUSCHEL expression and auxin signaling. PLoS Genetics, 2011, 7: e1002243.

[534] Fan M, Xu C, Xu K, et al. LATERAL ORGAN BOUNDARIES DOMAIN transcription factors direct callus formation in *Arabidopsis* regeneration. Cell Res, 2012, 22: 1169-1180.

[535] Zhang T Q, Lian H, Tang H, et al. An intrinsic microRNA timer regulates progressive decline in shoot regenerative capacity in plants. Plant Cell, 2015, 27: 349-360.

[536] Yang W C, Ye D, Xu J, et al. The SPOROCYTELESS gene of *Arabidopsis* is required for initiation of sporogenesis and encodes a novel nuclear protein. Genes Dev, 1999, 13: 2108-2117.

[537] Schiefthaler U, Balasubramanian S, Sieber P, et al. Molecular analysis of NOZZLE, a gene involved in pattern formation and early sporogenesis during sex organ development in Arabidopsis thaliana. Proc Natl Acad Sci U S A, 1999, 96: 11664-11669.

[538] Ito T, Wellmer F, Yu H, et al. The homeotic protein AGAMOUS controls microsporogenesis by regulation of SPOROCYTELESS. Nature, 2004, 430: 356-360.

[539] Wei B, Zhang J, Pang C, et al. The molecular mechanism of SPOROCYTELESS/NOZZLE in controlling *Arabidopsis* ovule development. Cell Res, 2015, 25: 121-134.

[540] Gross-Hardt R, Kagi C, Baumann N, et al. LACHESIS restricts gametic cell fate in the female gametophyte of *Arabidopsis*. PLoS Biology, 2007, 5: e47.

[541] Krohn N G, Lausser A, Juranic M, et al. Egg cell signaling by the secreted peptide ZmEAL1 controls antipodal cell fate. Dev Cell, 2012, 23: 219-225.

[541] Kagi C, Baumann N, Nielsen N, et al. The gametic central cell of *Arabidopsis* determines the lifespan of adjacent accessory cells. Proc Natl Acad Sci U S A, 2010, 107: 22350-22355.

[543] Wu J J, Peng X B, Li W W, et al. Mitochondrial GCD1 dysfunction reveals

reciprocal cell-to-cell signaling during the maturation of *Arabidopsis* female gametes. Dev Cell, 2012, 23: 1043-1058.

[544] Takayama S, Isogai A. Self-incompatibility in plants. Annual Review of Plant Biology, 2005, 56: 467-489.

[545] Zhang Y, Zhao Z, Xue Y. Roles of proteolysis in plant self-incompatibility. Annual Review of Plant Biology, 2009, 60: 21-42.

[546] Dresselhaus T, Franklin-Tong N. Male-female crosstalk during pollen germination, tube growth and guidance, and double fertilization. Molecular Plant, 2013, 6: 1018-1036.

[547] Guan Y, Lu J, Xu J, et al. Two mitogen-activated protein kinases, MPK3 and MPK6, are required for funicular guidance of pollen tubes in *Arabidopsis*. Plant Physiology, 2014, 165: 528-533.

[548] Marton M L, Cordts S, Broadhvest J, et al. Micropylar pollen tube guidance by egg apparatus 1 of maize. Science, 2005, 307: 573-576.

[549] Okuda S, Tsutsui H, Shiina K, et al. Defensin-like polypeptide LUREs are pollen tube attractants secreted from synergid cells. Nature, 2009, 458: 357-361.

[550] Takeuchi H, Higashiyama T. A species-specific cluster of defensin-like genes encodes diffusible pollen tube attractants in *Arabidopsis*. PLoS Biology, 2012, 10: e1001449.

[551] Alandete-Saez M, Ron M, McCormick S. GEX3, expressed in the male gametophyte and in the egg cell of *Arabidopsis thaliana*, is essential for micropylar pollen tube guidance and plays a role during early embryogenesis. Molecular Plant, 2008, 1: 586-598.

[552] Chen Y H, Li H J, Shi D Q, et al. The central cell plays a critical role in pollen tube guidance in *Arabidopsis*. Plant Cell, 2007, 19: 3563-3577.

[553] Shimizu K K, Okada K. Attractive and repulsive interactions between female and male gametophytes in *Arabidopsis* pollen tube guidance. Development, 2000, 127: 4511-4518.

[554] Liu J, Zhong S, Guo X, et al. Membrane-bound RLCKs LIP1 and LIP2 are essential male factors controlling male-female attraction in *Arabidopsis*. Curr Biol, 2013, 23: 993-998.

[555] Huck N, Moore J M, Federer M, et al. The *Arabidopsis* mutant feronia disrupts the female gametophytic control of pollen tube reception. Development, 2003, 130: 2149-2159.

[556] Rotman N, Rozier F, Boavida L, et al. Female control of male gamete delivery during fertilization in *Arabidopsis thaliana*. Curr Biol, 2003, 13: 432-436.

[557] Amien S, Kliwer I, Marton M L, et al. Defensin-like ZmES4 mediates pollen tube

burst in maize via opening of the potassium channel KZM1. PLoS Biology, 2010, 8: e1000388.

[558] Dresselhaus T, Marton M L. Micropylar pollen tube guidance and burst: Adapted from defense mechanisms? Current Opinion in Plant Biology, 2009, 12: 773-780.

[559] Boisson-Dernier A, Roy S, Kritsas K, et al. Disruption of the pollen-expressed FERONIA homologs ANXUR1 and ANXUR2 triggers pollen tube discharge. Development, 2009, 136: 3279-3288.

[560] Miyazaki S, Murata T, Sakurai-Ozato N, et al. ANXUR1 and 2, sister genes to FERONIA/SIRENE, are male factors for coordinated fertilization. Curr Biol, 2009, 19: 1327-1331.

[561] Mori T, Kuroiwa H, Higashiyama T, et al. GENERATIVE CELL SPECIFIC 1 is essential for angiosperm fertilization. Nature Cell Biology, 2006, 8: 64-71.

[562] von Besser K, Frank A C, Johnson M A, et al. *Arabidopsis* HAP2 (GCS1) is a sperm-specific gene required for pollen tube guidance and fertilization. Development, 2006, 133: 4761-4769.

[563] Sprunck S, Rademacher S, Vogler F, et al. Egg cell-secreted EC1 triggers sperm cell activation during double fertilization. Science, 2012, 338: 1093-1097.

[564] Leshem Y, Johnson C, Wuest S E, et al. Molecular characterization of the glauce mutant: A central cell-specific function is required for double fertilization in *Arabidopsis*. Plant Cell, 2012, 24: 3264-3277.

[565] Chen G H, Sun J Y, Liu M, et al. SPOROCYTELESS is a novel embryophyte-specific transcription repressor that interacts with TPL and TCP proteins in *Arabidopsis*. Journal of Genetics and Genomics = Yi Chuan Xue Bao, 2014, 41: 617-625.

[566] Zhao P, Zhou X M, Zhang L Y, et al. A bipartite molecular module controls cell death activation in the basal cell lineage of plant embryos. PLoS Biology, 2013, 11: e1001655.

[567] Liang Y, Tan Z M, Zhu L, et al. MYB97, MYB101 and MYB120 function as male factors that control pollen tube-synergid interaction in *Arabidopsis thaliana* fertilization. PLoS Genetics, 2013, 9: e1003933.

[568] Li X R, Li H J, Yuan L, et al. Arabidopsis DAYU/ABERRANT PEROXISOME MORPHOLOGY9 is a key regulator of peroxisome biogenesis and plays critical roles during pollen maturation and germination in planta. Plant Cell, 2014, 26: 619-635.

[569] Xie H T, Wan Z Y, Li S, et al. Spatiotemporal production of reactive oxygen species by NADPH oxidase is critical for tapetal programmed cell death and pollen development in *Arabidopsis*. Plant Cell, 2014, 26: 2007-2023.

[570] Gui C P, Dong X, Liu H K, et al. Overexpression of the tomato pollen receptor

kinase lePRK1 rewires pollen tube growth to a blebbing mode. Plant Cell, 2014, 26: 3538-3555.

[571] Xu J, Ding Z, Vizcay-Barrena G, et al. Aborted microspores acts as a master regulator of pollen wall formation in *Arabidopsis*. Plant Cell, 2014, 26: 1544-1556.

[572] Li H J, Zhu S S, Zhang M X, et al. *Arabidopsis* CBP1 is a novel regulator of transcription initiation in central cell-mediated pollen tube guidance. Plant Cell, 2015, 27: 2880-2893.

[573] Bowman J L, Floyd S K. Patterning and polarity in seed plant shoots. Annual Review of Plant Biology, 2008, 59: 67-88.

[574] Feng S, Jacobsen S E, Reik W. Epigenetic reprogramming in plant and animal development. Science, 2010, 330: 622-627.

[575] Liu C, Xu Z, Chua N H. Auxin polar transport is essential for the establishment of bilateral symmetry during early plant embryogenesis. Plant Cell, 1993, 5: 621-630.

[576] Cheng Y, Dai X, Zhao Y. Auxin biosynthesis by the YUCCA flavin monooxygenases controls the formation of floral organs and vascular tissues in *Arabidopsis*. Genes Dev, 2006, 20: 1790-1799.

[577] Cheng Y, Qin G, Dai X, et al. NPY1, a BTB-NPH3-like protein, plays a critical role in auxin-regulated organogenesis in *Arabidopsis*. Proc Natl Acad Sci U S A, 2007, 104: 18825-18829.

[578] Cheng Y, Qin G, Dai X, et al. NPY genes and AGC kinases define two key steps in auxin-mediated organogenesis in *Arabidopsis*. Proc Natl Acad Sci U S A, 2008, 105: 21017-21022.

[579] Xu J, Zhang H Y, Xie C H, et al. EMBRYONIC FACTOR 1 encodes an AMP deaminase and is essential for the zygote to embryo transition in *Arabidopsis*. The Plant Journal: for Cell and Molecular Biology, 2005, 42: 743-756.

[580] Vidaurre D P, Ploense S, Krogan N T, et al. AMP1 and MP antagonistically regulate embryo and meristem development in *Arabidopsis*. Development, 2007, 134: 2561-2567.

[581] Hamann T, Benkova E, Baurle I, et al. The Arabidopsis BODENLOS gene encodes an auxin response protein inhibiting MONOPTEROS-mediated embryo patterning. Genes Dev, 2002, 16: 1610-1615.

[582] Ueda M, Zhang Z, Laux T. Transcriptional activation of *Arabidopsis* axis patterning genes WOX8/9 links zygote polarity to embryo development. Dev Cell, 2011, 20: 264-270.

[583] Liu C M, Meinke D W. The titan mutants of *Arabidopsis* are disrupted in mitosis and cell cycle control during seed development. The Plant Journal: for Cell and Molecular Biology, 1998, 16: 21-31.

[584] Liu Y, Schiff M, Marathe R, et al. Tobacco Rar1, EDS1 and NPR1/NIM1 like genes are required for N-mediated resistance to tobacco mosaic virus. The Plant Journal: for Cell and Molecular Biology, 2002, 30: 415-429.

[585] Tzafrir I, McElver J A, Liu Cm C M, et al. Diversity of titan functions in *Arabidopsis* seed development. Plant Physiology, 2002, 128: 38-51.

[586] Zilberman D, Cao X, Jacobsen S E. ARGONAUTE4 control of locus-specific siRNA accumulation and DNA and histone methylation. Science, 2003, 299: 716-719.

[587] Gehring M, Bubb K L, Henikoff S. Extensive demethylation of repetitive elements during seed development underlies gene imprinting. Science, 2009, 324: 1447-1451.

[588] Grossniklaus U, Nogler G A, van Dijk P J. How to avoid sex: The genetic control of gametophytic apomixis. Plant Cell, 2001, 13: 1491-1498.

[589] Kang I H, Steffen J G, Portereiko M F, et al. The AGL62 MADS domain protein regulates cellularization during endosperm development in *Arabidopsis*. Plant Cell, 2008, 20: 635-647.

[590] Yin L L, Xue H W. The MADS29 transcription factor regulates the degradation of the nucellus and the nucellar projection during rice seed development. Plant Cell, 2012, 24: 1049-1065.

[591] Garcia D, Saingery V, Chambrier P, et al. *Arabidopsis* haiku mutants reveal new controls of seed size by endosperm. Plant Physiology, 2003, 131: 1661-1670.

[592] Kondou Y, Nakazawa M, Kawashima M, et al. RETARDED GROWTH OF EMBRYO1, a new basic helix-loop-helix protein, expresses in endosperm to control embryo growth. Plant Physiology, 2008, 147: 1924-1935.

[593] Yang S, Johnston N, Talideh E, et al. The endosperm-specific ZHOUPI gene of *Arabidopsis thaliana* regulates endosperm breakdown and embryonic epidermal development. Development, 2008, 135: 3501-3509.

[594] Fan C, Xing Y, Mao H, et al. GS3, a major QTL for grain length and weight and minor QTL for grain width and thickness in rice, encodes a putative transmembrane protein. TAG Theoretical and Applied Genetics Theoretische Und Angewandte Genetik, 2006, 112: 1164-1171.

[595] Mao H, Sun S, Yao J, et al. Linking differential domain functions of the GS3 protein to natural variation of grain size in rice. Proc Natl Acad Sci U S A, 2010, 107: 19579-19584.

[596] Song X J, Huang W, Shi M, et al. QTL for rice grain width and weight encodes a previously unknown RING-type E3 ubiquitin ligase. Nat Genet, 2007, 39: 623-630.

[597] Shomura A, Izawa T, Ebana K, et al. Deletion in a gene associated with grain size

increased yields during rice domestication. Nat Genet, 2008, 40: 1023-1028.

[598] Weng J, Gu S, Wan X, et al. Isolation and initial characterization of GW5, a major QT1 associated with rice grain width and weight. Cell Res, 2008, 18: 1199-1209.

[599] Zhou S R, Yin L L, Xue H W. Functional genomics based understanding of rice endosperm development. Current Opinion in Plant Biology, 2013, 16: 236-246.

[600] Li H J, Liu N Y, Shi D Q, et al. Yao is a nucleolar WD40-repeat protein critical for embryogenesis and gametogenesis in *Arabidopsis*. BMC Plant Biology, 2010, 10: 169.

[601] Xu T T, Ren S C, Song X F, et al. CLE19 expressed in the embryo regulates both cotyledon establishment and endosperm development in *Arabidopsis*. Journal of Experimental Botany, 2015, 66: 5217-5227.

[602] Murin S, Rafii R, Bilello K. Smoking and smoking cessation in pregnancy. Clin Chest Med, 2011, 32: 75-91, viii.

[603] Suter M A, Anders A M, Aagaard K M. Maternal smoking as a model for environmental epigenetic changes affecting birthweight and fetal programming. Mol Hum Reprod, 2013, 19: 1-6.

[604] Pereira P P, Da Mata F A, Figueiredo A C, et al. Maternal active smoking during pregnancy and low birth weight in the Americas: A systematic review and meta-analysis. Nicotine Tob Res, 2017, 19: 497-505.

[605] Duong A, Steinmaus C, McHale C M, et al. Reproductive and developmental toxicity or formaldehyde: A system atic review. Mutat Res, 2011, 728: 118-138.

[606] Gilbert S F. Opening darwin's black box: Teaching evolution through developmental genetics. Nature Reviews Genetics, 2003, 4: 735-741.

[607] Muller G B. Evo-devo: Extending the evolutionary synthesis. Nature Reviews Genetics, 2007, 8: 943-949.

[608] Raff R A. Evo-devo: The evolution of a new discipline. Nature Reviews Genetics, 2000, 1: 74-79.

[609] Gluckman P D, Hanson M A, Bateson P, et al. Towards a new developmental synthesis: Adaptive developmental plasticity and human disease. Lancet (London, England), 2009, 373: 1654-1657.

[610] De Robertis E M. Evo-devo: Variations on ancestral themes. Cell, 2008, 132: 185-195.

[611] Gehring W J, Kloter U, Suga H. Evolution of the Hox gene complex from an evolutionary ground state. Current Topics in Developmental Biology, 2009, 88: 35-61.

[612] Wagner G P, Pavlicev M, Cheverud J M. The road to modularity. Nature Reviews

Genetics, 2007, 8: 921-931.

[613] Carroll S B. Evo-devo and an expanding evolutionary synthesis: A genetic theory of morphological evolution. Cell, 2008, 134: 25-36.

[614] Wittkopp P J, Kalay G. Cis-regulatory elements: Molecular mechanisms and evolutionary processes underlying divergence. Nature Reviews Genetics, 2011, 13: 59-69.

[615] Lee P N, Callaerts P, De Couet H G, et al. Cephalopod Hox genes and the origin of morphological novelties. Nature, 2003, 424: 1061-1065.

[616] Pearson J C, Lemons D, McGinnis W. Modulating Hox gene functions during animal body patterning. Nature Reviews Genetics, 2005, 6: 893-904.

[617] Abzhanov A, Kuo W P, Hartmann C, et al. The calmodulin pathway and evolution of elongated beak morphology in darwin's finches. Nature, 2006, 442: 563-567.

[618] Abzhanov A, Protas M, Grant B R, et al. Bmp4 and morphological variation of beaks in darwin's finches. Science, 2004, 305: 1462-1465.

[619] Brunetti C R, Selegue J E, Monteiro A, et al. The generation and diversification of butterfly eyespot color patterns. Curr Biol, 2001, 11: 1578-1585.

[620] Chan Y F, Marks M E, Jones F C, et al. Adaptive evolution of pelvic reduction in sticklebacks by recurrent deletion of a Pitx1 enhancer. Science, 2010, 327: 302-305.

[621] Martin A, Papa R, Nadeau N J, et al. Diversification of complex butterfly wing patterns by repeated regulatory evolution of a Wnt ligand. Proc Natl Acad Sci U S A, 2012, 109: 12632-12637.

[622] Reed R D, Papa R, Martin A, et al. Optix drives the repeated convergent evolution of butterfly wing pattern mimicry. Science, 2011, 333: 1137-1141.

[623] Shapiro M D, Marks M E, Peichel C L, et al. Genetic and developmental basis of evolutionary pelvic reduction in threespine sticklebacks. Nature, 2004, 428: 717-723.

[624] Jones F C, Grabherr M G, Chan Y F, et al. The genomic basis of adaptive evolution in threespine sticklebacks. Nature, 2012, 484: 55-61.

[625] Chen S, Zhang Y E, Long M. New genes in *Drosophila* quickly become essential. Science, 2010, 330: 1682-1685.

[626] Ding Y, Zhou Q, Wang W. Origins of new genes and evolution of their novel functions. Annual Review of Ecology, Evolution, and Systematics, 2012, 43: 345-363.

[627] Zhang W, Landback P, Gschwend A R, et al. New genes drive the evolution of gene interaction networks in the human and mouse genomes. Genome Biology, 2015, 16: 202.

[628] Meredith R W, Zhang G, Gilbert M T, et al. Evidence for a single loss of mineralized teeth in the common avian ancestor. Science, 2014, 346: 1254390.

[629] Yang H, Shi L, Wang B A, et al. Generation of genetically modified mice by oocyte injection of androgenetic haploid embryonic stem cells. Cell, 2012, 149: 605-617.

[630] Zhong C, Yin Q, Xie Z, et al. CRISPR-Cas9-mediated genetic screening in mice with haploid embryonic stem cells carrying a guide RNA library. Cell Stem Cell, 2015, 17: 221-232.

[631] Wang H, Yang H, Shivalila C S, et al. One-step generation of mice carrying mutations in multiple genes by CRISPR/Cas-mediated genome engineering. Cell, 2013, 153: 910-918.

[632] Yang H, Wang H Y, Shivalila C S, et al. One-step generation of mice carrying reporter and conditional alleles by CRISPR/Cas-mediated genome engineering. Cell, 2013, 154: 1370-1379.

[633] Li W, Li X, Li T, et al. Genetic modification and screening in rat using haploid embryonic stem cells. Cell Stem Cell, 2014, 14: 404-414.

[634] Hai T, Teng F, Guo R, et al. One-step generation of knockout pigs by zygote injection of CRISPR/Cas system. Cell Res, 2014, 24: 372-375.

[635] Chen Y, Zheng Y, Kang Y, et al. Functional disruption of the dystrophin gene in rhesus monkey using CRISPR/Cas9. Human Molecular Genetics, 2015, 24: 3764-3774.

[636] Wan H, Feng C, Teng F, et al. One-step generation of p53 gene biallelic mutant Cynomolgus monkey via the CRISPR/Cas system. Cell Res, 2015, 25: 258-261.

[637] Guo X, Li X J. Targeted genome editing in primate embryos. Cell Res, 2015, 25: 767-768.

[638] Yen S T, Zhang M, Deng J M, et al. Somatic mosaicism and allele complexity induced by CRISPR/Cas9 RNA injections in mouse zygotes. Dev Biol, 2014, 393: 3-9.

[639] Parikh B A, Beckman D L, Patel S J, et al. Detailed phenotypic and molecular analyses of genetically modified mice generated by CRISPR-Cas9-mediated editing. PLoS One, 2015, 10: e0116484.

[640] Rhind S M, King T J, Harkness L M, et al. Cloned lambs—lessons from pathology. Nature Biotechnology, 2003, 21: 744-745.

[641] Wilmut I. Are there any normal cloned mammals? Nat Med, 2002, 8: 215-216.

[642] Chen H, Zhang L, Guo Z, et al. Improving the development of early bovine somatic-cell nuclear transfer embryos by treating adult donor cells with Vitamin C. Mol Reprod Dev, 2015, 82: 867-879.

[643] Ding X, Wang Y, Zhang D, et al. Increased pre-implantation development of cloned

bovine embryos treated with 5-aza-2'-deoxycytidine and trichostatin A. Theriogenology, 2008, 70: 622-630.

[644] Enright B P, Kubota C, Yang X, et al. Epigenetic characteristics and development of embryos cloned from donor cells treated by trichostatin A or 5-aza-2'-deoxycytidine. Biol Reprod, 2003, 69: 896-901.

[645] Enright B P, Sung L Y, Chang C C, et al. Methylation and acetylation characteristics of cloned bovine embryos from donor cells treated with 5-aza-2'-deoxycytidine. Biol Reprod, 2005, 72: 944-948.

[646] Huan Y J, Zhu J, Wang H M, et al. Epigenetic modification agents improve genomic methylation reprogramming in porcine cloned embryos. The Journal of Reproduction and Development, 2014, 60: 377-382.

[647] Jin J X, Kang J D, Li S, et al. PXD101 significantly improves nuclear reprogramming and the *in vitro* developmental competence of porcine SCNT embryos. Biochemical and Biophysical Research Communications, 2015, 456: 156-161.

[648] Lee J, Park J I, Yun J I, et al. Rapamycin treatment during *in vitro* maturation of oocytes improves embryonic development after parthenogenesis and somatic cell nuclear transfer in pigs. Journal of Veterinary Science, 2015, 16: 373-380.

[649] Li J, Svarcova O, Villemoes K, et al. High *in vitro* development after somatic cell nuclear transfer and trichostatin a treatment of reconstructed porcine embryos. Theriogenology, 2008, 70: 800-808.

[650] Mao J, Zhao M T, Whitworth K M, et al. Oxamflatin treatment enhances cloned porcine embryo development and nuclear reprogramming. Cellular Reprogramming, 2015, 17: 28-40.

[651] Gao Q S, Jin L, Li S, et al. Generation of large pig and bovine blastocysts by culturing in human induced pluripotent stem cell medium. Zygote (Cambridge, England), 2016, 24: 236-244.

[652] Li L, Zheng P, Dean J. Maternal control of early mouse development. Development, 2010, 137: 859-870.

[653] Langdon Y G, Mullins M C. Maternal and zygotic control of zebrafish dorsoventral axial patterning. Annu Rev Genet, 2011, 45: 357-377.

[654] Miao Y L, Kikuchi K, Sun Q Y, et al. Oocyte aging: Cellular and molecular changes, developmental potential and reversal possibility. Human Reproduction Update, 2009, 15: 573-585.

[655] Gurdon J B, Melton D A. Nuclear reprogramming in cells. Science, 2008, 322: 1811-1815.

[656] Cohen B. Nobel committee rewards pioneers of development studies in fruitflies. Nature, 1995, 377: 465.

[657] Bowerman B, Eaton B A, Priess J R. Skn-1, a maternally expressed gene required to specify the fate of ventral blastomeres in the early *C. elegans* embryo. Cell, 1992, 68: 1061-1075.

[658] Kemphues K J, Priess J R, Morton D G, et al. Identification of genes required for cytoplasmic localization in early *C. elegans* embryos. Cell, 1988, 52: 311-320.

[659] Mello C C, Draper B W, Krause M, et al. The pie-1 and mex-1 genes and maternal control of blastomere identity in early *C. elegans* embryos. Cell, 1992, 70: 163-176.

[660] De Robertis E M, Kuroda H. Dorsal-ventral patterning and neural induction in *Xenopus* embryos. Annual Review of Cell and Developmental Biology, 2004, 20: 285-308.

[661] Wylie C C, Heasman J. What my mother told me: Examining the roles of maternal gene products in a vertebrate. Trends in Cell Biology, 1997, 7: 459-462.

[662] Zhang J, Houston D W, King M L, et al. The role of maternal Vegt in establishing the primary germ layers in *Xenopus* embryos. Cell, 1998, 94: 515-524.

[663] Bontems F, Stein A, Marlow F, et al. Bucky ball organizes germ plasm assembly in zebrafish. Curr Biol, 2009, 19: 414-422.

[664] Tao Q, Yokota C, Puck H, et al. Maternal Wnt11 activates the canonical wnt signaling pathway required for axis formation in *Xenopus* embryos. Cell, 2005, 120: 857-871.

[665] Christians E, Davis A A, Thomas S D, et al. Maternal effect of Hsf1 on reproductive success. Nature, 2000, 407: 693-694.

[666] Howell C Y, Bestor T H, Ding F, et al. Genomic imprinting disrupted by a maternal effect mutation in the Dnmt1 gene. Cell, 2001, 104: 829-838.

[667] Murdoch S, Djuric U, Mazhar B, et al. Mutations in NALP7 cause recurrent hydatidiform moles and reproductive wastage in humans. Nat Genet, 2006, 38: 300-302.

[668] Parry D A, Logan C V, Hayward B E, et al. Mutations causing familial biparental hydatidiform mole implicate c6orf221 as a possible regulator of genomic imprinting in the human oocyte. American Journal of Human Genetics, 2011, 89: 451-458.

[669] Yu X J, Yi Z, Gao Z, et al. The subcortical maternal complex controls symmetric division of mouse zygotes by regulating F-actin dynamics. Nat Commun, 2014, 5: 4887.

[670] Zhu K, Yan L, Zhang X, et al. Identification of a human subcortical maternal complex. Mol Hum Reprod, 2015, 21: 320-329.

[671] Docherty L E, Rezwan F I, Poole R L, et al. Mutations in NLRP5 are associated with reproductive wastage and multilocus imprinting disorders in humans. Nat

Commun, 2015, 6: 8086.

[672] Wang S, Kou Z, Jing Z, et al. Proteome of mouse oocytes at different developmental stages. Proc Natl Acad Sci U S A, 2010, 107: 17639-17644.

[673] Leichsenring M, Maes J, Mossner R, et al. Pou5f1 transcription factor controls zygotic gene activation in vertebrates. Science, 2013, 341: 1005-1009.

[674] Xu S, Cheng F, Liang J, et al. Maternal xNorrin, a canonical Wnt signaling agonist and TGF-beta antagonist, controls early neuroectoderm specification in *Xenopus*. PLoS Biology, 2012, 10: e1001286.

[675] Barker D J, Osmond C, Golding J, et al. Growth in utero, blood pressure in childhood and adult life, and mortality from cardiovascular disease. BMJ (Clinical Research ed), 1989, 298: 564-567.

[676] Barker D J P, Winter P D, Osmond C, et al. Weight in infancy and death from ischaemic heart disease. Lancet, 1989, 2: 577-580.

[677] Roseboom T, de Rooij S, Painter R. The Dutch famine and its long-term consequences for adult health. Early Human Development, 2006, 82: 485-491.

[678] Osborne-Majnik A, Fu Q, Lane R H. Epigenetic mechanisms in fetal origins of health and disease. Clinical Obstetrics and Gynecology, 2013, 56: 622-632.

[679] Hanna C W, Bloom M S, Robinson W P, et al. DNA methylation changes in whole blood is associated with exposure to the environmental contaminants, mercury, lead, cadmium and bisphenol A, in women undergoing ovarian stimulation for IVF. Human reproduction (Oxford, England), 2012, 27: 1401-1410.

[680] Hackett J A, Zylicz J J, Surani M A. Parallel mechanisms of epigenetic reprogramming in the germline. Trends Genet, 2012, 28: 164-174.

[681] Morgan H D, Sutherland H G, Martin D I, et al. Epigenetic inheritance at the agouti locus in the mouse. Nat Genet, 1999, 23: 314-318.

[682] Martin D I, Cropley J E, Suter C M. Environmental influence on epigenetic inheritance at the AVY allele. Nutr Rev, 2008, 66 Suppl 1: S12-14.

[683] Nilsson E E, Anway M D, Stanfield J, et al. Transgenerational epigenetic effects of the endocrine disruptor vinclozolin on pregnancies and female adult onset disease. Reproduction, 2008, 135: 713-721.

[684] Walker B E, Haven M I. Intensity of multigenerational carcinogenesis from diethylstilbestrol in mice. Carcinogenesis, 1997, 18: 791-793.

[685] Ost A, Lempradl A, Casas E, et al. Paternal diet defines offspring chromatin state and intergenerational obesity. Cell, 2014, 159: 1352-1364.

[686] Ge Z J, Luo S M, Lin F, et al. DNA methylation in oocytes and liver of female mice and their offspring: Effects of high-fat-diet-induced obesity. Environmental Health Perspectives, 2014, 122: 159-164.

[687] Siklenka K, Erkek S, Godmann M, et al. Disruption of histone methylation in developing sperm impairs offspring health transgenerationally. Science, 2015, 350: aab2006.

[688] Blumer N, Herz U, Wegmann M, et al. Prenatal lipopolysaccharide-exposure prevents allergic sensitization and airway inflammation, but not airway responsiveness in a murine model of experimental asthma. Clinical and Experimental Allergy: Journal of the British Society for Allergy and Clinical Immunology, 2005, 35: 397-402.

[689] Jedrychowski W, Galas A, Whyatt R, et al. The prenatal use of antibiotics and the development of allergic disease in one year old infants. A preliminary study. Int J Occup Med Environ Health, 2006, 19: 70-76.

[690] Santacruz A, Collado M C, Garcia-Valdes L, et al. Gut microbiota composition is associated with body weight, weight gain and biochemical parameters in pregnant women. The British Journal of Nutrition, 2010, 104: 83-92.

[691] Bird T G, Lorenzini S, Forbes S J. Activation of stem cells in hepatic diseases. Cell and Tissue Research, 2008, 331: 283-300.

[692] Michalopoulos G K, DeFrances M C. Liver regeneration. Science, 1997, 276: 60-66.

[693] Michalopoulos G K. Liver regeneration. Journal of Cellular Physiology, 2007, 213: 286-300.

[694] Boulton R A, Alison M R, Golding M, et al. Augmentation of the early phase of liver regeneration after 70% partial hepatectomy in rats following selective kupffer cell depletion. Journal of Hepatology, 1998, 29: 271-280.

[695] Goh Y P, Henderson N C, Heredia J E, et al. Eosinophils secrete IL-4 to facilitate liver regeneration. Proc Natl Acad Sci U S A, 2013, 110: 9914-9919.

[696] Korbling M, Estrov Z. Adult stem cells for tissue repair- a new therapeutic concept? The New England Journal of Medicine, 2003, 349: 570-582.

[697] Mazo I B, Massberg S, von Andrian U H. Hematopoietic stem and progenitor cell trafficking. Trends in Immunology, 2011, 32: 493-503.

[698] Langer R, Vacanti J P. Tissue engineering. Science, 1993, 260: 920-926.

[699] Uhrig B A, Clements I P, Boerckel J D, et al. Characterization of a composite injury model of severe lower limb bone and nerve trauma. Journal of Tissue Engineering and Regenerative Medicine, 2014, 8: 432-441.

[700] Fong E L, Watson B M, Kasper F K, et al. Building bridges: Leveraging interdisciplinary collaborations in the development of biomaterials to meet clinical needs. Advanced Materials (Deerfield Beach, Fla), 2012, 24: 4995-5013.

[701] Atala A, Bauer S B, Soker S, et al. Tissue-engineered autologous bladders for

[702] patients needing cystoplasty. Lancet (London, England), 2006, 367: 1241-1246.
[702] Delaere P R, Hermans R. Clinical transplantation of a tissue-engineered airway. Lancet (London, England), 2009, 373: 717-718; Author Reply 718-719.
[703] Laflamme M A, Murry C E. Heart regeneration. Nature, 2011, 473: 326-335.
[704] Petersen T H, Calle E A, Zhao L, et al. Tissue-engineered lungs for *in vivo* implantation. Science, 2010, 329: 538-541.
[705] Uygun B E, Soto-Gutierrez A, Yagi H, et al. Organ reengineering through development of a transplantable recellularized liver graft using decellularized liver matrix. Nat Med, 2010, 16: 814-820.
[706] Matzuk M M, Lamb D J. The biology of infertility: Research advances and clinical challenges. Nat Med, 2008, 14: 1197-1213.
[707] Matzuk M M, Burns K H. Genetics of mammalian reproduction: Modeling the end of the germline. Annual Review of Physiology, 2012, 74: 503-528.
[708] Qi L, Liu Z, Wang J, et al. Systematic analysis of the phosphoproteome and kinase-substrate networks in the mouse testis. Molecular & Cellular Proteomics: MCP, 2014, 13: 3626-3638.
[709] Chen Z J, Shi Y H, Zhao Y R, et al. Correlation between single nucleotide polymorphism of insulin receptor gene with polycystic ovary syndrome. Zhonghua Fu Chan Ke Za Zhi, 2004, 39: 582-585.
[710] Sudo S, Kudo M, Wada S, et al. Genetic and functional analyses of polymorphisms in the human FSH receptor gene. Mol Hum Reprod, 2002, 8: 893-899.
[711] Villuendas G, San Millan J L, Sancho J, et al. The -597 g—>A and -174 G—>C polymorphisms in the promoter of the IL-6 gene are associated with hyperandrogenism. The Journal of Clinical Endocrinology and Metabolism, 2002, 87: 1134-1141.
[712] Wang Y, Wu X, Cao Y, et al. A microsatellite polymorphism (tttta) n in the promoter of the CYP11a gene in Chinese women with polycystic ovary syndrome. Fertility and Sterility, 2006, 86: 223-226.
[713] Carlson C S, Eberle M A, Kruglyak L, et al. Mapping complex disease loci in whole-genome association studies. Nature, 2004, 429: 446-452.
[714] Feig D S, Shah B R, Lipscombe L L, et al. Preeclampsia as a risk factor for diabetes: A population-based cohort study. PLoS Medicine, 2013, 10: e1001425.
[715] Jayet P Y, Rimoldi S F, Stuber T, et al. Pulmonary and systemic vascular dysfunction in young offspring of mothers with preeclampsia. Circulation, 2010, 122: 488-494.
[716] Steegers E A, von Dadelszen P, Duvekot J J, et al. Pre-eclampsia. Lancet (London, England), 2010, 376: 631-644.

[717] Wang H, Guo Y, Wang D, et al. Aberrant cannabinoid signaling impairs oviductal transport of embryos. Nat Med, 2004, 10: 1074-1080.

[718] Xie H, Tranguch S, Jia X, et al. Inactivation of nuclear Wnt-beta-catenin signaling limits blastocyst competency for implantation. Development, 2008, 135: 717-727.

[719] Fu Z, Wang B, Wang S, et al. Integral proteomic analysis of blastocysts reveals key molecular machinery governing embryonic diapause and reactivation for implantation in mice. Biol Reprod, 2014, 90: 52.

[720] Zhang C, Large M J, Duggavathi R, et al. Liver receptor homolog-1 is essential for pregnancy. Nat Med, 2013, 19: 1061-1066.

[721] Chen Q, Zhang Y, Peng H, et al. Transient {beta} 2-adrenoceptor activation confers pregnancy loss by disrupting embryo spacing at implantation. The Journal of Biological Chemistry, 2011, 286: 4349-4356.

[722] Guo P F, Du M R, Wu H X, et al. Thymic stromal lymphopoietin from trophoblasts induces dendritic cell-mediated regulatory TH2 bias in the decidua during early gestation in humans. Blood, 2010, 116: 2061-2069.

[723] Fu B, Li X, Sun R, et al. Natural killer cells promote immune tolerance by regulating inflammatory TH17 cells at the human maternal-fetal interface. Proc Natl Acad Sci U S A, 2013, 110: E231-240.

[724] Ji L, Brkic J, Liu M, et al. Placental trophoblast cell differentiation: Physiological regulation and pathological relevance to preeclampsia. Molecular Aspects of Medicine, 2013, 34: 981-1023.

[725] Luo R, Shao X, Xu P, et al. MicroRNA-210 contributes to preeclampsia by downregulating potassium channel modulatory factor 1. Hypertension (Dallas, Tex: 1979), 2014, 64: 839-845.

[726] Xu P, Zhao Y, Liu M, et al. Variations of microRNAs in human placentas and plasma from preeclamptic pregnancy. Hypertension (Dallas, Tex: 1979), 2014, 63: 1276-1284.

[727] Yu L, Li D, Liao Q P, et al. High levels of activin a detected in preeclamptic placenta induce trophoblast cell apoptosis by promoting nodal signaling. The Journal of Clinical Endocrinology and Metabolism, 2012, 97: E1370-1379.

[728] Wang Y, Li J. Molecular basis of plant architecture. Annual Review of Plant Biology, 2008, 59: 253-279.

[729] Li X, Qian Q, Fu Z, et al. Control of tillering in rice. Nature, 2003, 422: 618-621.

[730] Zhang Q, Wing R. Genome studies and molecular genetics: Understanding the functional genome based on the rice model. Current Opinion in Plant Biology, 2013, 16: 129-132.

[731] Zuo J, Li J. Molecular dissection of complex agronomic traits of rice: A team effort by Chinese scientists in recent years. National Science Review, 2014, 1: 253-276.

[732] Wolters H, Jurgens G. Survival of the flexible: Hormonal growth control and adaptation in plant development. Nature Reviews Genetics, 2009, 10: 305-317.

[733] Fletcher J C, Brand U, Running M P, et al. Signaling of cell fate decisions by CLAVATA3 in Arabidopsis shoot meristems. Science, 1999, 283: 1911-1914.

[734] Schoof H, Lenhard M, Haecker A, et al. The stem cell population of Arabidopsis shoot meristems in maintained by a regulatory loop between the CLAVATA and WUSCHEL genes. Cell, 2000, 100: 635-644.

[735] Krizek B A. Making bigger plants: Key regulators of final organ size. Current Opinion in Plant Biology, 2009, 12: 17-22.

[736] See hausen O, Butlin R K, Keller I, et al. Genomics and the origin of species. Nat Rev Genet, 2014, 15: 176-192.

[737] Coyne J A, Orr H A. The evolutionary genetics of speciation. Philosophical Transactions of the Royal Society of London Series B, Biological Sciences, 1998, 353: 287-305.

[738] Amasino R M, Michaels S D. The timing of flowering. Plant Physiology, 2010, 154: 516-520.

[739] Lee J, Lee I. Regulation and function of SOC1, a flowering pathway integrator. Journal of Experimental Botany, 2010, 61: 2247-2254.

[740] Crevillen P, Dean C. Regulation of the floral repressor gene FLC: The complexity of transcription in a chromatin context. Current Opinion in Plant Biology, 2011, 14: 38-44.

[741] Becker A, Theissen G. The major clades of MADS-box genes and their role in the development and evolution of flowering plants. Molecular Phylogenetics and Evolution, 2003, 29: 464-489.

[742] Holton T A, Cornish E C. Genetics and biochemistry of anthocyanin biosynthesis. Plant Cell, 1995, 7: 1071-1083.

[743] Hileman L C, Kramer E M, Baum D A. Differentiac regulation of symmetry genes and the evolution of floral morphologies. proc Natl Acad Sci USA, 2003, 100: 12814-1219.

[744] Hiscock S J, Allen A M. Diverse cell signalling pathways regulate pollen-stigma interactions: The search for consensus. The New Phytologist, 2008, 179: 286-317.

[745] Higashiyama T, Takeuchi H. The mechanism and key molecules involved in pollen tube guidance. Annual Review of Plant Biology, 2015, 66: 393-413.

[746] Marton M L, Fastner A, Uebler S, et al. Overcoming hybridization barriers by the

secretion of the maize pollen tube attractant ZmEA1 from *Arabidopsis* ovules. Curr Biol, 2012, 22: 1194-1198.

[747] Li S, Ge F R, Xu M, et al. *Arabidopsis* COBRA-LIKE 10, a GPI-anchored protein, mediates directional growth of pollen tubes. The Plant Journal: for Cell and Molecular Biology, 2013, 74: 486-497.

[748] Escobar-Restrepo J M, Huck N, Kessler S, et al. The FERONIA receptor-like kinase mediates male-female interactions during pollen tube reception. Science, 2007, 317: 656-660.

[749] Maruyama D, Hamamura Y, Takeuchi H, et al. Independent control by each female gamete prevents the attraction of multiple pollen tubes. Dev Cell, 2013, 25: 317-323.

[750] Volz R, Heydlauff J, Ripper D, et al. Ethylene signaling is required for synergid degeneration and the establishment of a pollen tube block. Dev Cell, 2013, 25: 310-316.

[751] Smolarkiewicz M, Dhonukshe P. Formative cell divisions: principal determinants of plant morphogenesis. Plant & Cell Physiology, 2013, 54: 333-342.

[752] Kradolfer D, Wolff P, Jiang H, et al. An imprinted gene underlies postzygotic reproductive isolation in *Arabidopsis thaliana*. Dev Cell, 2013, 26: 525-535.

[753] Bomblies K, Lempe J, Epple P, et al. Autoimmune response as a mechanism for a Dobzhansky-Muller-type incompatibility syndrome in plants. PLoS Biology, 2007, 5: e236.

[754] Long Y, Zhao L, Niu B, et al. Hybrid male sterility in rice controlled by interaction between divergent alleles of two adjacent genes. Proc Natl Acad Sci U S A, 2008, 105: 18871-18876.

[755] Lucas W J, Groover A, Lichtenberger R, et al. The plant vascular system: Evolution, development and functions. Journal of Integrative Plant Biology, 2013, 55: 294-388.

[756] Guo Y, Qin G, Gu H, et al. Dof5.6/HCA2, a Dof transcription factor gene, regulates interfascicular cambium formation and vascular tissue development in *Arabidopsis*. Plant Cell, 2009, 21: 3518-3534.

[757] Fukuda H. Signals that control plant vascular cell differentiation. Nat Rev Mol Cell Biol, 2004, 5: 379-391.

[758] Fabregas N, Formosa-Jordan P, Confraria A, et al. Auxin influx carriers control vascular patterning and xylem differentiation in *Arabidopsis thaliana*. PLoS Genetics, 2015, 11: e1005183.

[759] Hirakawa Y, Kondo Y, Fukuda H. Regulation of vascular development by CLE peptide-receptor systems. Journal of Integrative Plant Biology, 2010, 52: 8-16.

[760] Kubo M, Udagawa M, Nishikubo N, et al. Transcription switches for protoxylem and metaxylem vessel formation. Genes Dev, 2005, 19: 1855-1860.

[761] Yamaguchi M, Mitsuda N, Ohtani M, et al. VASCULAR-RELATED NAC-DOMAIN7 directly regulates the expression of a broad range of genes for xylem vessel formation. The Plant Journal: for Cell and Molecular Biology, 2011, 66: 579-590.

[762] Mahonen A P, Bonke M, Kauppinen L, et al. A novel two-component hybrid molecule regulates vascular morphogenesis of the *Arabidopsis* root. Genes Dev, 2000, 14: 2938-2943.

[763] Bonke M, Thitamadee S, Mahonen A P, et al. APL regulates vascular tissue identity in *Arabidopsis*. Nature, 2003, 426: 181-186.

[764] Wang E, Wang J, Zhu X, et al. Control of rice grain-filling and yield by a gene with a potential signature of domestication. Nat Genet, 2008, 40: 1370-1374.

[765] Bai A N, Lu X D, Li D Q, et al. NF-YB1-regulated expression of sucrose transporters in aleurone facilitates sugar loading to rice endosperm. Cell Research, 2016, 26: 384-388.

关键词索引

B

斑马鱼 16-18，23，25，26，51，82，96，104，105，128-130

被子植物 76，79，123，126

表观遗传 6，8，16，22，24，26，34，35，37-41，45，48-55，57，61，62，65，66，68，69，74，76，78-80，82，83，85-88，90，94，98-103，106，112，113，126，129

哺乳动物 3，9，14，16，22，25，30，51，52，54-56，58-62，65，68，83，86，95-97，102-105，109

不育 3，4，14，15，18，20，21，54，56，57，59，60，63-69，89，90，92，94，98，99，112-116，118，120，125

不孕 3，4，14，15，21，54，60，63，66，68，89，90，92，94，95，98，99，115，116，118-120

C

成年疾病 5，26，40，42，99，102，103，116

成体干细胞 7，45，110

尺寸控制 20，38，39

出生缺陷 4-6，9，14，20，21，23，26，32-35，56，63，66，80，81，88-92，95，98，99，128

传粉 21，76，77，122，123，125，126

D

代谢 5，6，20，21，31，34，39-42，45，58，60，67，71，78，93，94，100-102，114，124，129，132

代谢物 41，62，127

蛋白质 9，23，25，27，57，65，84，86，87，95，97，98，112-114，116，123，124，127

导管 126-128

定向迁移 37，54，55

动物模型 14，15，35，43-45，50，51，63，67，68，84-86，89，93-95，101，103，106，113，116

队列 82，89-93，103，118

多能细胞　7，20，37，45-51，105，106

多囊卵巢综合征　15，56，58，60，66，68，115-117，119

多潜能　17，38-40

F

非整倍性　33，58

肥胖　5，6，16，31，40，92，99-101，132

分生组织　70，74，75，79，120

分子机制　4，7，16-18，20，21，25，26，30，31，36-39，41，44，49，54，55，62，63，66-68，72，74，76-78，88，94，98，102-105，114-116，118，121-123，125

辅助生殖　3，4，9，16，35，43，56，61，63，67，90，93，113，118

G

干细胞　2，3，7，9，14，15，17，28，29，37，38，41，42，45-49，51，55-57，59，61，67-72，74-76，85，94，95，104，105，108-112，116，121，122

高通量　35，78，80，84，87，97，117，130

睾丸　52，54，58-60，67，114

根　7，32，46，54，63，70-73，75，76，79，90，107，109，113，114，120-122，129，131

果蝇　2，21-23，25，40，52，54，82，95，96，101，128-130

H

合子　16，20-26，30，58，62，79，80，95，97，98，125，126

猴　18，67，85，89，93-95，118

花粉　76-78，123-126

花粉管　77，78，123-126

环境　3-6，14，18，21，30，40，44，45，47，50，52-54，56，59，66-76，78，80-83，89-93，99-103，115，116，118，120-122，125，126，128，129，131

环境污染物　81

J

基因　2，3，9，12，14-18，21，22，24-26，28，30，33-35，41-45，52-59，61，63-69，71-73，75-88，91，94-97，100，101，103，112，114-119，121，123-128，130

基因表达　16，24，26，27，33，36，38，39，54，69，75，80，83，98，100，101，109，114，125，127，129

基因敲除　18，22，34，43，54，57，65，94，96，97，113

基因突变　33，34，37，44，45，67，68，71，83，96，97，101，116

基因治疗　3，45

基因组　14-16，20-25，33-35，42，44，52，54，55，63，64，68，69，71，76，82，84，86-88，93-95，97-102，114，116，117

激酶　73，77，78，123，124

激素　4，9，30，31，41-43，53，58-60，62，71，72，74，75，78-80，103，108，111，126，128

甲基化　16，17，24-27，34，42，44，55，64，75，78-80，85，94，97，99-102

间质细胞　37，58，60

减数分裂　15，20，23，33，55-59，61-63，68-70，89，94，111-115

节律　39，41

进化　9，16，21，38，39，42，51，52，54，55，58，76，82，83，85，87，93，104，106，120，123，128

精子　3，15，16，22-24，33，55，56，59，60，63-69，80，81，88，101，114-116，118，123，124

菌群　41，102

K

颗粒细胞　58-62，68

可塑性　14，21，36，48，70，72-74，76，85，89，106，120-122

跨代遗传　16，34，101

L

灵长类　18，67，69，83，93，94，116

流产　4，20，23，32-35，42，56，60，63，66，81，85，88，91，92，103，116-119

卵巢　15，52，54，56，58-60，66，68，80，115-117，119

卵巢早衰　15，56，60，63，64，66，68

卵母细胞　4，21，23-25，33，57-64，66，68，95-98，114

卵泡　15，20，58，60-62，64，68，115，117，119

卵子　2，3，15，16，22，23，35，54-56，60-62，68，81，85，88，98，101，114-118

M

免疫　24，30-32，41，42，46，49，50，52，59，60，102-104，106-108，110，111，118，119，125，132

免疫系统　31，33，40，41，48，68，103

免疫应答　40

模式动物　7，14，16，18，21，22，44，67，82，85，86，93，97，118，119，128-130

母体　16，30-33，41-45，67，79，99，101-103，118-120

母源因子　21-23，25，26，89，95-98，102

N

囊胚　26，30，42，103，117，119

内分泌　9，30，31，39-42，44，60-62，66，82，99，103，116，117，119，127

能量　31，39，40，60，127

拟南芥　17，73，76，77，79，121，

124，125，127

P

胚层　16，25，29，30，35，36，40，42，43，46，54，94，96，102

胚囊　77，123，124

胚乳　21，78-80，123-125，127

胚胎　1-4，6-11，14-17，20-37，41，42，44-48，53-56，58，61-64，67，68，75，76，78-82，84-86，88-90，92，94-100，102，103，106，113，116-126，129，130

胚胎植入　15，16，30-32，67，68，118，119

胚胎着床　16，32，41，43，102，103，119

胚源性疾病　6，89，98

配体　61

配子　1，6，14，15，23，54-58，65，67-70，76-78，89，90，94，100，112，113，115，123-125

Q

启动子　38，64，101，114

器官　1，6，7，9，14，16，20，21，25，27，28，30-32，35-41，44-52，70，71，73-76，78-82，84，86，88，89，94，98，103-111，120-122，124，127，129

器官原基　20，21，35，36，38，70，72

前体细胞　7，28，36-40，43，47-50，54，104，106，109

亲源因子　20，21

趋化因子　37，47，55，105

去分化　51，52，75，76，102，105，106

去甲基化　17，24，55，63，64，69，97

R

染色体　15，20，24-26，32-34，44，52，53，57，58，63，65，66，68-70，86，94，102，112-115

染色质　16，24，34，55，63，64，98，113，129

妊娠　5，20，30-33，35，40-44，66，67，92，99-103，116-120

S

筛管　126-128

神经　2，9，17，25，28，29，31-33，38-40，43，44，46-48，50，81，83，93，99，105，107，108，110，117，119

生长　1，5，7，9，17，18，20，27，28，30，31，34，37-44，47，58-62，70-74，76-78，88，91，92，105，109，110，120-128

生长素　71，72，75，79，127

生长因子　17，27，62，111

生殖隔离　89，122-126

生殖嵴　14

生殖细胞　4，20，21，54-62，65，67-70，76，78，82，86，89，100，101，111-115

生殖障碍 18，68，77，89，90，114，115，122-124

受精 1-4，6，15，16，20-26，45，53，54，62-67，69，70，76，77，79，81，85，86，95，98，100，102，103，118，122-125

受体 2，27，28，30，31，33，40，43，55，59，61，71，73，77，78，118，124，127

衰老 1，20，31，39-41，45，49，58，73，106，115

双受精 76-79，123

水稻 17，18，70，71，73，74，76，78-80，121，124，125，127

损伤 6，7，41，46-50，90，104，106，111

损伤修复 20，36，47，49，50，104，106

T

胎儿 6，30，31，33，35，41-44，46，60，81，89，91，92，99，100，102，103，119，120

胎盘 15，30-33，41-44，67，102，103，117-120

糖尿病 5，6，16，31，40，42，50，92，99，101，107，108，116，117，132

体细胞 17，20，21，23，25，29，54，55，57-62，64，67，68，70，74，76，78，86，95，102，112，113，115，121，122

调控因子 21-23，25，45，56，59，60，71，73，76，77，80，89，96，97，111，114，123

突变体 2，21，25，26，79，96，127

图式形成 20，25-27，35，44，102

脱落酸 73

W

外显子 33，34，43，86，114

微环境 30，31，37，39-41，43，44，47，48，57，59，60，82，99，105，106，109，110，112，113，118，121

维管 126-128

稳态维持 1，20，37，40，41，44-49，89，103，104，106

物种 20，22-25，27，38，50-55，57，58，76-78，82，83，85，97，104，106，113，121-123，125，128，130

X

细胞壁 126，127

细胞凋亡 2

细胞分化 7，17，20，27，29，30，36-39，45，46，59，60，62，70，78，109-111，122，127

细胞分裂 20，28，47，51，52，71，72，75，80，106，114，115，122，127

细胞谱系 17，36，37，39，41，95-97

细胞机制 36，40，50，104

细胞命运 20，21，26-30，35-37，40，44，58，74-76，80，85-87，96，97，

102，119，121，122
细胞全能性　74，75
细胞治疗　17，45，69
细胞周期　20，23，28-30，38，57，63，77
细胞转分化　36-38
先心病　32
线虫　2，3，18，22，23，36，52，54，56，82，95，96，128-130
线粒体　15，22，34，39，59，68，75，76
小麦　70，71
小鼠　2，3，15-18，22-25，29，34，35，42-46，49，51，54，55，58，59，61，64，65，67-69，85，86，93，96，97，100-102，104，105，114，115，118，128，130
协同发育　20，39，40，76，77
心血管　6，31，39，40，42，46，89，92，99，107，116，117
心脏　6，14，16，17，32-34，38-40，44，45，48，51，81，103，105，109
信号分子　26，27，30，47，54，59，77，78，83，113，127，128
信号通路　17，26-28，30，34，36-39，42-44，52，54，57，59，61，68，70，73，75，81-83，94，101，106，112，114，117，118
信号转导　2，27，28，72-74，77，124，128
形态建成　20，21，36-38，44，60，63，70-72，120，121，124

形态素　20，27，28，37，38
性别　20，52-54，59
性腺　14，46，52-55，58，61，62
血管　5，6，16，17，25，30，31，33，37，40，41，43，47-50，105，108，110，111，118，119

Y

遗传　2，5-7，9，14-16，18，20-22，27，32，33，35-39，41，44，45，48-52，56-58，60，62，64，66，68，71-74，77-82，84-88，90，95，96，99-103，106，112-118，123，126-128，130
遗传性疾病　33，34
遗传因素　4，44，67，85，99，102，116
乙烯　73，124
营养　5，6，26，31，40-42，45，53，74，78，79，95，100，102，111，120，123，126，127
有丝分裂　23，39，54，56-58，111-113，115
愈伤组织　74-76
原始生殖细胞　14，20，23，54-56，58，61，67-70，94

Z

杂交优势　123
再生　7，9，14，20，36，45-47，49-52，74-76，88，89，104-110，122
再生医学　14，17，30，46，95，108
增强子　33，38，42

爪蛙　2，23，54
植物干细胞　70，71，75
植物激素　9，71，72，74，121
植物生长点　21，70，71，122
肿瘤　6，27，38，40，48-51，60，89，99，104
种子　7，70，73，78-80，107，108，110，111，121，124，125，127
猪　18，85，89，93-95
柱头　77，123-125
转基因　18，43，68，73，94，97，101
转录因子　25，28，37，42，43，54，56，61，69，71-73，75，78-80，83，126-128
滋养层　15，30-33，41-43，103，118，119
子宫　4，30-34，41，42，66，67，103，116，118，119
籽粒　78-80，121
自交不亲和　77，78，124

自我更新　17，29，43，45-49，59，103，104，106
组织重塑　44

其他

DNA　15，16，23-26，28，34，35，41，43，45，55-57，63，64，75，78，85，94，97，99-101，112-114，129，135-139，142-144，150，153，157-160，162，166，171，175，181
DNA 损伤　24，28，29，57，81
RNA　3，16，21-26，29，34，37，43，45，55，56，62，66，78，84，95-98，100，101，113，118，126-128，136，138，140-143，149，150，153，159，165，166，168，171，175，178，184